微视频
学编程

从零开始学

明日科技　编著

HTML5+CSS3+
JavaScript

全国百佳图书出版单位
化学工业出版社
·北京·

内容简介

本书从零基础读者的角度出发，通过通俗易懂的语言、丰富多彩的实例，循序渐进地让读者在实践中学习 HTML、CSS 与 JavaScript 编程知识，提升自己的实际开发能力。

全书共分为 5 篇 24 章，内容包括 HTML 基础、文本、添加图像、超链接的使用、表格与 div 标签、CSS3 概述、CSS3 高级应用、列表、表单、多媒体播放、HTML5 新特性、响应式网页设计、响应式组件、JavaScript 概述、JavaScript 语言基础、JavaScript 基本语句、JavaScript 中的函数、JavaScript 中的对象、JavaScript 中的数组、Ajax 技术、jQuery 基础、jQuery 控制页面和事件处理、设计叮叮商城网站、模仿王者荣耀游戏网站等。书中知识点讲解细致，侧重介绍每个知识点的使用场景，涉及的代码给出了详细的注释，可以使读者轻松领会前端开发的精髓，快速提高开发技能。同时，本书配套了大量教学视频，扫码即可观看，还提供所有程序源文件，方便读者实践。

本书适合 HTML、CSS、JavaScript 初学者及前端开发入门者自学使用，也可用作高等院校相关专业的教材及参考书。

图书在版编目（CIP）数据

从零开始学 HTML5+CSS3+JavaScript / 明日科技编著
. 一北京：化学工业出版社，2022.9
ISBN 978-7-122-41327-7

Ⅰ.①从… Ⅱ.①明… Ⅲ.①超文本标记语言 - 程序设计②网页制作工具③ JAVA 语言 - 程序设计 Ⅳ.
① TP312.8 ② TP393.092

中国版本图书馆 CIP 数据核字（2022）第 074628 号

责任编辑：张　赛　耍利娜　　　　　　文字编辑：徐　秀　师明远
责任校对：宋　玮　　　　　　　　　　装帧设计：尹琳琳

出版发行：化学工业出版社（北京市东城区青年湖南街 13 号　邮政编码 100011）
印　　装：大厂聚鑫印刷有限责任公司
787mm×1092mm　1/16　印张 24¼　字数 593 千字　2022 年 9 月北京第 1 版第 1 次印刷

购书咨询：010-64518888　　　　　　　售后服务：010-64518899
网　　址：http://www.cip.com.cn
凡购买本书，如有缺损质量问题，本社销售中心负责调换。

定　　价：99.00 元

版权所有　违者必究

前 言

浏览网页已成为人们生活和工作中必不可少的一部分，网页页面随着技术的发展也越来越丰富、越来越美观，制作精美的网页可以大幅提升用户体验。制作精美的网页离不开前端开发"三剑客"，即 HTML、CSS 和 JavaScript。HTML 是网页设计的一种基础语言，用于添加网页中的内容；CSS 为层叠样式表，用于设计网页内容的样式；JavaScript 可以为网页添加效果等，而 jQuery 则是基于 JavaScript 的一种脚本库，使用 jQuery 可以大大提高开发效率。本书主要介绍了 HTML、CSS、JavaScript 以及 jQuery 技术。

本书内容

本书包含了学习 Web 前端开发的各类必备知识，全书共分为 5 篇 24 章内容，结构如下。

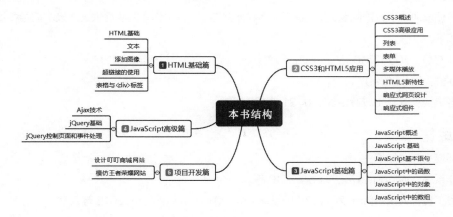

第 1 篇：HTML 基础篇。本篇主要介绍 HTML 基础知识，主要包括 HTML 基础、文本、添加图像、超链接的使用、表格与〈div〉标签。

第 2 篇：CSS3 与 HTML5 应用篇。本篇主要讲解 CSS 中常用的选择器与属性以及 HTML5 中的新特性与标签，主要包括 CSS3 概述、CSS3 高级应用、列表、表单、多媒体播放、HTML5 新特性、响应式网页设计和响应式组件。

第 3 篇：JavaScript 基础篇。本篇主要介绍 JavaScript 基础知识，主要包括 JavaScript 概述、JavaScript 基础、JavaScript 基本语句、JavaScript 中的函数、JavaScript 中的对象以及 JavaScript 中的数组。

第 4 篇：**JavaScript 高级篇**。本篇主要介绍 JavaScript 高级应用，包括 Ajax 技术和 jQuery 技术，具体有 Ajax 技术、jQuery 基础、jQuery 控制页面和事件处理 3 章内容。

第 5 篇：**项目开发篇**。学习编程的最终目的是进行开发，解决实际问题，本篇通过设计叮叮商城网站和模仿王者荣耀游戏网站这两个项目来讲解使用所学知识开发项目。

本书特点

- **知识讲解详尽细致**。本书以零基础入门学员为对象，力求将知识点划分得更加细致，讲解更加详细，使读者能够学必会，会必用。
- **案例侧重实用有趣**。实例是最好的编程学习方式。本书在讲解知识时，通过有趣、实用的案例对所讲解的知识点进行解析，让读者不只学会知识，还能够知道所学知识的真实使用场景。
- **思维导图总结知识**。每章最后都使用思维导图总结本章重点知识，使读者能一目了然地回顾本章知识点，以及需要重点掌握的知识。
- **配套高清视频讲解**。本书资源包中提供了同步高清教学视频，读者可以通过这些视频更快速地学习，感受编程的快乐和成就感，增强进一步学习的信心，从而快速成为编程高手。

读者对象

- 初学编程的自学者
- 编程爱好者
- 大中专院校的老师和学生
- 相关培训机构的老师和学员
- 做毕业设计的学生
- 初、中、高级程序开发人员
- 程序测试及维护人员
- 参加实习的"菜鸟"程序员

读者服务

为了方便解决本书疑难问题，我们提供了多种服务方式，并由作者团队提供在线技术指导和社区服务，服务方式如下：

- 企业 QQ：4006751066
- QQ 群：515740997
- 服务电话：400-67501966、0431-84978981

本书约定

开发环境及工具如下：

- 操作系统：Windows7、Windows 10 等。
- 开发工具：WebStorm 2020.2（WebStorm 2016、WebStorm 2018 等兼容）

致读者

本书由明日科技 Web 前端程序开发团队组织编写，主要人员有何平、王小科、申小琦、赵宁、李菁菁、张鑫、周佳星、王国辉、李磊、赛奎春、杨丽、高春艳、冯春龙、张宝华、庞凤、宋万勇、葛忠月等。在编写过程中，我们以科学、严谨的态度，力求精益求精，但疏漏之处在所难免，敬请广大读者批评指正。

感谢您阅读本书，零基础编程，一切皆有可能，希望本书能成为您编程路上的敲门砖。

祝读书快乐！

编著者

目 录

第 3 章　添加图像 / 31

▶视频讲解：5 节，74 分钟

第 4 章　超链接的使用 / 39

▶视频讲解：4 节，67 分钟

第 5 章　表格与 <div> 标签 / 47

▶视频讲解：9 节，72 分钟

第 2 篇　CSS3 与 HTML5 应用篇

第 6 章　CSS3 概述 / 64

▶视频讲解：9 节，141 分钟

第 7 章　CSS3 高级应用 / 84

▶视频讲解：8 节，155 分钟

第 8 章　列表 / 104

▶视频讲解：7 节，32 分钟

第 9 章　表单 / 115

▶视频讲解：8 节，44 分钟

第13章 响应式组件 / 168

▶视频讲解：9 节，76 分钟

第 3 篇 JavaScript 基础篇

第14章 JavaScript 概述 / 186

▶视频讲解：6 节，46 分钟

第 4 篇　JavaScript 高级篇

第 20 章　Ajax 技术 / 298

▶视频讲解：11 节，33 分钟

第 21 章　jQuery 基础 / 311

▶视频讲解：8 节，62 分钟

第 22 章　jQuery 控制页面和事件处理 / 334 　▶视频讲解：8 节，50 分钟

第 5 篇　项目开发篇

第 23 章　设计叮叮商城网站 / 352 　▶视频讲解：1 节，4 分钟

第24章　模仿王者荣耀网站 / 362

▶视频讲解：1节，3分钟

HTML5+CSS3+

JavaScript

从零开始学　HTML5+CSS3+JavaScript

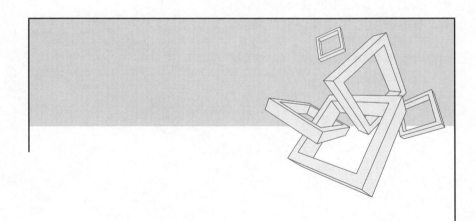

第1篇
HTML 基础篇

第 1 章

HTML 基础

扫码领取
➤ 配套视频
➤ 配套素材
➤ 学习指导
➤ 交流社群

 本章学习目标

- 了解 HTML 的概念及其发展历程。
- 掌握 HTML 文件的基本结构。
- 熟记 HTML 中的基本标签的作用。
- 熟练使用可视化软件制作网页。

1.1 HTML 概述

1.1.1 什么是 HTML

HTML 语言是纯文本类型的语言，它是 Internet 上用于编写网页的主要语言，使用 HTML 编写的网页文件也是标准的纯文本文件。

HTML 文件可以使用文本编辑器（如 Windows 系统中的记事本程序）打开，查看其中的 HTML 源代码；也可以在用浏览器打开网页时，通过选择"查看"→"源文件"命令，查看网页中的 HTML 代码。HTML 文件可以直接由浏览器解释执行，无需编译。当用浏览器打开网页时，浏览器读取网页中的 HTML 代码，分析其语法结构，然后根据解释的结果显示网页内容。

HTML 语言是一种简易的文件交换标准，旨在定义文件内的对象和描述文件的逻辑结构，而并不定义文件的显示。由于 HTML 所描述的文件具有极高的适应性，所以特别适合于万维网（World Wide Web，WWW）。

1.1.2 HTML 的发展历程

HTML 的历史可以追溯到 20 世纪 90 年代。1993 年 HTML 首次以因特网草案的形式发布。20 世纪 90 年代见证了 HTML 的快速发展，从 2.0 版到 3.2 版和 4.0 版，再到 1999 年的 4.01 版，一直到现在正逐步普及的 HTML5。

在快速发布了 HTML 的前 4 个版本之后，业界普遍认为 HTML 已经"无路可走"了，对 Web 标准的焦点也开始转移到了 XML 和 XHTML，HTML 被放在次要位置。不过在此期间，HTML 体现了顽强的生命力，主要的网站内容还是基于 HTML 的。为能支持新的 Web 应用，同时克服现有的缺点，HTML 迫切需要添加新功能，制定新规范。

为了将 Web 平台提升到一个新的高度，在 2004 年 WHATWG（Web Hypertext Application Technology Working Group，Web 超文本应用技术工作组）成立了，他们创立了 HTML5 规范，同时开始专门针对 Web 应用开发新功能，这被 WHATWG 认为是 HTML 中最薄弱的环节。Web 2.0 这个词也就是在那个时候被发明的，开创了 Web 的第二个时代，旧的静态网站逐渐让位于需要更多特性的动态网站和社交网站。

因为 HTML5 能解决非常实际的问题，得益于浏览器的实验性反馈，HTML5 规范也得到了持续地完善，HTML5 以这种方式迅速融入到了对 Web 平台的实质性改进中。HTML5 成为 HTML 语言的新一代标准。

1.2 HTML 文件的基本结构

一个 HTML 文件是由一系列的元素和标签组成的。元素是 HTML 文件的重要组成部分，而 HTML5 用标签来规定元素的属性和它在文件中的位置。本节将对 HTML 文件的元素、标签以及文件结构进行详细介绍。

1.2.1 HTML 的基本结构

（1）标签

HTML 的标签分为单独出现的标签（以下简称为单独标签）和成对出现的标签（以下简称为成对标签）两种。

● 单独标签

单独标签的格式为 < 元素名称 >，其作用是在相应的位置插入元素，例如，
 标签就是单独出现的标签，意思是在该标签所在位置插入一个换行符。

● 成对标签

大多数标签都是成对出现的，由首标签和尾标签组成。首标签的格式为 < 元素名称 >，尾标签的格式为 </ 元素名称 >。其语法格式如下：

> < 元素名称 > 元素资料 </ 元素名称 >

成对标签仅对包含在其中的文件部分发生作用，例如 <title> 和 </title> 标签就是成对出现的标签，用于界定标题元素的范围，也就是说 <title> 和 </title> 标签之间的部分是此HTML5 文件的标题。

> 👑 说明：
> 在 HTML 标签中不区分大小写。例如，<HTML>、<Html> 和 <html>，其作用都是一样的。

在每个 HTML 标签中，还可以设置一些属性，用来控制 HTML 标签所建立的元素。这些属性将位于首标签，因此，首标签的基本语法如下：

> < 元素名称　属性 1=" 值 1" 属性 2=" 值 2"......>

而尾标签的建立方式则为：

> </ 元素名称 >

因此，在 HTML 文件中某个元素的完整定义语法如下：

> < 元素名称　属性 1=" 值 1" 属性 2=" 值 2"......>元素资料 </ 元素名称 >

> 👑 说明：
> 在 HTML 语法中，设置各属性所使用的 """" 可省略。

（2）元素

当用一组 HTML 标签将一段文字包含在中间时，这段文字与包含文字的 HTML 标签被称之为一个元素。

在 HTML 语法中，每个由 HTML 标签与文字所形成的元素内，还可以包含另一个元素。因此，整个 HTML 文件就像是一个大元素包含了许多小元素。

在所有的 HTML 文件中，最外层的元素是由 <html> 标签建立的。在 <html> 标签所建立的元素中，包含了两个主要的子元素，这两个子元素是由 <head> 标签与 <body> 标签所建立的。<head> 标签所建立的元素内容为文件标题，<body> 标签所建立的元素内容为文件主体。

（3）HTML 文件结构

在介绍 HTML 文件结构之前，先来看一个简单的 HTML 文件及其在浏览器上的显示结果。下面使用文件编辑器（如 Windows 自带的记事本）编写一个 HTML 文件，代码如下：

```
<html>
<head>
<title> 文件标题 </title>
</head>
<body>
文件正文
</body>
</html>
```

用浏览器打开该文件，运行效果如图 1.1 所示。

从上述代码和运行效果图中可以看出 HTML 文件的基本结构如图 1.2 所示。

图 1.1　HTML 示例运行效果图

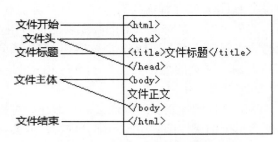

图 1.2　HTML 文件的基本结构

其中，<head> 与 </head> 之间的部分是 HTML 文件的文件头部分，用以说明文件的标题和整个文件的一些公共属性；<body> 与 </body> 之间的部分是 HTML 文件的主体部分，后面介绍的主体部分的标签，如果不加特别说明，均是嵌套在这一对标签中使用的。

1.2.2　HTML 的基本标签

（1）文件开始标签 <html>

在任何 HTML 文件里，最先出现的 HTML 标签就是 <html>，它用于表示该文件是以超文本标识语言（HTML）编写的。<html> 是成对出现的，首标签 <html> 和尾标签 </html> 分别位于文件的最前面和最后面，文件中的所有文件和 HTML 标签都包含在其中。例如：

```
<html>
文件的全部内容
</html>
```

该标签不带任何属性。

事实上，现在常用的 Web 浏览器（例如 IE）都可以自动识别 HTML 文件，并不要求有 <html> 标签，也不对该标签进行任何操作。但是，为了提高文件的适用性，使编写的 HTML 文件能适应不断变化的 Web 浏览器，还是应该养成使用这个标签的习惯。

（2）文件头部标签 <head>

习惯上，把 HTML 文件分为文件头和文件主体两个部分。文件主体部分就是在 Web 浏览器窗口的用户区内看到的内容，而文件头部分用来规定该文件的标题（出现在 Web 浏览器窗口的标题栏中）和文件的一些属性。

    <head> 是一个表示网页头部的标签。在由 <head> 标签所定义的元素中，并不放置网页的任何内容，而是放置关于 HTML 文件的信息，也就是说它并不属于 HTML 文件的主体。它包含文件的标题、编码方式及 URL 等信息。这些信息大部分是用于提供索引、辨认或其他方面的应用。

    写在 <head> 与 </head> 中间的文本，如果又写在 <title> 标签中，表示该网页的名称，并作为窗口的名称显示在网页窗口的最上方。

👑 说明：

    如果 HTML 文件不需要提供相关信息时，可以省略 <head> 标签。

（3）文件标题标签 <title>

    每个 HTML 文件都需要有一个文件名称。在浏览器中，文件名称作为窗口名称显示在该窗口的最上方，这对浏览器的收藏功能很有用。如果浏览者认为某个网页对自己很有用，今后想经常阅读，可以选择 IE 浏览器"收藏"菜单中的"添加到收藏夹"命令将它保存起来，供以后调用。网页的名称要写在 <title> 和 </title> 之间，并且 <title> 标签应包含在 <head> 与 </head> 标签之中。

    HTML 文件的标签是可以嵌套的，即在一对标签中可以嵌入另一对子标签，用来规定母标签所含范围的属性或其中某一部分内容，嵌套在 <head> 标签中使用的主要是 <title> 标签。

（4）元信息标签 <meta>

    meta 元素提供的信息是用户不可见的，它不显示在页面中，一般用来定义页面信息的名称、关键字、作者等。在 HTML 中，meta 标记不需要设置结束标记，在一个尖括号内就是一个 meta 内容，而在一个 HTML 头页面中可以有多个 meta 元素。meta 元素的属性有两种：name 和 http-equiv，其中 name 属性主要用于描述网页，以便于搜索引擎查找、分类。

（5）页面的主体标签 <body>

    网页的主体部分以标签 <body> 标志它的开始，以标签 </body> 标志它的结束。<body> 标签是成对出现的。在网页的主体标签中常用属性设置如表 1.1 所示。

表 1.1　object 类的方法

属性	描述
text	设定页面文字的颜色
bgcolor	设定页面背景的颜色
background	设定页面的背景图像
bgproperties	设定页面的背景图像为固定，不随页面的滚动而滚动
link	设定页面默认的链接颜色
alink	设定鼠标正在单击的链接的颜色
vlink	设定访问过后的链接的颜色
topmargin	设定页面的上边距
leftmargin	设定页面的左边距

（6）页面的注释

在网页中，除了以上这些基本标签外，还包含一种不显示在页面中的元素，那就是代码的注释文字。适当的注释可以帮助用户更好地了解网页中各个模块的划分，也有助于以后对代码的检查和修改。给代码加注释，是一种很好的编程习惯。在 HTML5 文档中，注释分为三类：在文件开始标签 <html></html> 中的注释、在 CSS 层叠样式表中的注释和在 JavaScript 中的注释，其中在 JavaScirpt 中的注释又有两种形式。下面将对这三类注释的具体语法进行介绍。

① 在文件开始标签 <html></html> 中的注释，具体语法如下：

```
<!-- 注释的文字 -->
```

注释文字的标记很简单，只需要在语法中"注释的文字"的位置上添加需要的内容即可。

② 在 CSS 层叠样式表中的注释，具体语法如下：

```
/* 注释的文字 */
```

在 CSS 样式中注释时，只需要在语法中"注释的文字"的位置上添加需要的内容即可。

③ 在 JavaScript 脚本语言中的注释有两种形式：单行注释和多行注释。

单行注释的具体语法如下：

```
// 注释的文字
```

注释文字的标记很简单，只需要在语法中"注释的文字"的位置上添加需要的内容即可。

多行注释的具体语法如下：

```
/* 注释的文字 */
```

在 JavaScript 脚本中添加多行注释时，只需要在语法中"注释的文字"的位置上添加需要的注释内容即可。

👑 **注意：**

在 JavaScript 中添加多行注释时或单行注释的形式不是一成不变的，在进行多行注释时，单行注释也是有效的。运用"// 注释的文字"对每一行文字进行注释达到的效果和"/* 注释的文字 */"的效果一样。

👑 **常见错误：**

在 HTML 代码中，注释语法使用错误时，浏览器将注释视为文本内容，注释内容会显示在页面中。例如，下面给出的一个网页代码中有 4 处注释使用错误的情况。

```
<!-- 这里可以加注释吗？ -->          错误1：<!DOCTYPE html> 之前不可以添加注释
<!DOCTYPE html>
<html>
<head>
    <meta charset="utf-8">
    <title>&lt;!-- 吉林省 --&gt; 吉林省明日科技有限公司 </title>
    <style type="text/css">              错误2：<title>标签内部不可以添加注释
        .err {
            margin-left: 20px;
            color: red;
```

```
                    font-size: 20px;
                    font-family: fantasy;
            }
        </style>
    </head>
    <body>
    <div class="cen">
        <h4 class="err">  /* 注释 1: 本身我是一个注释 */  </h4>
        <div>
            <iframe id="top" name="top" scrolling="No" src="inc/top.html" height="240"
        frameborder="0" width="947"></iframe>
        </div>
        <h4 class="err"><--  注释 2: 本身我也是一个注释  --> </h4>
    </div>
    </body>
    </html>
    <!-- 也可以在 <html> 标签后面添加注释 -->
```

错误 3: 注释符号使用错误, 应使用 <! -- 注释 -->

错误 4: 注释标签不完整, 缺少一个英文感叹号

用谷歌浏览器打开这个 HTML5 文件, 运行效果如图 1.3 所示。

图 1.3　错误使用代码注释的运行效果

1.3　编写第一个 HTML 文件

1.3.1　HTML 文件的编写方法

编写 HTML 文件主要有 3 种方法, 以下分别进行介绍。

（1）手工直接编写

由于 HTML 语言编写的文件是标准的 ASCII 文本文件, 所以可以使用任何的文本编辑器来打开并编写 HTML 文件, 如 Windows 系统中自带的记事本。

（2）使用可视化软件

可以使用 WebStorm、Dreamweaver、Sublime Text 等软件进行可视化的网页编辑制作。

（3）由 Web 服务器一方实时动态生成

这需要进行后端的网页编程来实现, 如使用 JSP、ASP、PHP 等, 一般情况下都需要数据库的配合。

1.3.2　手工编写页面

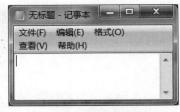

下面先使用记事本来编写第一个 HTML 文件，操作步骤如下：

① 选择"开始"→"程序"→"附件"→"记事本"程序，打开 Windows 系统自带的记事本，如图 1.4 所示。

② 在记事本中直接键入 HTML 代码，具体代码如下：

图 1.4　打开记事本

```html
<html>
<head>
    <title> 简单的 HTML 文件 </title>
</head>
<body text="blue">
<h2 align="center">HTML5 初露端倪 </h2>
<hr>
<p> 让我们一起体验超炫的 HTML5 旅程吧 </p>
</body>
</html>
```

③ 输入代码后，记事本中显示出代码的内容，如图 1.5 所示。

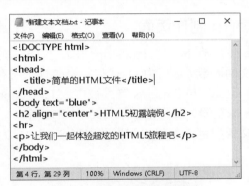

图 1.5　显示了代码的记事本

④ 打开记事本菜单栏中的"文件"→"保存"菜单，弹出如图 1.6 所示的"另存为"对话框。

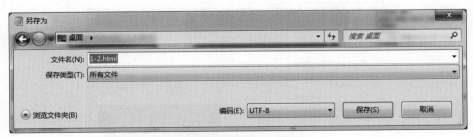

图 1.6　"另存为"对话框

⑤ 在"另存为"对话框中，首先选择存盘的文件夹，然后在"保存类型"下拉列表中选择"所有文件"，在"编码"中选择 UTF-8，并填写文件名，例如将文件命名为 1-2.html，最后单击"保存"按钮。

⑥ 关闭记事本，回到存盘的文件夹，双击如图 1.7 所示的 1-2.html 文件，可以在浏览器（推荐谷歌浏览器）中看到最终页面效果，如图 1.18 所示。

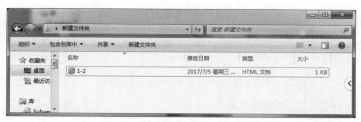

图 1.7　保存好的 HTML 文件

图 1.8　页面效果

1.3.3　使用 WebStorm 制作页面

WebStorm 是 JetBrains 公司旗下一款 JavaScript 开发工具。软件支持不同浏览器的提示，还包括所有用户自定义的函数（项目中）。代码补全包含了所有流行的库，例如 jQuery、YUI、Dojo、Prototype、MooTools 和 Bindows 等，被广大 JavaScript 开发者誉为 Web 前端开发神器、最强大的 HTML5 编辑器、最智能的 JavaScript IDE 等。

下面以 WebStorm 英文版为例，首先说明安装 WebStorm11.0.4 的过程，然后再介绍制作 HTML5 页面的方法。

（1）下载与安装

① 首先打开浏览器，进入 WebStorm 官网的下载地址页，如图 1.9 所示。

图 1.9　WebStorm 官网的下载地址页

② 下载完成后，双击打开 WebStorm-2020.2.exe，然后单击"运行"按钮，开始安装 WebStorm-2020.2，如图 1.10 所示。

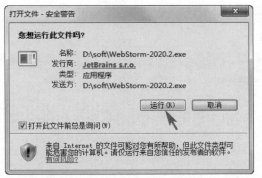

图 1.10   运行 WebStorm-2020.2.exe 程序

③ 接下来进入图 1.11 所示的界面，单击"Next"按钮，将出现"选择安装位置"界面。

图 1.11   开始安装界面

④ 在"选择安装位置"界面中选择安装路径，默认路径是"C:\Program Files\JetBrains\WebStrom 2020.2"，也可以单击右侧"Browse"按钮重新选择路径，然后单击"Next"按钮，如图 1.12 所示。

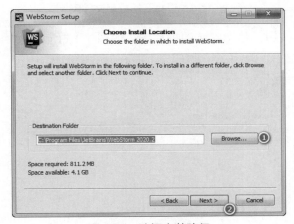

图 1.12   选择安装路径

⑤ 接下来进入"安装选项"界面，"Create Desktop Shortout"为创建桌面快捷方式，由于笔者的电脑系统为 64 位，所以此处勾选"64-bit launcher"复选框；"Create

Associaitions"为创建联系，此处勾选".js"".css"".html"复选框；然后单击"Next"按钮，如图 1.13 所示。

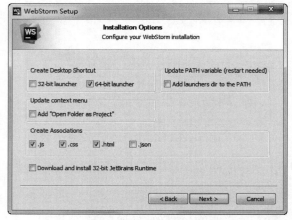

图 1.13　选择安装选项

⑥ 进入"选择开始菜单文件夹"界面，如图 1.14 所示，默认的为 JetBrains。

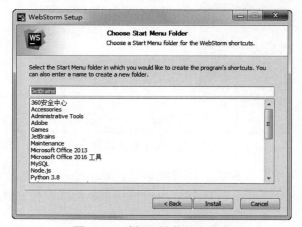

图 1.14　选择开始菜单文件夹

⑦ 单击"Install"按钮，显示安装的进度条，如图 1.15 所示。

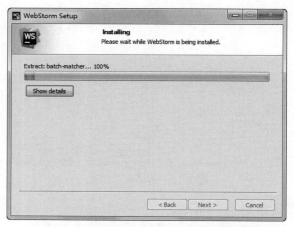

图 1.15　显示 Webstorm 11.0.4 的安装进程

⑧ 安装进程结束后，单击"Next"按钮，弹出如图 1.16 所示界面，在该界面单击"Finish"按钮，完成 WebStorm 2020.2 的安装。

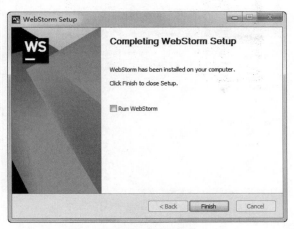

图 1.16　安装完成

（2）创建 HTML 文件和运行 HTML 程序

① 单击"开始"→"所有程序"→"JetBrains WebStorm 2020.2"，启动 WebStorm 软件的主程序，其主界面如图 1.17 所示。

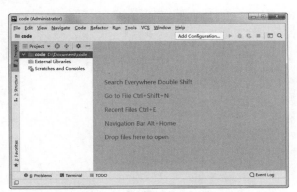

图 1.17　JetBrains Webstorm 2020.2 主界面

② 选择菜单栏中的"File"→"New"→"Project"选项，新建一个工程，如图 1.18 所示。

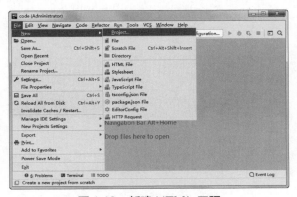

图 1.18　新建 HTML 工程

③ 在"Location"文本框中输入工程存放的路径，也可以单击 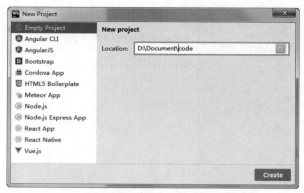 按钮选择路径，如图 1.19 所示，然后单击"Create"按钮，完成工程的创建。

图 1.19　输入工程存放的路径

④ 选定新建好的 HTML 工程，单击鼠标右键，在弹出的快捷菜单中选择"New"→"HTML File"选项，创建一个 HTML 文件，如图 1.20 所示。

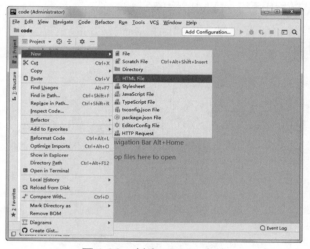

图 1.20　创建 HTML 文件

⑤ 选择完成之后会弹出如图 1.21 所示的"New HTML File"窗口，在"Name"对应的输入框中输入文件名，在这里将文件命名为"index.html"，并在"Kind"下拉框中选择"HTML 5 file"。

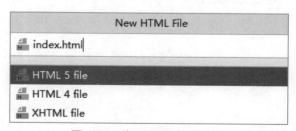

图 1.21　为 HTML 文件命名

⑥ 单击"OK"按钮，弹出新建好的 HTML 文件，如图 1.22 所示。

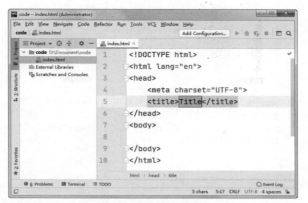

图 1.22　新建好的 HTML 文件

⑦ 接下来，就可以编辑 HTML 文件了，在 <body> 标签中输入文字，如图 1.23 所示。

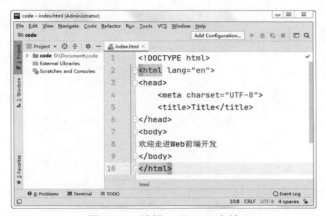

图 1.23　编辑 HTML5 文件

⑧ 在 WebStorm 编辑器菜单栏中单击"Run"菜单，单击其下拉菜单中的"Run"选项，然后选择要运行的 HTML 文件"index.html"。运行后的界面效果如图 1.24 所示。

图 1.24　运行 HTML 文件

下面通过一个实例进一步了解 HTML 文件的基本结构和 <body> 属性的运用。

（源码位置：资源包 \Code\01\01）

[实例 1.1]

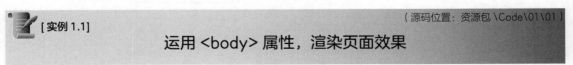

运用 <body> 属性，渲染页面效果

新建一个 HTML 文件，为 <body> 标签添加样式，渲染页面效果，具体代码如下：

15

```
<!doctype html>
<html>
<head>
    <meta charset="utf-8">
    <title> 无标题文档 </title>
</head>
<!-- 设置背景图像 :background，文字颜色 :text，链接颜色 :link，访问过后的链接颜色： vlink，外边距：
    topmargin , topmargin -->
<body  background="images/bg.jpg" bgproperties="fixed" text="blue" link="red" vlink="#CCCCCC"
    topmargin="100px" leftmargin="50px">
长风破浪会有时 <br/><br/>
直挂云帆济沧海 <br/><br/>
<a href="www.mingrisoft.com"> 点击链接 </a>
</body>
</html>
```

保存文件后用浏览器打开该 HTML 文件，运行效果如图 1.25 所示。

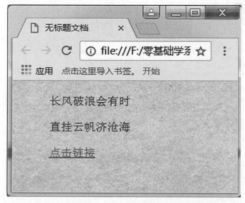

图 1.25 <body> 标签的属性运用实例效果

本章知识思维导图

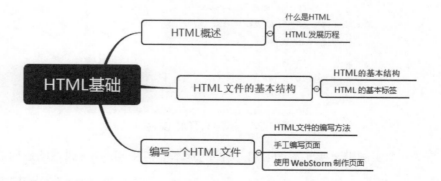

第 2 章
文本

扫码领取
➤ 配套视频
➤ 配套素材
➤ 学习指导
➤ 交流社群

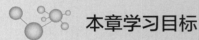

本章学习目标

- 熟练掌握标题标签与段落标签的使用。
- 掌握斜体、下划线以及上标和下标等标签的使用。
- 熟悉水平线标签和特殊文字符号。
- 了解换行标签以及段落的原格式标签。

HTML5+
CSS3+
JavaScript

2.1 标题

标题是对一段文字内容的概括和总结。图书内容少不了标题，网页文本也不能没有标题。一篇文档的好坏，标题有重要的作用。在越来越追求"视觉美感"的今天，一个好的标题设计，对用户的留存尤为关键。例如，图2.1和图2.2所示的界面效果，同样的标题内容，却使用了不同的页面标签，显示的效果则大相径庭。

图 2.1　较好的标题设计

图 2.2　糟糕的标题设计

2.1.1 标题标签

标题标签共有 6 个，分别是 <h1>、<h2>、<h3>、<h4>、<h5> 和 <h6>，每一个标签在字体大小上都有明显的区别，从 <h1> 标签到 <h6> 标签依次变小。<h1> 标签表示最大的标题，<h6> 标签表示最小的标题。一般使用 <h1> 标签来表示网页中最上层的标题，而且有些浏览器会默认把 <h1> 标签显示为非常大的字体，所以一些开发者会使用 <h2> 标签代替 <h1> 标签来显示最上层的标题。

标题标签语法如下：

```
<h1> 文本内容 </h1>
<h2> 文本内容 </h2>
<h3> 文本内容 </h3>
<h4> 文本内容 </h4>
<h5> 文本内容 </h5>
<h6> 文本内容 </h6>
```

👑 说明：

在 HTML5 中，标签大都是由起始标签和结束标签组成的。例如，<h1> 标签在编码使用时，首先编写 <h1> 起始标签和 </h1> 结束标签，然后将文本内容放入两个标签之间。

 [实例 2.1]

（源码位置：资源包 \Code\02\01）

巧用标题标签，编写开心一笑

本实例巧用 <h1> 标签、<h4> 标签和 <h5> 标签实现一则关于程序员笑话的对话内容。

把"程序猿的笑话"放入 <h1> 标签中，代表文章的标题，把发布时间、发布者和阅读数等内容放入较小字号的 <h5> 标签中，最后将笑话的对话内容放入字号适中的 <h4> 标签中。具体代码如下：

```
<!-- 表示文章标题 -->
<h1> 程序猿的笑话 </h1>
<!-- 表示相关发布信息 -->
<h5> 发布时间：19:20 03/24 | 发布者：程序源 | 阅读数：156 次 </h5>
<!-- 表示对话内容 -->
<h4> 前些天嗓子哑了，不能发声，领导却让我参加合唱比赛，给我说充个数就行。<br>
    我感觉这样不好，就积极治疗，赶在比赛之前治好了。结果比赛失利，领导一 <br>
    声叹息地道："你怎么偏偏赶在这时候嗓子好了呢？"</h4>
```

运行效果如图 2.3 所示。

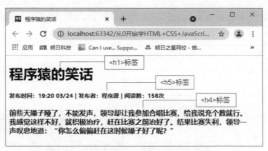

图 2.3　使用标题标签写笑话

👑　常见错误：

如果结束标签漏加"/"，比如把 </h1> 写成 <h1>，会导致浏览器认为是新标题标签的开始，从而导致页面布局错乱。例如，在下面代码的第 2 行，就将 </h1> 结束标签写成了 <h1> 开始标签。

```
<!-- 表示文章标题 -->
<h1> 程序猿的笑话 <h1>
<!-- 表示相关发布信息 -->
发布时间：19:20 03/24 | 发布者：程序源 | 阅读数：156 次
<!-- 表示对话内容 -->
<h4> 前些天嗓子哑了，不能发声，领导却让我参加合唱比赛，给我说充个数就行。<br>
    我感觉这样不好，就积极治疗，赶在比赛之前治好了。结果比赛失利，领导一 <br>
    声叹息地道："你怎么偏偏赶在这时候嗓子好了呢？"</h4>
```

将会出现如图 2.4 所示的错误。

图 2.4　结束标签漏加"/"出现的错误

2.1.2　标题的对齐方式

在默认情况下，标题文字是左对齐的。在网页制作的过程中，可以实现标题文字的编排设置，最常用的就是关于对齐方式的设置，可以为标题标签添加 align 属性进行设置。

语法格式如下：

```
<h1 align=" 对齐方式 "> 文本内容 </h1>
```

在该语法中，align 属性需要设置在标题标签的后面，具体的对齐方式属性值如表 2.1 所示。

表 2.1　标题文字的对齐方式

属性值	含义
left	文字左对齐
center	文字居中对齐
right	文字右对齐

 [实例 2.2]

（源码位置：资源包 \Code\02\02 ）

活用文字居中，推荐商品信息

本实例使用标题标签中的 align 属性，实现图书商品介绍的文字展示。首先使用 <h5> 标题标签，将图书名称、图书作者、出版社等介绍内容放入，然后在每个标题标签中添加 align 属性，属性值设为 center。具体代码如下：

```
<!DOCTYPE html>
<html>
<head>
    <meta charset="UTF-8">
    <title> 介绍图书商品 </title>
</head>
<body>
<!-- 显示商品图标 -->
<h1 align="center"><img src="book.jpg"/></h1>
<!-- 显示图书名称 -->
<h5 align="center"> 书名： 《Python GUI 设计 tkinter 从入门到实践》</h5>
<!-- 显示图书作者 -->
<h5 align="center"> 作者: 明日科技 何平 李福根 </h5>
<!-- 显示出版社 -->
<h5 align="center"> 出版社: 吉林大学出版社 </h5>
<!-- 显示图书出版时间 -->
<h5 align="center"> 出版时间: 2021 年 2 月 </h5>
<!-- 显示图书页数 -->
<h5 align="center"> 页数: 288 页 </h5>
<!-- 显示图书价格 -->
<h5 align="center"> 价格: 98.00 元 </h5>
</body>
</html>
```

👑 注意：

在代码第 9 行，使用了 <img> 图像标签。<img> 图像标签可以将外部图像引入到当前网页内。有关 <img> 图像标签的具体使用方法请参考本书第 3 章的内容。

运行效果如图 2.5 所示。

图 2.5 图书商品介绍的页面效果

2.2 文字

除了标题文字外，在网页中普通的文字信息也不可缺少，而多种多样的文字装饰效果更可以让用户眼前一亮，记忆深刻。在网页的编码中，可以直接在标签 <body> 和 </body> 之间输入文字，这些文字可以显示在页面中，同时可以为这些文字添加装饰效果的标签，如斜体、下划线等。下面将详细讲解这些文字装饰标签。

2.2.1 文字的斜体、下划线、删除线

在浏览网页时，常常可以看到一些特殊效果的文字，如斜体字、带下划线的文字和带删除线的文字，而这些文字效果可以通过设置 HTML 语言的标签来实现。

语法格式如下：

```
<i> 斜体内容 </i>
<u> 带下划线的文字 </u>
<del> 带删除线的文字 </del>
```

这几种文字装饰效果的语法类似，只是标签不同。其中，斜体字也可以使用标签 <cite> 标示。

 [实例 2.3]
（源码位置：资源包 \Code\02\03）

活用文字装饰，推荐商品信息

本实例使用 <i> 文字斜体标签、<u> 文字下划线标签和 <del> 文字删除线标签，为图书商品的推荐内容增添更多的文字特效，可以让读者眼前一亮，提高商品购买率。例如，如果商品打折，可以将商品原来价格的文字添加 <del> 删除线标签，表示不再以原来价格进行销售。具体代码如下：

```
<!DOCTYPE html>
<html>
```

```html
<head>
    <meta charset="UTF-8">
    <title>斜体、下划线、删除线</title>
</head>
<body>
<!-- 显示商品图像 -->
<img src="book.jpg"/>
<!-- 显示图书名称，书名文字用斜体效果 -->
<h3>书名：<i>《Python GUI 设计 tkinter 从入门到实践》</i></h3>
<!-- 显示图书作者 -->
<h3>作者：明日科技 何平 李福根</h3>
<!-- 显示出版社 -->
<h3>出版社：吉林大学出版社</h3>
<!-- 显示出版时间，文字用下划线效果 -->
<h3>出版时间：<u>2021 年 2 月</u></h3>
<!-- 显示页数 -->
<h3>页数：288 页</h3>
<!-- 显示图书价格，文字使用删除线效果 -->
<h3>原价：<del>98.00</del>元　促销价格：47.10 元</h3>
</body>
</html>
```

运行效果如图 2.6 所示。

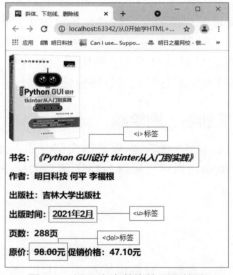

图 2.6　活用文字装饰的页面效果

2.2.2　文字的上标与下标

除了设置不同的文字装饰效果外，有时还需要设置特殊的文字装饰效果，即上标和下标。上标或下标经常会在数学公式或方程式中出现。

语法格式如下：

```html
<sup>上标标签内容</sup>
<sub>下标标签内容</sub>
```

在该语法中，上标标签和下标标签的使用方法基本相同，只需要将文字放在标记中间即可。

[实例 2.4]

（源码位置：资源包 \Code\02\04）

使用上标与下标，展示数学公示表

本实例使用 \<sup\> 上标标签和 \<sub\> 下标标签实现数学方程式的网页展示。首先将数学方程式中数字符号全部输入，比如输入方程式"X^2+6X+9=36"，然后将需要置上或置下的数字符号放入上标或下标标签中。具体代码如下：

```html
<!-- 表示文章标题 -->
<h1 align="center"> 上标和下标标签 </h1>
<h3 align="center"> 解数学方程式 :</h3>
<p align="center">     X<sup>2</sup>+6X+9=36<br></p>
<p align="center"> 解:        (X+3)<sup>2</sup>=36<br></p>
<p align="center">            &nb
    sp; X+3=6 或 -6<br></p>
<p align="center">           
            X<sub>1</sub>=3 X<sub>2</sub>=-9</p>
```

运行效果如图 2.7 所示。

图 2.7　上标和下标标签的界面效果

2.2.3　特殊文字符号

在网页的制作过程中，特殊的符号（如引号、空格等）也需要使用代码进行控制。一般情况下，特殊符号的代码由前缀"&"、字符名称和后缀分号";"组成。使用方法与空格符号类似，具体如表 2.2 所示。

表 2.2　特殊符号的表示

符号	属性值	含义
"	&quot;	引号
<	&lt;	左尖括号
>	&gt;	右尖括号
×	&times;	乘号
©	&sect;	小节符号

[实例 2.5]

（源码位置：资源包 \Code\02\05）

巧用文字符，绘制字符画

本实例巧用特殊的文字符号，绘制出一个可爱小狗的字符画，用来表示未找到的内容，或者是错误的页面内容。在真正的网页设计中，需要设计出应对网页出错或是未找到网页的解决方案页面，俗称"404页面"。利用字符画的趣味表现手法，可以进一步提高用户体验。具体代码如下：

```html
<!DOCTYPE html>
<html>
<head>
<!-- 指定页面编码格式 -->
<meta charset="UTF-8">
<!-- 指定页头信息 -->
<title>特殊文字符号</title>
</head>
<body>
<!-- 表示文章标题 -->
<h1 align="center">汪汪！你想找的页面让我吃喽！</h1>
<!-- 绘制可爱小狗的字符号 -->
<pre align="center">
.-----.
_.'__    `.
.--($)($$)---/#\
.' @       /###\
:        ,   #####
`-..__..-' _..-\###/
`;_:    `-"'
.'"""""".
/,  hi ,\\
//   你好！  \\
`-._____.-'
___`. | .'___
(_____|_____)
</pre>
</body>
</html>
```

运行效果如图 2.8 所示。

图 2.8　小狗字符画的页面效果

2.3　段落

一块块砖瓦组合起来就形成了高楼大厦，一行行文字组合起来就形成了段落篇章。在

实际的文本编码中，输入完一段文字后，按下键盘上的 <Enter> 键就生成了一个段落，但是在 HTML5 中需要通过标签来实现段落的效果，下面具体介绍和段落相关的一些标签。

2.3.1 段落标签

在 HTML5 中，段落效果是通过 <p> 标签来实现的。<p> 标签会自动在其前后创建一些空白，浏览器则会自动添加这些空间。

语法格式如下：

```
<p> 段落文字 </p>
```

其中，可以使用成对的 <p> 标签来包含段落，也可以使用单独的 <p> 标签来划分段落。

 [实例 2.6]

（源码位置：资源包 \Code\02\06）

巧用段落标签，介绍创意文字

本实例使用 <p> 段落标签实现明日学院的内容介绍。首先结合特殊文字符号将"明日学院，专注编程十八年"放入 <p> 段落标签中，然后将明日学院的具体介绍内容分别放在 <p> 标签中，最后结合特殊符号将明日学院的网址放入底部的段落标签中。具体代码如下：

```
<!DOCTYPE html>
<html>
<head>
<!-- 指定页面编码格式 -->
<meta charset="UTF-8">
<!-- 指定页头信息 -->
<title> 段落标签 </title>
</head>
<body>
<!-- 使用段落标签，进行创意性排版 -->
<p> ┌──────────┤ 明日学院，专注编程教育十八年 ├──────────┐ </p>
<p> ‖          明日学院，
    是吉林省明日科技有限公司倾力打造的在线实用    ‖ </p>
<p> ‖    技能学习平台，该平台于 2016 年正式上线，主要为学习者提供海   ‖ </p>
<p> ‖    量、优质的课程，课程结构严谨，用户可以根据自身的学习程度 ,  ‖ </p>
<p> ‖    自主安排学习进度。我们的宗旨是，为编程学习者提供一站式服   ‖ </p>
<p> ‖    务，培养用户的编程思维，小白手册，视频教程，一学就会。   ‖ </p>
<p> └──────────┤ 网址 :http://www.mingrisoft.com ├──────────┘ </p>
</body>
</html>
```

运行效果如图 2.9 所示。

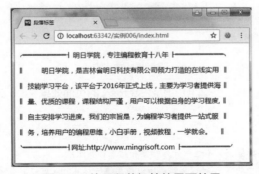

图 2.9 使用段落标签的界面效果

2.3.2 段落的换行标签

段落与段落之间是隔行换行的，这样会导致文字的行间距过大，这时可以使用换行标签来完成文字的紧凑换行显示。

语法格式如下：

```
<p>
一段文字 <br/> 一段文字
</p>
```

其中，
 标签代表换行，如果要多次换行，可以连续使用多个换行标签。

 [实例2.7]
（源码位置：资源包 \Code\02\07）

巧用换行，书写古诗

本实例巧用
 换行标签，实现唐诗《登鹳雀楼》中诗句的页面布局。通常可以使用多个 <p> 段落标签达到换行的目的，也可以使用
 换行标签在 <p> 段落标签内部进行换行。具体代码如下：

```
<!DOCTYPE html>
<html>
<head>
    <!-- 指定页面编码格式 -->
    <meta charset="UTF-8">
    <!-- 指定页头信息 -->
    <title> 段落的换行标签 </title>
</head>
<body>
<!-- 使用段落标签书写古诗 -->
<p align="center">
    <!-- 使用 2 个换行标签 -->
    《登鹳雀楼》     王之涣 <br/><br/>
    <!-- 使用 1 个换行标签 -->
    白日依山尽，黄河入海流 <br/>
    <!-- 使用 1 个换行标签 -->
    欲穷千里目，更上一层楼 <br/>
</p>
</body>
</html>
```

运行效果如图 2.10 所示。

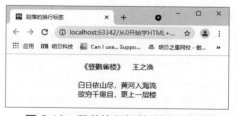

图 2.10　段落换行标签的页面效果

:crown: 注意：

①
 换行标签是一个单标签，它不是由开始标签和结束标签组成。

②HTML5 标准中，单标签中的"/"可以省略，所以使用换行标签时，可以写成
 或者
。

2.3.3 段落的原格式标签

在网页制作中，一般是通过各种标签对文字进行排版的。但在实际应用中，往往需要一些特殊的排版效果，这样使用标签控制就非常麻烦。解决的方法是使用原格式标签进行排版，如空格、制表符等。

原格式标签 <pre> 语法如下：

```
<pre>
文本内容
</pre>
```

 [实例 2.8]

（源码位置：资源包 \Code\02\08 ）

巧用原格式标签，输出元旦快乐

本实例利用 <pre> 原始排版标签，实现一个"元旦快乐"的字符画。<pre> 原始排版标签，保留代码中的原始文字格式，利用此特性，可以通过键盘上的特殊符号绘制出多种多样的字符画效果。本实例中使用键盘上的 <o> 键绘制了一个"元旦快乐"的字符画，可爱生动，表现力强。具体代码如下：

```
<!DOCTYPE html>
<html>
<head>
<!-- 指定页面编码格式 -->
<meta charset="UTF-8">
<!-- 指定页头信息 -->
<title> 原始排版标签 </title>
</head>
<body>
<h1> 原始排版标签 --pre</h1>
<!-- 使用原始排版标签，输入文字字符画 -->
<pre>
          oooooooo         ooooooooo        o          o          oooooooo
        oooooooooooo       o        o       o       ooooooo       o       o
           o   o           ooooooooo        oo       o    o       ooooooooooo
           o   o           o        o     o  oo      ooooooooo          o
         o     o           ooooooooo         o  o      o    o         o   o  o
        o       o       o                   o    o               o     oo   o
         o    oooooooo   ooooooooooooo       o          o        o    o      o
</pre>
</body>
</html>
```

运行效果如图 2.11 所示。

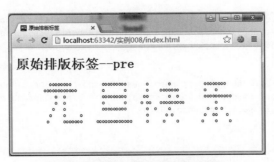

图 2.11　原始排版标签的页面效果

2.4 水平线

水平线用于段落与段落之间的分隔，使文档结构清晰明白，文字的编排更整齐。水平线自身具有很多的属性，如宽度、高度、颜色、排列对齐等。在 HTML5 中经常会用到水平线，合理使用水平线可以获取非常好的页面装饰效果。一篇内容繁杂的文档，如果合理放置几条水平线，就会变得层次分明，便于阅读。

2.4.1 水平线标签

在 HTML5 中使用 <hr> 标签来创建一条水平线。水平线可以在视觉上将文档分割成各个部分。在网页中输入一个 <hr> 标签，就添加了一条默认样式的水平线。

语法如下：

```
<hr>
```

[实例 2.9]　　　　　　　　　　　　　　　　　　　　　　（源码位置：资源包 \Code\02\09）

巧用水平线，绘制行表格

本实例使用 <hr> 水平线标签，实现一个学生成绩表表格。<hr> 水平线标签经常在段落之间用于提醒分组，同时，也可以使用 <hr> 水平线标签制作一些简单的列表清单。具体代码如下：

```
<!-- 表示文章主题 -->
<h1 align="center"> 学生成绩表 </h1>
<!-- 使用水平线来画表格 -->
<hr>
<p align="center">    姓     名            语文         数学       英语 </p>
<!-- 使用水平线来画表格 -->
<hr>
<p align="center"> 张晓晓            93           80            86</p>
<!-- 使用水平线来画表格 -->
<hr>
<p align="center"> 王浩浩            85          85           93</p>
<!-- 使用水平线来画表格 -->
<hr>
<p align="center"> 李子怡            70          92           83</p>
<!-- 使用水平线来画表格 -->
<hr>
<p align="center"> 孙逸轩            97          86           89</p>
<!-- 使用水平线来画表格 -->
<hr>
```

运行效果如图 2.12 所示。

图 2.12　使用水平线标签的页面效果

2.4.2　水平线标签的宽度

默认情况下，在网页中添加的水平线是 100% 的宽度，而在实际创建网页时，可以对水平线的宽度进行设置。

语法如下：

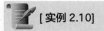

```
<hr width=" 水平线宽度 " >
```

在该语法中，水平线的宽度值可以是确定的像素值，也可以是窗口宽度值的百分比。

[实例 2.10]

（源码位置：资源包 \Code\02\10）

巧用 <hr> 的宽度属性，装饰文字

本实例利用 <hr> 水平线标签中的宽度属性，实现了一则电影《你好，李焕英》中的经典台词。首先使用 <p> 段落标签，将台词内容放入。然后在 <p> 标签代码下方，添加 <hr> 水平线标签，并且添加 width 宽度属性，属性值为 120。具体代码如下：

```
<!DOCTYPE html>
<html lang="en">
<head>
    <meta charset="UTF-8">
    <title> 水平线的宽度、高度、颜色 </title>
</head>
<body>
<p align="center"> 人生就是不断地放下，然而难过的是，我都没能好好地和他们道别 </p>
<hr width="120" align="right">
<p align="right">《你好，李焕英》</p>
</body>
</html>
```

运行效果如图 2.13 所示。

图 2.13　利用 <hr> 标签装饰文字

本章知识思维导图

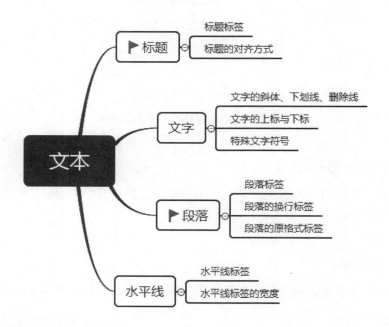

第 3 章
添加图像

扫码领取
➤ 配套视频
➤ 配套素材
➤ 学习指导
➤ 交流社群

 本章学习目标

- 熟练掌握图像标签的使用。
- 熟悉图像标签的各属性。
- 区分图像标签的 alt 属性和 title 属性的作用及其使用场景。

3.1 添加图像

3.1.1 图像的基本格式

我们今天看到的网页，越来越丰富多彩，是因为添加了各种各样的图像，对网页进行了美化。当前万维网上流行的图像格式以 GIF 及 JPEG（JPG）为主，另外还有一种 PNG 格式的图像文件，也越来越多地被应用于网络中。以下分别对这 3 种图像格式的特点进行介绍。

（1）GIF 格式

GIF 格式采用 LZW 压缩，是以压缩相同颜色的色块来减少图像大小的。由于 LZW 压缩不会造成任何品质上的损失，而且压缩效率高，再加上 GIF 格式在各种平台上都可使用，所以很适合在互联网上使用，但 GIF 格式只能处理 256 色。

GIF 格式适合于商标、新闻式的标题或其他小于 256 色的图像。

LZW 压缩是一种能将数据中重复的字符串加以编码制作成数据流的压缩法，通常应用于 GIF 格式的图像文件。

（2）JPEG 格式

对于照片之类全彩的图像，通常都以 JPEG 格式来进行压缩，也可以说，JPEG 格式通常用来保存超过 256 色的图像。JPEG 的压缩过程会造成一些图像数据的损失，所造成的"损失"是剔除了一些视觉上不容易觉察的部分。如果剔除适当，视觉上不但能够接受，而且图像的压缩效率也会提高，使图像文件变小；反之，剔除太多图像数据，则会造成图像过度失真。

（3）PNG 格式

PNG 图像格式是一种非破坏性的网页图像文件格式，它提供了将图像文件以最小的方式压缩却又不造成图像失真的技术。它不仅具备了 GIF 图像格式的大部分优点，而且还支持 48bit 的色彩，更快的交错显示，跨平台的图像亮度控制，更多层的透明度设置。

3.1.2 添加图像

有了图像文件之后，就可以使用 <img> 标签将图像插入到网页中，从而达到美化页面的效果。其语法格式如下：

```
<img src=" 图像文件的地址 ">
```

src 用来设置图像文件所在的地址，这一路径可以是相对地址，也可以是绝对地址。

绝对地址就是主页上的文件或目录在硬盘上的真正路径，例如路径"D:\mr\5\5-1.jpg"。使用绝对路径定位、链接目标文件比较清晰，但是其有两个缺点：一是需要输入更多的内容，二是如果该文件被移动了，就需要重新设置所有的相关链接。例如在本地测试网页时链接全部可用，但是到了网上就不可用了。

相对地址是最适合网站的内部文件引用的。只要是属于同一网站之下的，即使不在同一个目录下，相对地址也非常适用。只要是处于站点文件夹之内，相对地址可以自由地在文件之间构建链接。这种地址形式利用的是构建链接的两个文件之间的相对关系，不受站点文件夹所处服务器地址的影响，因此这种书写形式省略了绝对地址中的相同部分。这样做的优点是：站点文件夹所在服务器地址发生改变时，文件夹的所有内部文件地址都不会出问题。

相对地址的使用方法为：

● 如果要引用的文件位于调用文件的同一目录下，则只需输入要链接文件的名称，如 5-1.jpg。

● 如果要引用的文件位于调用文件的下一级目录中，只需先输入目录名，然后加 "/"，再输入文件名，如 mr/5-2.jpg。

● 如果要引用的文件位于调用文件的上一级目录中，则先输入 "../"，再输入目录名、文件名，如 ../ ../mr/5-2.jpg。

 [实例 3.1]

（源码位置：资源包 \Code\03\01）

使用 img 标签，实现象棋简介

在 HTML 页面中，通过 <h2> 标签添加网页的标题，然后分别使用 <p> 标签和 <img> 标签添加文本和图像，实现象棋游戏简介，具体代码如下：

```
<!DOCTYPE html>
<html lang="en">
<head>
    <meta charset="utf-8" >
    <title>象棋游戏简介 </title>
</head>
<body>
<!-- 象棋游戏简介 -->
<h2 align="center"> 象棋 </h2>
<p>  象棋，中国传统棋类益智游戏，在中国有着悠久的历史，属于二人对抗性游戏的一种，由于用具简单，
趣味性强，成为流行极为广泛的棋艺活动。中国象棋是中国棋文化也是中华民族的文化瑰宝。
</p>
<p>  象棋主要流行于华人及汉字文化圈的国家，是中国正式开展的 78 个体育运动项目之一，是首届世
界智力运动会的正式比赛项目之一。2008 年 6 月 7 日，象棋经国务院批准列入第二批国家级非物质文化遗产名录。
</p>
<!-- 插入象棋的游戏图像，并且设置水平间距为 110 像素 -->
<img src="img/chess.jpg" alt="" hspace="110" width="350">
</body>
</html>
```

编辑完代码后，在浏览器中打开文件，显示页面效果如图 3.1 所示。

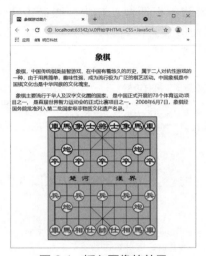

图 3.1　插入图像的效果

33

3.2　设置图像属性

3.2.1　图像大小与边框

在网页中直接插入图像时，图像的大小和原图是相同的。在实际应用时可以通过各种图像属性的设置调整图像的大小、分辨率等内容。

（1）调整图像大小

在 <img> 标签中，通过 height 属性和 width 属性可以设置图像显示的高度和宽度。其语法格式如下：

```
<img src=" 图像文件的地址 " height="" width="">
```

- height：用于设置图像的高度，单位是像素，可以省略。
- width：用于设置图像的宽度，单位是像素，可以省略。

👑 说明：

设置图像大小时，如果只设置了高度或宽度，则另一个参数会按照相同比例进行调整。如果同时设置两个属性，且缩放比例不同的情况下，图像很可能会变形。

（2）设置图像边框——border

在默认情况下，页面中插入的图像是没有边框的，但是可以通过 border 属性为图像添加边框。其语法格式如下：

```
<img src=" 图像文件的地址 " border="">
```

其中，border 用于设置图像边框的大小，单位是像素。

　[实例 3.2]　　　　　　　　　　　　　　　　　（源码位置：资源包 \Code\03\02 ）

改变手机商品图像的大小和边框

在商品详情页面中添加两张手机图像，其中一张设置宽、高为 350 像素，另一张设置宽、高为 50 像素，并为其添加边框，代码如下：

```
<body>
<div class="mr-content">
    <!-- 添加第一张图像，并且设置图像没有边框 -->
<img src="images/img.jpg" alt="" height="350" width="350" border="0"><br/>
    <!-- 添加第二张图像，并且设置图像边框大小为 2 像素 -->
<img src="images/img.jpg" alt="" height="50" width="50" border="2">
</div>
</body>
```

编辑完代码后，在浏览器中运行，显示页面效果如图 3.2 所示。

👑 说明：

在实例 3.2 中，运用了 <div> 标签。<div> 标签是 HTML 中一种常用的块级元素，使用它可以在 CSS 中方便地设置宽、高以及内外边距等样式。另外，本实例还运用 CSS 给页面添加背景图像、设置页面内容居中，关于 CSS 的具体知识在第 6、7 章会有所讲述，本实例的具体 CSS 代码请参照源码。

图 3.2　设置图像的边框

3.2.2　图像间距与对齐方式

HTML5 不仅有标签用于添加图像，而且还可以调整图像在页面中的间距和对齐方式，从而改变图像的位置。

（1）调整图像间距

如果不使用
 标签或者 <p> 标签进行换行显示，那么添加的图像会紧跟在文字之后。但是，通过 hspace 和 vspace 属性可以调整图像与文字之间的距离，使文字和图像的排版不那么拥挤，看上去会更加协调。其语法格式如下：

```
<img src=" 图像文件的地址 "hspace="" vspace="">
```

- hspace：用于设置图像的水平间距，单位是像素，可以省略。
- vspace：用于设置图像的垂直间距，单位是像素，可以省略。

（2）设置图像相对于文字基准线的对齐方式

图像和文字之间的排列通过 align 参数来调整。其对齐方式可分为两类，即绝对对齐方式和相对文字的对齐方式。绝对对齐方式包括左对齐、右对齐和居中对齐 3 种，而相对文字的对齐方式则是指图像与一行文字的相对位置。其语法格式如下：

```
<img src=" 图像文件的地址 " align=" 相对文字的对齐方式 ">
```

在该语法中，align 的取值如表 3.1 所示。

表 3.1　图像相对文字的对齐方式

类型	范围
top	把图像的顶部和同行的最高部分对齐（可能是文本的顶部，也可能是图像的顶部）
middle	把图像的中部和行的中部对齐（通常是文本行的基线，并不是实际的行的中部）
bottom	把图像的底部和同行文本的底部对齐
texttop	把图像的中部和同行中最大项的顶部对齐
absmiddle	把图像的中部和同行中最大项的中部对齐
baseline	把图像的底部和文本的基线对齐
absbottom	把图像的底部和同行中的最低项对齐
left	使图像和左边界对齐（文本环绕图像）
right	使图像和右边界对齐（文本环绕图像）

（源码位置：资源包 \Code\03\03）

[实例 3.3]

使用 align 和 vspace 等改变头像的位置

在头像选择页面，插入两行供选择的头像图像，并且设置图像与同行文字的中部对齐。代码如下：

```
<body>
    <h3> 请选择您喜欢的头像: </h3>
    <hr size="2" />
    <!-- 在插入的两行图像中，分别设置图像的对齐方式为 middle-->
    第一组人物头像 <img src="images/01.gif" border="1" align="middle"/>
                <img src="images/02.gif" border="1" align=" middle "/>
                <img src="images/03.gif" border="1" align=" middle "/>
                <img src="images/04.gif" border="1" align=" middle "/>
    <br /><br />
    第二组人物头像 <img src="images/8.gif" border="1" align="middle"/>
                <img src="images/9.gif" border="1" align=" middle "/>
                <img src="images/10.gif" border="1"align=" middle "/>
                <img src="images/11.gif" border="1"align=" middle "/>
</body>
```

编辑完代码后，在浏览器中运行，显示页面效果如图 3.3 所示。

图 3.3　设置图像的水平间距

3.2.3　替换文本与提示文字

在 HTML5 中，可以通过为图像设置替换文本和替换文字来添加提示信息。其中，提示文字在鼠标悬停在图像上时显示，而替换文本是在图像无法正常显示时显示，用以告知用户这是一张什么图像。

（1）添加图像的提示文字——title

通过 title 属性可以为图像设置提示文字。当浏览网页时，如果图像下载完成，鼠标放在该图像上，鼠标旁边会出现提示文字。也就是说，当鼠标指向图像上方时，稍等片刻，可以出现图像的提示文字，用于说明或者描述图像。其语法格式如下：

```
<img src=" 图像文件的地址 " title="">
```

其中，title 后面的双引号中的内容为图像的提示文字。

（2）添加图像的替换文字——alt

如果图像由于下载或者路径的问题无法显示时，可以通过 alt 属性在图像的位置显示定义的替换文字。其语法格式如下：

```
<img src=" 图像文件的地址 " alt="">
```

其中，alt 后面的双引号中的内容为图像的替换文本。

 说明：

在语法中，提示文字和替换文本的内容可以是中文，也可以是英文。

[实例 3.4]   （源码位置：资源包 \Code\03\04 ）

设置图像的提示文字与替换文本

在象棋游戏简介页面中，为图像添加提示文字与替换文本。代码如下：

```
<!DOCTYPE html>
<html lang="en">
<head>
    <meta charset="UTF-8">
    <title> 提示文字与替换文本 </title>
</head>
<body>
<h2 align="center"> 象棋 </h2>
<p>   象棋，中国传统棋类益智游戏，在中国有着悠久的历史，属于二人对抗性游戏的一种，由于用具简单，
趣味性强，成为流行极为广泛的棋艺活动。中国象棋是中国棋文化也是中华民族的文化瑰宝。
</p>
<p>   象棋主要流行于华人及汉字文化圈的国家，象棋是中国正式开展的 78 个体育运动项目之一。是首
届世界智力运动会的正式比赛项目之一。2008 年 6 月 7 日，象棋经国务院批准列入第二批国家级非物质文化遗产名录。
</p>
<img src="img/chess.jpg" alt=" 游戏大厅 " title=" 游戏大厅 " hspace="50" height="300">
<img src="img/chess.png" alt=" 象棋游戏 " title=" 象棋游戏 " align="top">
</body>
</html>
```

编辑完代码后，在浏览器中运行，页面效果如图 3.4 所示，当鼠标放置在左边图像时，图像上会显示提示文字"游戏大厅"，而右侧图像因为路径错误，导致无法显示，所以图像的位置显示替换文本"象棋游戏"。

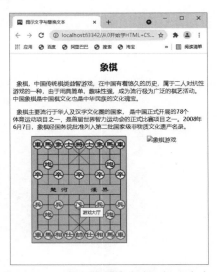

图 3.4　设置图像替换文本和提示文字

本章知识思维导图

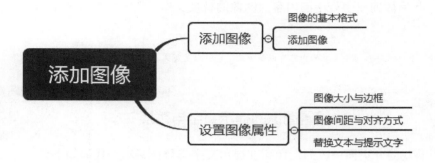

第 4 章
超链接的使用

扫码领取
➤ 配套视频
➤ 配套素材
➤ 学习指导
➤ 交流社群

 本章学习目标

● 掌握超链接标签 <a>。
● 理解文本链接和书签链接的区别以及应用场景。
● 熟练运用文本链接、书签链接和图像超链接。
● 熟悉图像热区链接的使用方法及其相关标签与属性。

4.1 链接标签

链接（link），全称为超文本链接，也称为超链接，是 HTML 的一个很强大和非常有实用价值的功能。它可以实现将文档中的文字或者图像与另一个文档、文档的一部分或者一幅图像链接在一起。一个网站是由多个页面组成的，页面之间依据链接确定相互的导航关系。当在浏览器中用鼠标单击这些对象时，浏览器可以根据指示载入一个新的页面或者转到页面的其他位置。常用的链接分为文本链接和书签链接。下面具体介绍这两种链接的使用方法。

4.1.1 文本链接

在网页中，文本链接是最常见的一种链接。它通过网页中的文本和其他的文本进行链接。语法格式如下：

```
<a href="" target=""> 链接文字 </a>
```

- href：为链接地址，是 Hypertext Reference 的缩写。
- target：为打开新窗口的方式，主要有以下 4 个属性值。
- ➤ _blank：新建一个窗口打开。
- ➤ _parent：在上一级窗口打开，常在分帧的框架页面中使用。
- ➤ _self：在同一窗口打开，默认值。
- ➤ _top：在浏览器的整个窗口打开，将会忽略所有的框架结构。

👑 说明：

在该语法中，链接地址可以是绝对地址，也可以是相对地址。

[实例 4.1]　　　　　　　　　　　　　　　　　　　（源码位置：资源包 \Code\04\01）

巧用文本链接，实现网站导航

在页面中添加文字导航和图像，并且通过 <a> 标签为每个导航栏添加超链接。代码如下：

```
<p align="center">
    <a href="#"><strong> 首页 </strong></a>   
    <a href="link.html" target="_blank"><strong> 明日之星网校 </strong></a>   
    <a href="link.html" target="_blank"><strong> 课程 </strong></a>   
    <a href="link.html" target="_blank"><strong> 读书 </strong></a>   
    <a href="link.html" target="_blank"><strong> 开发资源库 </strong></a>   
    <a href="link.html" target="_blank"><strong> 服务中心 </strong></a>   
    <a href="link.html" target="_blank"><strong> 社区 </strong></a><br>
</p>
<div align="center"><img src="img/banner1.jpg" alt=""></div>
```

完成代码编辑后，在浏览器中运行，显示页面效果如图 4.1 所示，当单击除"首页"之外的其他链接时，页面会跳转到"link html"页面，如图 4.2 所示。

图 4.1　51 购商城导航页面

图 4.2　单击超链接后的跳转页面

👑 技巧：

在填写链接地址时，为了简化代码和避免文件位置改变而导致链接出错，一般使用相对地址。

4.1.2　书签链接

在浏览页面的时候，如果页面的内容较多，页面过长，浏览的时候需要不断拖动滚动条，很不方便，如果要寻找特定的内容，更加不方便。这时如果能在该网页或另外一个页面上建立目录，浏览者只要单击目录上的项目就能自动跳到网页相应的位置进行阅读，这样无疑是最方便的事，并且还可以在页面中设定诸如"返回页首"之类的链接。这就称为书签链接。

建立书签链接分为两步：一是建立书签，二是为书签制作链接。

 [实例 4.2]

（源码位置：资源包 \Code\04\02 ）

巧用书签链接，实现商城网页内部跳转

在网页中添加书签链接，单击文字时，页面跳转到相应位置。其实现过程如下所示。

① 建立书签。分别为每一版块的位置后面的文字（例如"华为荣耀""华为 p8"等）建立书签。部分代码如下：

```
    <div class="mr-txt">
<h3>  位置: <a name="rongyao"> 华为荣耀 </a><a href="#top">>>> 回到顶部 </a></h3>
    <div class="mr-phone rongyao">
```

```
        <div class="mr-pic"><img src="images/ry1.jpg" alt=""></div>
        <div class="mr-pic"><img src="images/z5.jpg" alt=""></div>
        <div class="mr-pic"><img src="images/z7.jpg" alt=""></div>
        <div class="mr-pic"><img src="images/ry4.jpg" alt=""></div>
        <div class="mr-pic"><img src="images/ry5.jpg" alt=""></div>
        <div class="mr-pic"><img src="images/ry6.jpg" alt=""></div>
        <div class="mr-pic"><img src="images/ry7.jpg" alt=""></div>
        <div class="mr-pic"><img src="images/ry8.jpg" alt=""></div>
    </div>
    <h3 class="local">  位置: <a name="mate8"> 华为 mate8<a href="#top">>>> 回到顶部 </a></h3>
    <div class="mr-phone mate8">
<div class="mr-pic"><img src="images/mate81.jpg" alt=""></div>
        <div class="mr-pic"><img src="images/mate82.jpg" alt=""></div>
        <div class="mr-pic"><img src="images/mate89.jpg" alt=""></div>
        <div class="mr-pic"><img src="images/mate84.jpg" alt=""></div>
        <div class="mr-pic"><img src="images/mate85.jpg" alt=""></div>
        <div class="mr-pic"><img src="images/mate86.jpg" alt=""></div>
        <div class="mr-pic"><img src="images/mate87.jpg" alt=""></div>
        <div class="mr-pic"><img src="images/mate88.jpg" alt=""></div>
    </div>
    <h3 class="local">  位置: <a name="huaweip8"> 华为 p8</a><a href="#top">>>> 回到顶部 </a></
h3>
```

② 给在网页导航部分的书签建立链接，代码如下：

```
    <div class="mr-top">
        <a name="top"><div class="mr-nav">
            <ul>
                <li><a href="#rongyao"> 华为荣耀 </a></li>
                <li><a href="#mate8"> 华为 mate8</a></li>
                <li><a href="#huaweip8"> 华为 p8</a></li>
                <li><a href="#huawei5c"> 华为 5a</a></li>
                <li><a href="#huaweig9"> 华为 g9</a></li>
            </ul>
        <img class="mr-banner"src="images/1.jpg"width='945' height="430"></a>
        </div>
    </div>
```

完成代码编辑后，在浏览器中打开文件，显示页面如图 4.3 所示，当单击上面"华为荣耀""华为 mate8"等文字时，页面会跳转到相应位置。

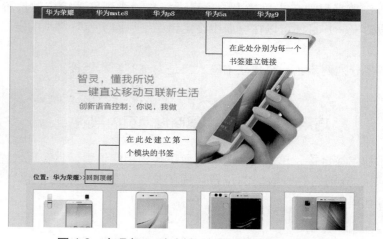

图 4.3　实现在 51 购商城手机页面中添加书签链接

👑 说明：

　　本实例中使用了 CSS 样式，有关 CSS 的学习，请参照第 6、7 章。另外，上述代码省略了实例中添加第二、三版块手机图像的代码，详细代码，请参照源码。

4.2 图像的超链接

4.2.1 图像的超链接

对于给整个一幅图像文件设置超链接来说，实现的方法比较简单，其实现的方法与文本链接类似。其语法格式如下：

```
<a href=" 链接地址 " target=" 目标窗口的打开方式 "><img src=" 图像文件的地址 "></a>
```

在该语法中，href 参数用来设置图像的链接地址，而在图像属性中可以添加图像的其他参数，如 height、border、hspace 等。

📝 **[实例 4.3]**
　　　　　　　　　　　　　　　　　　　　　　　（源码位置：资源包 \Code\04\03）

添加图像链接，实现"手机风暴"板块

新建一个 HTML 文件，应用 <img> 标签添加 5 张手机图像，并为其设置图像的超链接，然后再应用 <img> 标签添加 5 张购物车图标，代码如下：

```
<div id="mr-content">
    <div class="mr-top">
        <h2> 手机 </h2>                               <!-- 通过 <h2> 标签添加二级标题 -->
        <p class="mr-p1">手机风暴 </p>                 <!-- 通过 <p> 标签添加文字 -->
        <p class="mr-p2">></p>
        <p class="mr-p2"> 更多手机 </p>
        <p class="mr-p2">OPPO</p>
        <p class="mr-p2"> 联想 </p>
        <p class="mr-p2"> 魅族 </p>
        <p class="mr-p2"> 乐视 </p>
        <p class="mr-p2"> 荣耀 </p>
        <p class="mr-p2"> 小米 </p>
    </div>
    <img src="images/8-1.jpg" alt="" class="mr-img1">  <!-- 通过 <img> 标签添加图像 -->
    <div class="mr-right">
        <a href="images/link.png" target="_blank">
            <img src="images/8-1a.jpg" alt="" att="a"></a>
        <a href="images/link.png" target="_blank">
            <img src="images/8-1b.jpg" alt="" att="b"></a><br/>
        <a href="images/link.png" target="_blank">
            <img src="images/8-1c.jpg" alt="" att="c"></a>
        <a href="images/link.png" target="_blank">
            <img src="images/8-1d.jpg" alt="" att="d"></a>
        <a href="images/link.png" target="_blank">
            <img src="images/8-1e.jpg" alt="" att="e"></a>
        <img src="images/8-1g.jpg" alt="" class="mr-car1">
        <img src="images/8-1g.jpg" alt="" class="mr-car2">
        <img src="images/8-1g.jpg" alt="" class="mr-car3">
        <img src="images/8-1g.jpg" alt="" class="mr-car4">
        <img src="images/8-1g.jpg" alt="" class="mr-car5">
        <p class="mr-price1">OPPO R9 Plus<br/><span>3499.00</span></p>
```

```
        <p class="mr-price2">vivo Xplay6<br/><span>4498.00</span></p>
        <p class="mr-price3">Apple iPhone 7<br/><span>5199.00</span></p>
        <p class="mr-price4">360 NS4<br/><span>1249.00</span></p>
        <p class="mr-price5">小米 Note4<br/><span>1099.00</span></p>
    </div>
</div>
```

编辑完代码后，在浏览器中打开文件，可以看到如图 4.4 所示的页面。单击手机图像，页面将会跳转到一张展示商品详情的图像，如图 4.5 所示。

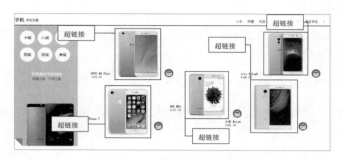

图 4.4　商品展示页面的效果

图 4.5　跳转后的商品详情页面

4.2.2　图像热区链接

除了对整个图像进行超链接的设置外，还可以将图像划分成不同的区域进行链接设置。而包含热区的图像也可以称为映射图像。

为图像设置热区链接时，大致需要经过以下两个步骤。

首先需要在图像文件中设置映射图像名。在添加图像的 <img> 标签中使用 usemap 属性添加图像要引用的映射图像的名称，语法格式如下：

```
<img src=" 图像地址 " usemap=" 映射图像名称 ">
```

然后需要定义热区图像以及热区的链接，语法格式如下：

```
<map name=" 映射图像名称 ">
    <area shape=" 热区形状 " coords=" 热区坐标 " href=" 链接地址 " />
</map>
```

在该语法中，要先定义映射图像的名称，然后再引用这个映射图像。在 <area> 标签中定义了热区的位置和链接。其中，shape 用来定义热区形状，可以取值为 rect（矩形区域）、

circle（圆形区域）以及 poly（多边形区域）；coords 用来设置区域坐标，对于不同形状来说，coords 设置的方式也不同。

● 对于矩形区域（rect）来说，coords 包含 4 个参数，分别为 left、top、right 和 bottom，也可以将这 4 个参数看作矩形两个对角的点坐标。

● 对于圆形区域（circle）来说，coords 包含 3 个参数，分别为 center-x、center-y 和 tadius，也可以看作是圆形的圆心坐标（x，y）与半径的值。

● 对于多边形区域（poly）来说，设置坐标参数比较复杂，跟多边形的形状息息相关。coords 参数需要按照顺序（可以是逆时针，也可以是顺时针）取各个点的 x、y 坐标值。由于定义坐标比较复杂而且难以控制，一般情况下都使用可视化软件进行这种参数的设置。

 [实例 4.4]　　　　　　　　　　　　　　　　　　（源码位置：资源包 \Code\04\04）

使用热区链接，添加多个链接地址

新建一个 HTML 文件，然后使用 <img> 标签添加图像，并且为图像添加热区链接。其代码如下：

```
<div id="mr-cont">
    <img class="addr" src="img/big.png" usemap="#mr-hotpoint" />
    <map name="mr-hotpoint">
        <area shape="rect" coords="45,126,143,203" href="img/ad.jpg" title=" 电 脑 精 装 "
target="_blank"/>
        <area shape="rect"coords="410,80,508,174" href="img/ad4.png" title=" 常 用 家 电 "
target="_blank" />
        <area shape="rect" coords="30,250,130,350" href="img/ad1.png" title=" 手 机 数 码 "
target="_blank"  />
        <area shape="rect" coords="430,224,528,318" href="img/ad3.png"title=" 鲜 货 直 达
"target="_blank"/>
    </map>
</div>
```

编辑完代码后，在浏览器中运行文件，可以看到打开的页面中包含一张图像，如图 4.6 所示。当单击图像"电脑精装"的彩色会话框时，页面会跳转至一张电脑图像，如图 4.7 所示。

图 4.6　图像热区链接页面的效果

图 4.7　单击热区链接的跳转页面

 ## 本章知识思维导图

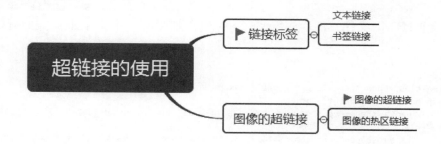

第 5 章

表格与 \<div\> 标签

扫码领取
➤ 配套视频
➤ 配套素材
➤ 学习指导
➤ 交流社群

 本章学习目标

- 熟练掌握表格的使用。
- 能够熟练地合并单元格或分组，并且能够在表格中运用样式。
- 区分 \<div\> 标签与 \<span\> 标签，掌握其应用场景，并且能够熟练运用这两种标签。

5.1 简单表格

表格是用于排列内容的最佳手段。在 HTML 页面中，有很多页面都是使用表格进行排版的。简单的表格是由 <table> 标签、<tr> 标签和 <td> 标签组成。通过使用 <table> 表格标签，可以完成课程表、成绩单等常见的表格。

5.1.1 简单表格的制作

表格标签的开始和结束标签是 <table>...</table>。表格的其他标签需要在表格的开始标签 <table> 和表格的结束标签 </table> 之间才有效。用于制作表格的主要标签如表 5.1 所示。

表 5.1 表格标签

标签	含义
<table>	表格标签
<tr>	行标签
<td>	单元格标签

语法格式如下：

```
<table>
    <tr>
        <td> 单元格内的文字 </td>
        <td> 单元格内的文字 </td>
    ......
    </tr>
    <tr>
        <td> 单元格内的文字 </td>
        <td> 单元格内的文字 </td>
    ......
    </tr>
    ......
</table>
```

在该语法中，<table> 和 </table> 标签分别标志着一个表格的开始和结束；<tr> 和 </tr> 标签分别表示表格中一行的开始和结束，在表格中包含几组 <tr>...</tr>，就表示该表格为几行；<td> 和 </td> 标签表示一个单元格的开始和结束，也可以说表示一行中包含了几列。

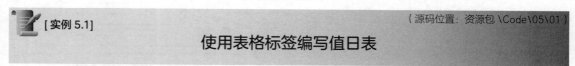

[实例 5.1]　　　　　　　　　　　　　　　　　　（源码位置：资源包 \Code\05\01）

使用表格标签编写值日表

本实例巧用 <table> 表格标签、<tr> 行标签和 <td> 单元格标签，实现一个考试成绩单的表格。首先编写代码 <table>...</table>，通过 <table> 表格标签，创建一个表格框架，然后通过 <tr> 行标签，创建表格中的行，最后使用 <td> 单元格标签，输入具体的内容。具体代码如下：

```
<h1 align="center"> 值日表 </h1>
<!--<table> 为表格标记 -->
<table align="center">
    <tr>
```

```
            <th> 星期 </th>
            <th> 值日人员 </th>
    </tr>
    <tr>
            <td> 星期一 </td>
            <td> 王佳佳、王影 </td>
    </tr>
    <tr>
            <td> 星期二 </td>
            <td> 李好、杨菲 </td>
    </tr>
    <tr>
            <td> 星期三 </td>
            <td> 晓美、张扬 </td>
    </tr>
    <tr>
            <td> 星期四 </td>
            <td> 晓美、李洋 </td>
    </tr>
    <tr>
            <td> 星期五 </td>
            <td> 胡菲、冯浩 </td>
    </tr>
</table>
```

运行效果如图 5.3 所示。

图 5.1　值日表的界面效果

5.1.2　表头的设置

表格中还有一种特殊的单元格，称为表头。表头一般位于表格第一行，用来表明该列的内容类别，用 <th> 标签来表示具体单元格内容，与 <td> 标签的使用方法相同，但是 <th> 标签中的内容是加粗显示的。

语法格式如下：

```
<table>
    <caption> 表格的标题 </caption>
    <tr>
            <th> 表格的表头 </th>
            <th> 表格的表头 </th>
            ……
    </tr>
    <tr>
            <td> 单元格内的文字 </td>
```

```
            <td> 单元格内的文字 </td>
            ……
        </tr>
        ……
    </table>
```

 注意：

在编写代码的过程中，结束标签不要忘记添加 "/"。

[实例 5.2]

（源码位置：资源包 \Code\05\02）

使用表头标签制作简单课程表

本实例使用 <table> 表格标签、<caption> 表头标签、<th> 表头单元格标签、<tr> 行标签和 <td> 普通单元格标签实现一个简单的课程表。首先通过 <table> 标签创建一个表格，然后利用 <caption> 表头标签制作表头文字"简单课程表"，最后使用 <tr> 行标签和 <td> 单元格标签输入课程表的内容。具体代码如下：

```html
<!DOCTYPE html>
<html>
<head>
    <!-- 指定页面编码格式 -->
    <meta charset="UTF-8">
    <!-- 指定页头信息 -->
    <title> 简单课程表 </title>
</head>
<body>
<!--<table> 为表格标记 -->
<table align="center">
    <caption> 值日表 </caption>
    <tr>
        <th> 星期 </th>
        <th> 值日人员 </th>
    </tr>
    <tr>
        <td> 星期一 </td>
        <td> 王佳佳、王影 </td>
    </tr>
    <tr>
        <td> 星期二 </td>
        <td> 李好、杨菲 </td>
    </tr>
    <tr>
        <td> 星期三 </td>
        <td> 晓美、张扬 </td>
    </tr>
    <tr>
        <td> 星期四 </td>
        <td> 晓美、李洋 </td>
    </tr>
    <tr>
        <td> 星期五 </td>
        <td> 胡菲、冯浩 </td>
    </tr>
</table>
</body>
</html>
```

运行效果如图 5.2 所示。

图 5.2　简单课程表的界面效果

5.2　表格的高级应用

5.2.1　表格的样式

除了基本表格外，表格可以设置一些基本的样式属性。比如可以设置表格的宽度、高度、对齐方式、插入图像。

语法格式如下：

```
<table>
    <caption> 表格的标题 </caption>
    <tr>
        <th> 表格的表头 </th>
        <th> 表格的表头 </th>
    ......
    </tr>
    <tr>
        <td><img src=" 引入图像路径 "></td>
        <td><img src=" 引入图像路径 "></td>
    ......
    </tr>
    ......
</table>
```

[实例 5.3]

（源码位置：资源包 \Code\05\03 ）

制作商品推荐表格

本实例在 <td> 单元格标签中插入 <img> 图标标签，实现了一个商品推荐表格。首先通过 <table> 标签创建一个表格框架，然后利用 <tr> 行标签和 <td> 单元格标签输入商品的文字内容，在最后一组 <td> 单元格标签中使用 <img> 标签，在单元格中插入具体商品图像。具体代码如下：

```
<!--<table> 为表格标记 -->
<table align="center"  height="300">
    <caption><b> 商品表格 </b></caption>
```

```
    <tr height="36" bgcolor="#a1fdc4">
        <th> 零基础学 Python</th>
        <th> 零基础学 HTML+CSS</th>
        <th> 零基础学 C++</th>
        <th> 零基础学 Java</th>
    </tr>
    <!-- 单元格加入介绍文字 -->
    <tr align="center">
        <td>从基本概念到项目开发，助你快速掌握编程 </td>
        <td>零基础学 web 前端开发的入门图书 </td>
        <td>零基础自学编程的入门图书 </td>
        <td>立体化教学模式 </td>
    </tr>
    <!-- 单元格加入图像装饰 -->
    <tr align="center">
        <td><img src="images/book2.png" alt="" width="130"></td>
        <td><img src="images/book3.jpg" alt="" width="150"></td>
        <td><img src="images/book1.png" alt="" width="130"></td>
        <td><img src="images/book5.jpg" alt="" width="130"></td>
    </tr>
</table>
```

运行效果如图 5.3 所示。

图 5.3　商品推荐表格的界面效果

5.2.2　表格的合并

表格的合并是指在复杂的表格结构中，有些单元格是跨多个列的，有些单元格是跨多个行的。

语法格式如下：

```
<td colspan=" 跨的列数 ">
<td rowspan=" 跨的行数 ">
```

在该语法中，跨的列数是指这个单元格所跨的列数；跨的行数是指单元格在垂直方向上跨的行数。

[实例 5.4]

（源码位置：资源包 \Code\05\04）

使用表格标签，制作复杂的课程表

本实例使用 <tr> 行标签中的 rowspan 属性，将多行合并成一行，实现一个较复杂的课程表。首先使用 <table> 标签新建一个表格框架，然后通过 <tr> 行标签和 <td> 单元格标签完成常规表格的制作，最后在希望合并的单元格标签 <td> 中添加 rowspan 属性，属性值为2，表示将两行合并为一行。关键代码如下：

```html
<!DOCTYPE html>
<html>
<head>
<!-- 指定页面编码格式 -->
<meta charset="UTF-8">
<!-- 指定页头信息 -->
<title> 复杂课程表 </title>
</head>
<body style="background-image:url(images/bg.jpg) ">
<h1 align="center"> 课   程   表 </h1>
<!--<table> 为表格标记 -->
<table align="center" border="1px" cellpadding="10%" >
    <!-- 课程表日期 -->
    <tr bgcolor="#A5FEDE">
        <th></th>
        <th></th>
        <th> 星期一 </th>
        <th> 星期二 </th>
        <th> 星期三 </th>
        <th> 星期四 </th>
        <th> 星期五 </th>
    </tr>
    <!-- 课程表内容 -->
    <tr align="center">
        <!-- 使用 rowspan 属性进行列合并 -->
        <td bgcolor="#FCD1C0" rowspan="2"> 上午 </td>
        <td bgcolor="#FCD1C0">1</td>
        <td> 数学 </td>
        <td> 语文 </td>
        <td> 英语 </td>
        <td> 体育 </td>
        <td> 语文 </td>
    </tr>
    <!-- 课程表内容 -->
    <tr align="center">
        <td bgcolor="#FCD1C0">2</td>
        <td> 音乐 </td>
        <td> 英语 </td>
        <td> 政治 </td>
        <td> 美术 </td>
        <td> 音乐 </td>
    </tr>
    <!-- 省略部分代码 -->
</table>
</body>
</html>
```

运行效果如图 5.4 所示。

图 5.4　复杂课程表的界面效果

5.2.3　表格的分组

表格可以使用 <colgroup> 标签对列进行样式控制，比如单元格的背景颜色、字体大小等。

语法格式如下：

```
<table>
<colgroup>
        <col style="background-color: 颜色值 ">
    <col style="color: 颜色值 ">
    <tr>
        <td> 单元格内的文字 </td>
        <td> 单元格内的文字 </td>
    ……
    </tr>
    ……
</table>
```

在该语法中，使用 <colgroup> 标签对表格中的列进行控制，使用 <col> 标签对具体的列进行控制。

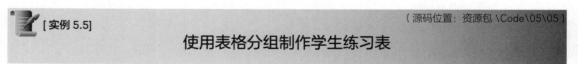

[实例 5.5]　　　　　　　　　　　　　　　　　　　　　　（源码位置：资源包 \Code\05\05）

使用表格分组制作学生练习表

本实例使用 <colgroup> 列分组标签制作了一个学生练习表格，并且对列进行样式控制。首先使用 <table> 表格标签创建了一个表格框架，然后通过 <tr> 行标签和 <td> 单元格标签完成学生联系表的制作，最后使用 <colgroup> 标签，对每一列单元格内容进行颜色设置。具体代码如下：

```
<!DOCTYPE html>
<html>
<head>
<!-- 指定页面编码格式 -->
<meta charset="UTF-8">
<!-- 指定页头信息 -->
<title> 表格分组 </title>
</head>
```

```
<body style="background-image:url(images/bg.jpg) ">
<h1 align="center"> 学生联系方式 </h1>
<!--<table> 为表格标记 -->
<table align="center" border="1px" cellpadding="10%" >
    <!-- 使用 <colgroup> 标签进行表格分组控制 -->
    <colgroup>
        <col style="background-color: #fd8f8f">
        <col style="background-color: #b7e0d2">
        <col style="background-color: #87ebff">
        <col style="background-color: #ffc56d">
    </colgroup>
    <!-- 表头信息 -->
    <tr>
        <th> 姓名 </th>
        <th> 住所 </th>
        <th> 联系电话 </th>
        <th> 性别 </th>
    </tr>
    <!-- 学生内容 -->
    <tr align="center">
        <td> 张刚 </td>
        <td> 男生公寓 208 室 </td>
        <td>131****7845</td>
        <td> 男 </td>
    </tr>
    <!-- 学生内容 -->
    <tr align="center">
        <td> 李凤 </td>
        <td> 女生公寓 208 室 </td>
        <td>187****9545</td>
        <td> 女 </td>
    </tr>
    <!-- 省略部分代码 -->
</table>
</body>
</html>
```

运行效果如图 5.5 所示。

图 5.5　学生联系方式的界面效果

55

5.3 <div> 标签

<div> 标签是用来为 HTML 文档的内容提供结构和背景的元素。<div> 开始标签和 </div> 结束标签之间的所有内容都是用来构成这个块的，其中所包含标签的特性由 <div> 标签中的属性来控制，或者是通过使用样式表格式化这个块来进行控制。

5.3.1 <div> 标签的介绍

div 全称 division，意为"分隔"。<div> 标签被称为分隔标签，表示一块可以显示 HTML 的区域，用于设置字、图像、表格等的摆放位置。<div> 标签是块级标签，需要结束标签 </div>

👑 说明：

> 块级标签又名块级元素 (block element)，与其对应的是内联元素 (inline element)，也叫行内标签，它们都是 HTML 规范中的概念。

语法格式如下：

```
<div>
...
</div>
```

[实例 5.6]

（源码位置：资源包 \Code\05\06）

使用 <div> 标签制作一首古诗

本实例中使用 <div> 标签对内容进行分组，制作一首古诗。首先通过 <p> 段落标签完成古诗内容，然后将古诗标题和古诗内容分成两组，以便于后期维护管理，使用 <div> 标签，放在古诗内容的最外层。具体代码如下：

```
<!DOCTYPE html>
<html>
<head>
    <!-- 指定页面编码格式 -->
    <meta charset="UTF-8">
    <!-- 指定页头信息 -->
    <title> 多标签分组 --div</title>
</head>
<!-- 插入古诗背景图像 -->
<body style="background:url(images/bg.png) no-repeat;background-size: cover">
<!-- 使用 div 标签对多个 p 标签进行分组 -->
<div align="right">
    <h2> 水光潋滟晴方好，山色空蒙雨亦奇。</h2>
    <h2> 欲把西湖比西子，淡妆浓抹总相宜。</h2>
</div>
<!-- 不属于 div 分类标签的，未进行分组 -->
<p align="right">--《饮湖上初晴后雨》--</p>
</body>
</html>
```

运行效果如图 5.6 所示。

图 5.6　活用文字装饰的页面效果

5.3.2　<div> 标签的应用

在应用 <div> 标签之前，首先来了解 <div> 标签的属性。在页面加入层时，会经常应用到 <div> 标签的属性。

语法格式如下：

```
<div id="value" align="value" calss="value" style="value">
</div>
```

● id：<div> 标签的 id 也可以说是它的名字，常与 CSS 样式相结合，实现对网页中元素的控制。

● align：用于控制 <div> 标签中的元素的对齐方式，其值可以是 left、center 和 right，分别用于设置元素的居左、居中和居右对齐。

● class：用于设置 <div> 标签中的元素的样式，其值为 CSS 样式中的 class 选择符。

● style：用于设置 <div> 标签中的元素的样式，其值为 CSS 属性值，各属性值应用分号分隔。

[实例 5.7]　　　　　　　　　　　　　　　（源码位置：资源包 \Code\05\07）

使用 <div> 标签制作个人简历

本实例使用 <div> 标签，完成一个个人简历。首先不使用 <div> 标签，通过 <h1> 标签和 <h5> 标签显示个人简历，然后使用 <div> 标签将"个人信息"和"教育背景"进行分组，可以更好对分组内容进行样式控制等，具体代码如下：

```
<!DOCTYPE html>
<html>
<head>
<!-- 指定页面编码格式 -->
<meta charset="UTF-8">
<!-- 指定页头信息 -->
<title>div 标签 -- 个人简历 </title>
</head>
<!-- 插入背景图像 -->
<body style="background-image:url(images/bg.jpg) ">
<br/><br/><br/><br/>
<!-- 使用 div 标签进行分组 -->
```

```
    <div>
    <h1><img src="images/1.png">  个人信息（Personal Info）</h1>
    <hr/>
        <h5> 姓名：李刚       出生年月：1996.05</h5>
        <h5> 民族：汉           身高：177cm</h5>
    </div>
    <br>
    <!-- 使用 div 标签进行分组 -->
    <div>
        <h1><img src="images/2.png">  教育背景（Education）</h1>
        <hr/>
        <h5>2005.07-2009.06    师范大学      市场营销（本科）</h5>
        <h5>2009.07-2012.06    师范大学      电子商务（研究生）</h5>
        <h5>2012.07-2015.06    师范大学      电子商务（博士）</h5>
    </div>
    </body>
    </html>
```

运行效果如图 5.7 所示。

图 5.7　个人简历的界面效果

5.4　<span> 标签

HTML 只是赋予内容的手段，大部分 HTML 标签都有其意义（如 <p> 标签创建段落、<h1> 标签创建标题等）。然而 <span> 和 <div> 标签似乎没有任何内容上的意义，但实际上，与 CSS 结合起来后，应用范围就非常广泛了。

5.4.1　<span> 标签的介绍

<span> 标签和 <div> 标签非常类似，是 HTML 中组合用的标签，可以作为插入 CSS 这类风格的容器，或插入 class、id 等语法内容的容器。

语法格式如下：

```
    <span>
    ...
    </span>
```

[实例 5.8]

（源码位置：资源包 \Code\05\08 ）

使用 <span> 标签制作春节介绍短文

本实例使用 <span> 标签，实现一则对我国传统节日春节的介绍短文。首先通过 <p> 段落标签将便签的内容显示出来，然后在 <p> 标签内部使用 <span> 标签，将需要单独分组的内容放入 <span> 标签中，进行样式控制。具体代码如下：

```html
<!DOCTYPE html>
<html>
<head>
    <meta charset="UTF-8">
    <title> 单标签分组 --span</title>
</head>
<!-- 插入背景图像 -->
<body style="background:url(images/bg.png) no-repeat #c7f1e3;background-size: cover">
<!-- 界面样式控制 -->
<br><br><br><br><br><br>
<!-- 使用 <span> 标签对单标签进行分组 -->
<span style="color: #FF4400"></span>
<p style="margin-left: 30%;text-align: center"> 春节 </p>
<p style="margin-left: 30%"> 春 节 一 般 指 <span style="color: #FF4400"> 除 夕 </span> 和 <span
style="color: #FF4400"> 正月初一 </span>。但在民间，传统意义上的春节是指从 <span style="color:
#FF4400"> 腊月初八 </span> 的腊祭或 <span> 腊月二十三 </span> 或二十四的祭灶，一直到正月十五，其中以除
夕和正月初一为高潮。在春节期间，我国的汉族和很多少数民族都要举行各种活动以示庆祝。这些活动均以 <span
style="color: #FF4400"> 祭祀神佛 </span>、<span style="color: #FF4400"> 祭奠祖先 </span>、<span
style="color: #FF4400"> 除旧布新 </span>、<span style="color: #FF4400"> 迎禧接福 </span>、<span
style="color: #FF4400"> 祈求丰年 </span> 为主要内容。活动丰富多彩，带有浓郁的民族特色。
</p>
</body>
</html>
```

运行效果如图 5.8 所示。

图 5.8　使用段落标签的界面效果

5.4.2　<span> 标签的应用

<span> 标签是行内标签，<span> 标签的前后不会换行，它没有结构的意义，纯粹是

应用样式，当其他标签都不合适的时候，例如需要对一行中的文字进行分组，但是 <i>、<strong> 等标签会增加多余的样式，那么此时使用 <span> 标签是非常合适的。

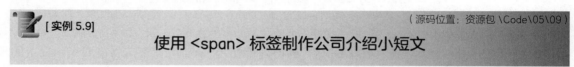

[实例 5.9] （源码位置：资源包 \Code\05\09）

使用 <span> 标签制作公司介绍小短文

本实例使用 <span> 标签实现一则公司介绍短文。首先使用 <p> 标签创建添加明日学院简介内容，然后通过 <span> 标签将短文中的内容进行分组，强调的内容显示为红色或是链接等。具体代码如下：

```html
<!DOCTYPE html>
<html>
<head>
    <meta charset="UTF-8">
    <title>span 应用 </title>
</head>
<!-- 插入背景图像 -->
<body style="background:url(images/bg.png) no-repeat #c7f1e3;background-size: cover">
<!-- 界面样式控制 -->
<br><br><br><br><br><br>
<!-- 使用 <span> 标签对单标签进行分组 -->
<p style="margin-left: 30%"><span style="font-size: 24px;color: red"> 明日学院 </span>，是吉林省
明日科技有限公司倾力打造的在线实用技能学习平台，该平台于 2016 年正式上线，主要为学习者提供海量、优质的
<span><a href="http://www.mingrisoft.com/selfCourse.html"> 课程 </a></span>，课程结构严谨，用户可
以根据自身的学习程度，自主安排学习进度。<span style="color:black"><b> 我们的宗旨是，为编程学习者提供
一站式服务，培养用户的编程思维。</b></span></p>
</body>
</html>
```

运行效果如图 5.9 所示。

图 5.9　段落换行标签的页面效果

本章知识思维导图

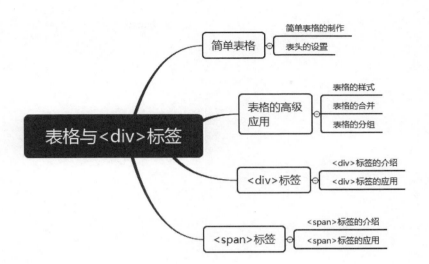

HTML5+CSS3+

JavaScript

从零开始学　HTML5+CSS3+JavaScript

第2篇

CSS3 与

HTML5 应用篇

第 6 章

CSS3 概述

扫码领取
➤ 配套视频
➤ 配套素材
➤ 学习指导
➤ 交流社群

 本章学习目标

- 了解 CSS 的发展及其作用。
- 掌握 CSS 的语法。
- 熟练使用 CSS3 中常用的选择器。
- 熟记 CSS3 的文本相关属性、背景相关属性以及列表相关属性。

6.1 CSS 概述

本节为了解性内容，主要为大家介绍 CSS 的发展历史，并且通过举例向大家介绍 CSS 的基本语法。而 CSS 的具体使用，在后面的小节会有具体介绍。

6.1.1 CSS 的发展史

CSS（Cascading Style Sheet，层叠样式表）是一种网页控制技术，采用 CSS 技术，可以有效地对页面布局、字体、颜色、背景和其他效果实现更加精准的控制。网页最初是用 HTML 标签定义页面文档及格式，例如标题标签 <h1>、段落标签 <p> 等，但是这些标签无法满足更多的文档样式需求。为了解决这个问题，W3C 在 1997 年颁布 HTML4 标准的同时，发布了 CSS 的第一个标准 CSS1。自 CSS1 版本之后，又在 1998 年 5 月发布了 CSS2 版本，在这个样式表中开始使用样式表结构。又过了 6 年，也就是 2004 年，CSS2.1 正式推出。它在 CSS2 的基础上略微做了改动，删除了许多诸如 text-shadow 等不被浏览器所支持的属性。

现在所使用的 CSS 基本上是在 1998 年推出的 CSS2 的基础上发展而来的。在 Internet 刚开始普及的时候，就能够使用样式表来对网页进行视觉效果的统一编辑，确实是一件可喜的事情。但是在十多年间，CSS 可以说基本上没有什么很大的变化，一直到 2010 年终于推出了一个全新的版本——CSS3。

与 CSS 以前的版本相比较，CSS3 的变化是革命性的，而不是仅限于局部功能的修订和完善。尽管 CSS3 的一些特性还不能被很多浏览器支持，或者说支持得还不够好，但是它依然让我们看到了网页样式的发展方向和使命。

6.1.2 一个简单的 CSS 示例

简单地说，CSS3 通过几行代码就可以实现很多以前需要使用脚本才能实现的效果，这不仅简化了设计师的工作，而且还能加快页面载入速度。其语法如下所示：

```
selector {property:value}
```

● selector：选择器。CSS3 可以通过某种选择器选中想要改变样式的标签。

● property：希望改变的该标签的属性。

● value：该属性的属性值。

下面通过实现添加页面背景以及设置文字阴影来演示 CSS3 的使用过程。示例效果如图 6.1 所示。

首先建立一个 HTML 文件，在 HTML 文件中通过添加标签，以完成页面的基本内容，具体代码如下：

图 6.1　添加文字阴影和定位背景图像

```
<div class="mr-box">
    <div class="mr-shadow"><font 无可辨 </font>" 薄 "</div>
    <div class="mr-shadow1"> 薄，<font> 是仅 13 毫米，1.1kg 才有的意境 </font></div>
</div>
```

然后建立一个 CSS 文件夹，这里，先讲解如何创建一个 CSS 文件。首先，进入 JetBrains WebStorm，如图 6.2 所示，选中自己的项目文件夹，然后单击右键，选择

第2篇　CSS3 与 HTML5 应用篇

"New" → "Stylesheet" 菜单项, 页面跳转至编辑文件名称页面, 如图 6.3 所示。

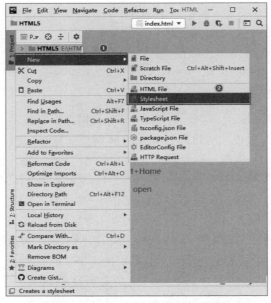

图 6.2　JetBrains WebStorm 主窗口图

在编辑 CSS 文件名称页面的 "Name" 一栏中输入文件的名称, 然后单击键盘上的回车键, 此时一个 CSS 文件就创建完成了。

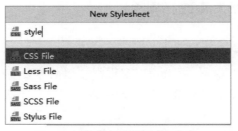

图 6.3　新建文件类型选择页面

CSS 文件创建完成以后, 就可以在页面中添加 CSS 代码, 如图 6.4 所示。

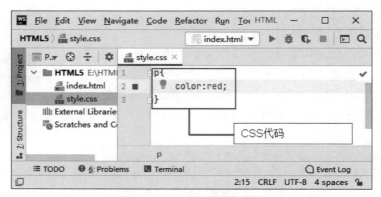

图 6.4　CSS 文件编辑窗口

建立 CSS 文件以后, 在如图 6.4 所示的代码编辑区输入如下代码即可。

```
.mr-box{                                            /* 设置页面的总体样式 */
    width: 421px;                                   /* 设置页面的大小 */
    height: 480px;
    margin: 0 auto;                                 /* 左右外边距自动居中 */
    background: no-repeat url(../images/1.jpg)  #E0D4D4 47% 43%; /* 设置页面背景 */
    background-size: 220px 254px;                   /* 设置页面背景的尺寸 */
}
/* 设置第一部分文字的样式 */
.mr-shadow {
    margin-left:100px;                              /* 设置文字的左边距 */
    color: #dc1844;                                 /* 设置文字颜色 */
    font: 900 64px/64px sans-serif;                 /* 设置文字的粗细 大小 字体 */
/* 设置文字的阴影，参数含义分别是水平方向位移，垂直方向位移 阴影宽度 阴影颜色 */
    text-shadow: -1px 0 0 #0a0a0a, -4px 0 0 #6f3b7b, -6px 0 0 #080808, -8px 0 0 #121ff1;
}
.mr-shadow font{
    font-size:30px;
    }
.mr-shadow1 {                                       /* 设置第二部分文字样式 */
    color:#6C0305;                                  /* 设置文字颜色 */
    margin-top: 264px;                              /* 设置向上的外边距 */
    font: 100 54px/64px ' 黑体 ';
    text-shadow:0 -1px 0 #ca3636,0 2px 0 #ea1414,2px -2px 1px #c3d259,-2px 2px 15px #674242;
    }
.mr-shadow1 font{
    font-size:35px;
}
```

最后，用户需要将 CSS 文件链接到 HTML 文件。在 HTML 页面的 <head> 标签中添加如下代码：

```
<link href="css/css.css" type="text/css" rel="stylesheet">
```

其中，href 为 CSS 文件的地址，type 表示所链接文件的类型，rel 表示所链接文件与该 HTML 文件的关系。type 和 rel 属性的属性值是不需要用户改变的。

👑 说明：

链接 CSS 文件的这行代码，正常可以写在 HTML 文件的任意位置，例如 <body> 标签中或上方都可以，但是，由于浏览网页时，系统加载文件的顺序为自上而下，所以为了让页面内容加载出来时就显示其样式，这句代码一般写在 <head> 标签中或者 <head> 标签与 <body> 之间。

6.2 CSS3 中的选择器

前面我们了解了 CSS3 可以改变 HTML 中标签的样式，那么 CSS3 是如何改变它的样式的呢？简单地说，就是告诉 CSS 三个问题：改变谁，改什么，怎么改。告诉 CSS3 改变谁时就需要用到选择器。选择器是用来选择标签的方式，比如 ID 选择器就是通过 ID 来选择标签，类选择器就是通过类名选择标签；改什么就是告诉 CSS3 改变这个标签的什么属性；怎么改则是指定这个属性的属性值。

举个例子，如果我们要将 HTML 中所有 <p> 标签的文字变成红色，我们需要通过标签选择器告诉 CSS3 要改变所有 <p> 标签，改变它的颜色属性，改为红色。清楚了这三个问题，CSS3 就可以乖乖地为我们服务了。

👑 说明：

　　通过选择器所选中的是所有符合条件的选择，所以不一定只有一个标签。

6.2.1　属性选择器

　　属性选择器就是通过属性来选择标签，这些属性既可以是标准属性（HTML 中默认该有的属性，例如 input 标签中的 type 属性），也可以是自定义属性。

　　在 HTML 中，通过各种各样的属性，可以给元素增加很多附加信息。例如，在一个 HTML 页面中，插入了多个 <p> 标签，并且为每个 <p> 标签设定了不同的属性。示例代码如下：

```
<p font="fontsize"> 编程图书 </p>          <!-- 设置 font 属性的属性值为 fontsize -->
<p color="red">PHP 编程 </p>            <!-- 设置 color 属性的属性值为 red -->
<p color="red">Java 编程 </p>           <!-- 设置 color 属性的属性值为 red -->
<p font="fontsize"> 当代文学 </p>         <!-- 设置 font 属性的属性值为 fontsize-->
<p color="green"> 盗墓笔记 </p>          <!-- 设置 color 属性的属性值为 green-->
<p color="green"> 明朝那些事 </p>        <!-- 设置 color 属性的属性值为 green -->
```

　　在 HTML 中为标签添加属性之后，就可以在 CSS3 中使用属性选择器选择对应的标签来改变样式。在使用属性选择器时，需要声明属性与属性值，声明方法如下。

```
        [att=val]{}
```

　　其中，att 代表属性，val 代表属性值。例如，如下代码就可以实现为相应的 <p> 标签设置样式。

```
[color=red]{              /* 选择所有 color 属性的属性值为 red 的标签 */
    color: red;           /* 设置其字体颜色为红色 */
 }
[color=green]{            /* 选择所有 color 属性的属性值为 green 的标签 */
    color: green;         /* 设置其字体颜色为绿色 */
 }
[font=fontsize]{          /* 选择所有 font 属性的属性值为 fontsize 的标签 */
    font-size: 20px;      /* 设置其字体大小为 20 像素 */
}
```

👑 注意：

　　给元素定义属性和各属性值时，可以任意定义，但是要尽量做到"见名知意"，也就是看到这个属性名和属性值，自己能看明白设置这个属性的用意。

[实例 6.1]　　　　　　　　　　　　　　　　　　　　　（源码位置：资源包 \Code\06\01）

实现 51 购商城中的手机风暴版块

　　使用属性选择器，实现 51 购商城首页的手机风暴版块，主要步骤如下：

　　① 新建一个 HTML 文件，通过 <img> 和 <p> 标签添加图像和文字，代码如下：

```
<div class="mr-right">
        <!-- 通过 <img> 标签添加 5 张手机图像 -->
  <img src="images/8-1a.jpg" alt="" att="a">
 <img src="images/8-1b.jpg" alt="" att="b"><br/>
  <img src="images/8-1c.jpg" alt="" att="c">
  <img src="images/8-1d.jpg" alt="" att="d">
  <img src="images/8-1e.jpg" alt="" att="e">
```

```
    <!-- 通过 <img> 标签添加购物车侧图像 -->
<img src="images/8-1g.jpg" alt="" class="mr-car1">
<img src="images/8-1g.jpg" alt="" class="mr-car2">
<img src="images/8-1g.jpg" alt="" class="mr-car3">
<img src="images/8-1g.jpg" alt="" class="mr-car4">
<img src="images/8-1g.jpg" alt="" class="mr-car5">
    <!-- 通过 p 和 span 标签添加手机型号和价格 -->
<p class="mr-price1">OPPO R9 Plus<br/><span>3499.00</span></p>
<p class="mr-price2">vivo Xplay6<br/><span>4498.00</span></p>
<p class="mr-price3">Apple iPhone 7<br/><span>5199.00</span></p>
<p class="mr-price4">360 NS4<br/><span>1249.00</span></p>
<p class="mr-price5">小米 Note4<br/><span>1099.00</span></p>
</div>
```

② 使用属性选择器改变页面中手机图像的大小以及位置，代码如下：

```
/* 选择 HTML 中 "att" 属性分别为 "a""b""c""d""e" 的标签，即选中 5 个手机 */
[att=a],[att=b],[att=c],[att=d],[att=e]{
    width:180px;           /* 设置宽度 */
    height:182px;          /* 设置高度 */
}
[att=a]{                   /* 使用属性选择器选择 HTML 中 "att" 属性分别为 "a" 的标签 */
    left:140px;
    top:20px;
    }
[att=b]{                   /* 使用属性选择器设置第 2 张手机图像位置及大小 */
    left:700px;
    top:20px;
    }
[att=c]{                   /* 使用属性选择器设置第 3 张手机图像位置及大小 */
    left:400px;
    top:180px;
}
```

完成代码编译后，在浏览器中运行，效果如图 6.5 所示。

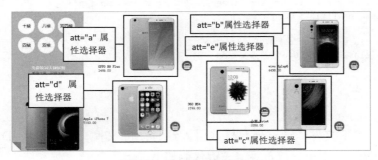

图 6.5　商城首页手机版块

👑 说明：

　　本实例综合使用类选择器和属性选择器，其中类选择器主要实现购物车以及手机型号文字的样式。详细代码请参照源码。

6.2.2　类和 ID 选择器

在 CSS3 中，除了属性选择器，类选择器和 ID 选择器也是受到广泛支持的选择器。在某些方面，这两种选择器比较相似，不过也有一些重要差别。

第一个区别是 ID 选择器前面有一个 "#" 号, 也称为棋盘号或井号。语法如下:

```
#intro{color:red;}
```

而类选择器前面有一个 "." 号, 即英文格式下的半角句号。语法如下:

```
.intro{color:red;}
```

第二个区别是 ID 选择器引用 id 属性的值, 类选择器引用 class 属性的值。

👑 注意:

在一个网页中标签的 class 属性可以定义多个, 而 id 属性只能定义一个。比如一个页面中只能有一个标签的 id 属性值为 "intro"。

[实例 6.2]

（源码位置: 资源包 \Code\06\02）

实现商城首页中爆款特卖版块

通过类选择器和 ID 选择器实现一个商城首页的爆款特卖版块, 主要实现步骤如下:

① 新建一个 HTML 文件, 在该文件中, 首先通过 <div> 标签对页面进行布局, 然后通过 <img> 标签和 <p> 标签添加手机的图像和价格、型号等文字。代码如下:

```
<div id="mr-content">
  <div class="mr-top"> 爆款特卖 </div>
  <div class="mr-bottom">
    <div class="mr-block1"><img src="images/8-2.jpg"class="mr-img"> <!-- 添加手机图像 -->
      <p class="mr-title"> 华为 Mate8</p>              <!-- 添加文字 -->
      <div>
        <div class="mr-mon"> ￥2998.00</div>
        <div class="mr-minute">秒杀 </div>
      </div>
    </div>
    <div class="mr-block1"> <img src="images/8-2c.jpg"class="mr-img">
      <p class="mr-title"> 华为 Mate9</p>
      <div>
        <div class="mr-mon"> ￥4798.00</div>
        <div class="mr-minute">秒杀 </div>
      </div>
    </div>
  </div>
</div>
```

② 新建一个 CSS 文件, 通过外部样式引入到 HTML 文件, 然后使用 ID 选择器和类选择器设置图像和文字的大小、位置等, 关键代码如下:

```
/* 在页面中只有一个 mr-content, 所以使用 ID 选择器 */
#mr-content{
    width:1090px;                          /* 设置整体页面宽度为 1090 像素 */
    height:390px;                          /* 设置整体页面高度为 390 像素 */
    margin:0 auto;                         /* 设置内容在浏览器中自适应 */
    background:#ffd800;                    /* 设置整体页面的背景颜色 */
    border:1px solid red;                  /* 设置整体内容边框 */
    text-align:left;                       /* 文字的对其方式为向左对齐 */
    }
.mr-top{                                   /* 设置标题 " 热卖爆款 " 的属性 */
    width:1073px;                          /* 设置宽度 */
    height:60px;                           /* 设置高度 */
```

```
        padding:20px 0 0 10px;                  /* 设置内边距 */
        color:#8a5223;                          /* 设置字体颜色 */
        font-size:32px;                         /* 设置字体大小 */
        font-weight:bolder;                     /* 设置内字体粗细 */
    }
.mr-bottom{
    width:1200px;                               /* 设置内容部分宽度 */
    height:336px;                               /* 设置内容部分高度 */
    }
.mr-block1{
    width:260px;                                /* 设置宽度 */
    height:300px;                               /* 设置高度 */
    float:left;                                 /* 设置浮动 */
    text-align: center;
    margin-left:10px;                           /* 设置向左的外边距 */
    background:#FFF;                            /* 设置背景 */
}
```

完成代码编辑后，在浏览器中运行，效果如图 6.6 所示。

图 6.6　商城首页爆款特卖版块

6.2.3　伪类和伪元素选择器

当我们浏览网页时，常遇到一种情况，就是每当鼠标放在某个元素上，这个元素就会发生一些变化，例如当鼠标滑过导航栏时，展开导航栏里的内容。这些特效的实现都离不开伪类选择器。而伪元素选择器则是用来改变使用普通标签无法轻易修改的部分，比如一段文字中的第一个文字等。

（1）伪类选择器

伪类选择器是 CSS3 中已经定义好的选择器，因此，程序员不能随意命名。它是用来对某种特殊状态的目标元素应用样式，比如用户正在单击的元素，或者鼠标正在经过的元素等。伪类选择器，主要有以下四种：

● :link： 表示对未访问的超链接应用样式。
● :visited： 表示对已访问的超链接应用样式。
● :hover： 表示对鼠标所停留的元素应用样式。
● :active： 表示对用户正在单击的元素应用样式。

例如，下面的代码就是通过伪类选择器改变特定状态的标签样式。

```
a:link {                                        /* 表示对未访问的超链接应用样式 */
    color: #000;                                /* 设置其字体为黑色 */
}
a:visited {                                     /* 表示对已访问的超链接应用样式 */
    color: #f00;                                /* 设置其为红色 */
```

```
    }
    .hov:hover {                                /* 表示对鼠标所停留的类名为 hov 的元素应用样式 */
        border: 2px red solid;                  /* 添加边框 */
    }
    .act:active {                               /* 表示对鼠标所停留的类名为 act 的元素应用样式 */
        background: #ffff00;                    /* 添加背景颜色 */
    }
```

👑 **注意：**

:link 和 :visited 只对链接标签起作用，对其他标签无效。

👑 **说明：**

在使用伪类选择器时，其在样式表中的顺序是很重要的，如果顺序不当，程序员可能无法实现希望的样式。它们的正确顺序是：:hover 伪类必须定义在 :link 和 :visited 两个伪类之后，而 :actived 伪类必须在 :hover 之后。为了方便记忆，可以采用"爱恨原则"，即"L(:link)oV(:visited)e, H(:hover)A(:actived)te"。

（2）伪元素选择器

伪元素选择器是用来改变文档中特定部分的效果样式，而这一部分是通过普通的选择器无法定义到的部分。CSS3 中，常用的有以下四种伪元素选择器。

● :first-letter：该选择器对应的 CSS 样式对指定对象内的第一个字符起作用。

● :first-line：该选择器对应的 CSS 样式对指定对象内的第一行内容起作用。

● :before：该选择器与内容相关的属性结合使用，用于在指定对象内部的前端插入内容。

● :after：该选择器与内容相关的属性结合使用，用于在指定对象内部的尾端添加内容。

例如，下面代码就是通过伪元素选择器向页面中添加内容，并且修改类名为"txt"的标签中第一行文字以及 <p> 标签第一个字的样式。

```
    .txt:first-line{                            /* 设置第一行文本的样式 */
        font-size: 35px;                        /* 设置第一行的字体 */
        height: 50px;                           /* 设置第一行的文本的高度 */
        line-height: 50px;                      /* 设置第一行的行高 */
        color: #000;                            /* 设置第一行文本的颜色 */
    }
    p:first-letter{                             /* 设置 <p> 标签中第一个文字的样式 */
        font-size: 30px;                        /* 设置字体大小 */
        margin-left: 20px;                      /* 设置向左的外边距 */
        line-height: 30px;                      /* 设置行高 */
    }
    .txt:after{                                 /* 在类名为 txt 的 div 后面添加内容 */
        content: url("../img/phone1.png");      /* 添加的内容为一张图像，url 为图像地址 */
        position: absolute;                     /* 设置所添加图像的定位方式 */
        top:75px;                               /* 设置图像位置 */
        left:777px;                             /* 设置图像位置 */
    }
```

 [实例 6.3]　　　　　　　　　　　　　　　　　　　　（源码位置：资源包 \Code\06\03）

实现 vivo X9s 手机的宣传页面

结合类选择器、伪类选择器以及伪元素选择器实现对 vivo X9s 手机的宣传页面的美化。

具体实现步骤如下。

首先在 HTML 页面中添加标签以及文字介绍，并且添加超链接。由于这里的超链接没有跳转的页面，所以链接地址使用 "#" 代替。具体代码如下：

```
<div class="cont">
    <h1><a href="#">vivo X9s</a></h1>
    <div class="top"> 更强大的分屏多任务 3.0<br> 新增对 QQ 浏览器、天猫等应用的分屏功能，大幅增加了可以
        一平二用的场景，不但可以边看视频边回复，更可以一边聊天一边购物、写文档、回邮件、看新闻 </div>
</div>
```

然后新建一个 CSS 文件，在 CSS 文件中设置页面的大小、外边矩等基本布局。具体代码如下：

```
.cont{                                      /* 类选择器设置页面的整体大小以及背景图像 */
    width: 1536px;                          /* 设置整体页面宽度为 1536 像素 */
    height: 840px;                          /* 设置页面整体高度 840 像素 */
    margin:0 auto;                          /* 设置页面外边距上下为 0，左右自适应 */
    text-align: center;                     /* 文字对齐方式为居中对齐 */
    background: url("../img/bg.jpg");       /* 为页面设置背景图像 */
}
h1{                                         /* 通过标签选择器选择 <h1> 标题标签 */
    padding-top: 80px;                      /* 设置向上的内边距 */
}
.top{                                       /* 使用类选择器，改变主体内容的样式 */
    line-height: 30px;                      /* 类选择器设置行高为 30 像素 */
    margin: 0 auto;                         /* 设置主体部分的外边距 */
    text-align: center;                     /* 设置文字的对齐方式为居中对齐 */
    width: 650px;                           /* 设置主体部分的宽度为 650 像素 */
    font-size: 20px                         /* 设置文字的大小 */
}
```

最后使用伪元素选择器向页面添加图像以及设置部分文字的样式。具体代码如下：

```
.top:after{                                 /* 在类名为 top 的 <div> 后面添加内容 */
    content: url("../img/phone.png");       /* 添加的内容为一张图像，url 为图像地址 */
    display: block;                         /* 设置显示方式 */
    margin-top: 50px;                       /* 设置所添加内容的向上的外边距 */
}
.top:first-line{                            /* 类选择器中第一行文字的样式 */
    font-size: 30px;                        /* 设置第一行文字的字体 */
    line-height: 90px;                      /* 设置第一行文字行高 */
}
a:link{                                     /* 设置未被访问的超链接的样式 */
  text-decoration: none;                    /* 取消其默认的下划线 */
    color: #000;                            /* 设置字体颜色为黑色 */
}
a:visited{                                  /* 设置访问后的超链接的样式 */
    color: purple;                          /* 设置访问后的超链接字体为紫色 */
}
a:hover{                                    /* 设置鼠标停在超链接上的样式 */
    text-decoration: underline;             /* 类选择器设置鼠标滑过时在文字下方出现下划线 */
    color: #B49668;                         /* 设置鼠标悬停在超链接上时的字体颜色 */
}
a:active{                                   /* 设置正在单击的超链接的样式 */
    color: red;                             /* 设置正在被单击的超链接字体颜色 */
    text-decoration: none;                  /* 取消正在被单击的超链接的下划线 */
}
```

编辑完代码以后在浏览器中运行 index.html 页面，可以查看页面效果如图 6.7 所示。在运行效果图中，当超链接 "vivo X9s" 分别处于未被访问、鼠标悬停、正在单击以及单击以

第 2 篇 CSS3 与 HTML5 应用篇

后这四种状态时的文字效果是不相同的，这四种效果都是通过伪类选择器实现的。而文本内容的第一行文字的字体变大以及文本下方的图像都是通过伪元素选择器来实现。

图 6.7　vivo X9s 手机的宣传页面

6.2.4　其他选择器

在 CSS3 中，除了上面所介绍的选择器以外，还有很多其他的选择器。灵活运用这些选择器，可以完成一些意想不到的页面效果。表 6.1 列举了一些其他的选择器。

表 6.1　CSS3 中其他的选择器

选择器	类型	说明
E {}	标签选择器	指定该CSS样式对所有E标签起作用
E F	包含选择器	匹配所有包含在E标签内部的F标签。注意，E和F不仅仅是指类型选择器，可以是任意合法的选择器组合
*	通配选择器	选择文档中所有的标签
E > F	子包含选择器	选择匹配E签的子标签中的F标签。注意，E和F不仅仅是指类型选择器，可以是任意合法的选择符组合
E + F	相邻兄弟选择器	选择匹配与E标签同级且位于E标签后面相邻位置的F标签。注意，E和F不仅仅是指类型选择器，可以使任意合法的选择符组合
E~F	通用兄弟标签选择器	匹配所有与E标签同级且位于E后面的所有F标签。注意，这里的同级是指子标签和兄弟标签的父标签是同一个标签
E:lang(fr)	:lang()伪类选择器	选择匹配E的标签，且该标签显示内容的语言类型为fr
E:first-child	结构伪类选择器	选择匹配E的标签的第一个子标签
E:focus	用户操作伪类选择器	选择匹配E的标签，且匹配标签获取了焦点

[实例 6.4]　　　　　　　　　　　　　　　　　　　　（源码位置：资源包 \Code\06\04 ）

实现商城的分类版块界面

综合使用选择器实现下面的商城分类版块界面，主要实现步骤如下：

① 新建一个 HTML 文件，通过 <ul> 标签和 <li> 标签添加网页中的导航文字，并且通过 <div> 标签实现分类版块的布局和样式。关键代码如下：

```
<nav class="mr-header">
  <ul>
```

```
        <li class="mr-li"> 你好，请登录 </li>
        <li> 我的订单 </li>
        <li> 我的商城 </li>
        <li> 商城会员 </li>
        <li> 企业采购 </li>
        <li> 客户服务 </li>
        <li> 网站导航 </li>
        <li> 手机商城 </li>
      </ul>
    </nav>
<div class="mr-content">
  <div class="mr-block1"> 美妆会场 </div>
  <div class="mr-block2"> 女装会场 </div>
  <div class="mr-block3"> 男装会场 </div>
  <div class="mr-block4"> 首饰会场 </div>
  <div class="mr-block5"> 零食会场 </div>
  <div class="mr-block6"> 家居会场 </div>
  <div class="mr-block7"> 珠宝会场 </div>
  <div class="mr-block8"> 电子会场 </div>
</div>
```

② 新建一个 CSS 文件，并且通过外部样式引入到 HTML 文件，然后通过类选择器改变导航栏背景颜色以及鼠标滑过等样式。部分代码如下：

```
.mr-header {                         /* 类选择器，设置网页首部导航部分的样式 */
   height: 30px;                     /* 设置其高度为 30 像素 */
   width: 100%;
   background: #393f52;              /* 设置其背景颜色 */
   color: white;                     /* 设置字体颜色 */
}
/* 类选择器和伪类选择器设置鼠标滑过无序列表中第一项时的样式 */
.mr-li:hover {
   color: #F00;                      /* 设置鼠标滑过时颜色为红色 */
   background: #393f52;              /* 设置鼠标滑过时的背景颜色 */
}
nav ul {
   width: 1560px;
   padding: 0 365px;
}
ul li {                             /* 元素选择器，设置无序列表项的公共样式 */
   height: 28px;                     /* 设置无序列表项的高度 */
   float: left;                      /* 每一项都向左浮动 */
   line-height: 28px;                /* 设置行高，使其垂直居中显示 */
   text-align: center;               /* 水平对齐方式为居中 */
   cursor: pointer;                  /* 鼠标悬停时，鼠标变为小手状 */
   font-size: 14px;                  /* 设置字体大小 */
   }
ul .mr-li {                          /* 类选择器，设置无序列表第一项的样式 */
   margin-right: 390px;              /* 右边距 390 像素 */
   float: left;                      /* 向左浮动 */
}
```

③ 通过使用伪类选择器和通用兄弟标签选择器，设置页面中个分版块的宽高以及鼠标滑过的样式，关键代码如下：

```
.mr-block1~div {                     /* 通用兄弟标签选择器，设置出第一个以外的其他版块的样式 */
   height: 160px;                    /* 设置其高度为 160 像素 */
   margin-left: 10px;                /* 设置左边距 10 像素 */
   line-height: 160px;
}
```

第2篇 CSS3 与 HTML5 应用篇

```
.mr-content .mr-block2 {              /* 设置第二个版块的样式 */
    width: 210px;                    /* 设置宽度为 210 像素 */
    background: #7ed5c2;             /* 设置背景颜色 */
}
.mr-content div:hover {              /* 伪类选择器，设置每一个版块鼠标滑过的样式 */
    opacity: 0.5;                    /* 设置透明度 */
    color: #000;                     /* 设置字体颜色 */
}
```

完成代码编译后，在浏览器中运行代码，效果如图 6.8 所示。

图6.8　商城分类版块

6.3　常用属性

本节详细介绍 CSS3 中的常用属性，在浏览网页时，页面中美观大方的图像、整齐划一的文字等都是通过 CSS3 中的这些属性改变其在网页中的位置、背景以及文字样式而实现的。本章将对 CSS3 中文本、背景以及定位的相关属性进行讲解。

6.3.1　文本相关属性

本节主要介绍 CSS3 中常用的文本相关属性。前面介绍了 HTML 中常用的文字标签以及设置文本样式的基础方法，而这些样式效果使用 CSS3 同样可以实现。除此之外，文本的对齐方式、换行风格等可以通过 CSS3 中文本相关属性来设置。

① 设置字体属性 font-family，语法如下：

```
font-family: name1,[name2],[name3]
```

name：name1 是字体的名称，而 nam2 和 name3 的含义类似于"备用字体"，即若计算机中含有 name1 字体则显示为 name1 字体，若没有 name1 字体，则显示为 name2 字体，若计算机中也没有 name2 字体，则显示为 name3 字体。

例如下面代码的含义：设置所有类名为"mr-font1"的标签中文字的字体为宋体，如果计算机中没有宋体，则将文字设置为黑体，如果计算机中也没有黑体，就设置文字为楷体。

```
.mr-font1 {
    font-family: " 宋体 "," 黑体 "," 楷体 ";
}
```

👑 注意：

　　输入字体名称时，不要输入中文（全角）的双引号，而要使用英文（半角）的双引号。

② 设置字号属性 font-size，语法如下：

```
font-size:length
```

length 指字体的尺寸，由数字和长度单位组成。这里的单位可以是相对单位也可以是绝对单位，绝对单位不会随着显示器的变化而变化。表 6.2 列举了常用的绝对单位。

表 6.2 绝对单位及其含义

长度单位	说明
in	inch, 英寸
cm	centimeter，厘米
mm	millimeter，毫米
pt	point, 印刷的点数，在一般的显示器中 1pt 相当于 1/72in
pc	pica,1pc = 12pt

常见的相对单位有 px、em 和 ex，下面将逐一介绍各相对单位的用法。

● 相对长度单位 px   px 是一个长度单位，表示在浏览器上 1 个像素的大小。因为不同访问者的显示器的分辨率不同，而且每个像素的实际大小也不同，所以 px 被称为相对单位，也就是相对于 1 个像素的比例。

● 绝对长度单位 em 和 ex   1em 表示的长度是其父标签中字母 m 的标准宽度，1ex 则表示字母 x 的标准高度。当父标签的文字大小变化时，使用这两个单位的子标签的大小会同比例变化。在文字排版时，有时会要求第一个字母比其他字母大很多，并下沉显示，就可以使用这个单位。

③ 设置文字颜色属性 color，语法如下：

```
color: color
```

color 指的是具体的颜色值。颜色值的表示方法可以是颜色的英文单词、十六进制、RGB 或者 HSL。

文字的各种颜色配合其他页面标签组成了整个五彩缤纷的页面。在 CSS3 中文字颜色是通过 color 属性设置的。例如以下代码都表示蓝色，在浏览器中都可以正常显示：

```
h3{color:blue;}                 /* 使用颜色词表示颜色 */
h3{color:#0000ff;}              /* 使用十六进制表示颜色 */
h3{color:#00f;}                 /* 十六进制的简写，全写为：#0000ff*/
h3{color:rgb(0,0,255);}         /* 分别给出红绿蓝 3 个颜色分量的十进制数值，也就是 RGB 格式 */
```

👑 说明：

如果读者对颜色的表示方法还不熟悉，或者希望了解各种颜色的十六进制或 RGB 的表示方法，建议在互联网上继续检索相关信息。

④ 设置文字的水平对齐方式属性 text-align，语法如下：

```
text-align:left|center|right|justify
```

● left: 左对齐。
● center: 居中对齐。

● right: 右对齐。
● justify: 两端对齐。
⑤ 设置段首缩进属性 text-indent，语法如下：

```
text-indent:length
```

length 是由百分比数值或浮点数和单位标识符组成的长度值，允许为负值。可以这样理解，text-indent 属性定义了两种缩进方式，一种是直接定义缩进的长度，由浮点数和单位标识符组合表示，另一种是通过百分比定义缩进。

 [实例 6.5]　　　　　　　　　　　　　　　　　　　　　　（源码位置：资源包 \Code\06\05）

实现 51 购商城的抢购页面

实现设置 51 购商城抢购页面的文字样式，实现步骤如下：

新建一个 HTML 文件，在该文件中，通过 \<div> 标签、\<img> 标签以及 \<p> 标签添加商品抢购页面中的图像和文字，并且在各标签中设置 class 属性。代码如下：

```
<div class="mr-box">
    <p>X60 系列 </p>
    <p> 超稳微云台，夜拍更精彩 </p>
    <p><span class="mr-know"> 了解产品 </span><span class="mr-buy"> 立即购买 </span></p>
</div>
```

通过使用类选择器改变网页中图像和文字的样式。部分代码如下：

```
* {
    padding: 0;
    margin: 0;
}
.mr-box {
    margin: 0 auto;
    width: 100%; /* 设置宽度 */
    height: 927px; /* 设置高度 */
    background: url("../images/bg.jpg"); /* 设置背景图像 */
    background-size: cover; /* 设置背景尺寸 */
}
.mr-box > :first-child {
    padding-top: 220px; /* 设置第 1 行文字的顶部内间距 */
}
.mr-box p {
    width: 50%; /* 设置文字宽度 */
    text-align: center; /* 设置文字居中对齐 */
    font: bold 40px/120px ""; /* 设置文字样式 */
}
.mr-know {
    margin-right: 30px; /* 设置了解产品向右的外间距 */
    font-size: 20px; /* 设置文字大小 */
}
.mr-buy {
    font-size: 20px; /* 设置文字大小 */
    color: #cb2027; /* 设置文字颜色 */
}
```

完成代码编辑后，在浏览器中运行代码，效果如图 6.9 所示。

图 6.9　商品抢购页面

👑 说明：
代码中，为了控制页面布局和字体的样式，应用了 CSS 样式，应用的 CSS 样式表文件的具体代码请参见光盘中源码

6.3.2　背景相关属性

背景相关属性是给网页添加背景色或者背景图所用的 CSS 样式中的属性，它的能力远远超过 HTML。通常，我们给网页添加背景主要运用到以下几个属性。

① 添加背景颜色属性 background-color，语法如下：

```
background-color: color|transparent
```

● color：color 设置背景的颜色。它可以采用英文单词、十六进制、RGB、HSL、HSLA 和 RGBA 等表示方法。

● transparent：表示背景颜色透明。

② 添加 HTML 中标签的背景图像 background-image。这与 HTML 中插入图像不同，背景图像放在网页的最底层，文字和图像等都位于其上。语法如下：

```
background-image:url()
```

url 为图像的地址，可以是相对地址也可以是绝对地址。

③ 设置图像的平铺方式 background-repeat。语法如下：

```
background-repeat: inherit|no-repeat|repeat|repeat-x|repeat-y
```

在 CSS 样式中，background-repeat 属性包含 5 个属性值，表 6.3 列举出了各属性值的含义。

表 6.3　background-repeat 的属性值的解释

属性值	含义
inherit	从父标签继承background-repeat属性的设置
no-repeat	背景图像只显示一次，不重复
repeat	在水平和垂直方向上重复显示背景图像
repeat-x	只沿 X 轴方向重复显示背景图像
repeat-y	只沿 Y 轴方向重复显示背景图像

第2篇　CSS3 与 HTML5 应用篇

④ 设置背景图像是否随页面中的内容滚动 background-attachment。语法如下：

```
background-attachment:scroll|fixed
```

- scroll：当页面滚动时，背景图像跟着页面一起滚动。
- fixed：将背景图像固定在页面的可见区域。

⑤ 设定背景图像在页面中的位置 background-position。语法如下：

```
background-position: length|percentage|top|center|bottom|left|right
```

在 CSS 样式中，background-position 属性包含 7 个属性值，表 6.4 列举出了各属性值的含义。

表 6.4 background-position 的属性值的解释

方法	说明
length	设置背景图像与页面边距水平和垂直方向的距离，单位为cm、mm、px等
percentage	根据页面标签框的宽度和高度的百分比放置背景图像
top	设置背景图像顶部居中显示
center	设置背景图像居中显示
bottom	设置背景图像底部居中显示
left	设置背景图像左部居中显示
right	设置背景图像右部居中显示

👑 说明：

当需要为背景设置多个属性时，可以将属性写为"background"，然后将各属性值写在一行，并且以空格间隔。例如，下面的 CSS 代码：

```
.mr-cont{
    background-image: url(../img/bg.jpg);
    background-position: left top;
    background-repeat: no-repeat;
}
```

代码分别定义了背景图像、背景图像的位置和重复方式，但是代码比较多，为了简化代码也可以写成下面的形式。

```
.mr-cont{
    background: url(../img/bg.jpg) left top no-repeat;
}
```

[实例 6.6]　　　　　　　　　　　　　　　（源码位置：资源包 \Code\06\06）

实现为登录页面插入背景图像

为 51 购商城的登录界面设置一张背景图像，并且设置背景图像的位置、重复方式以及背景颜色，其关键代码如下所示：

```
.bg{
    width: 1000px;                           /* 设置宽度为 1000 像素 */
```

```
        height:465px;                                    /* 设置高度为 465 像素 */
        margin:0 auto;     /*  设置外边距，上下外边距为 0，左右外边距为默认外边距 */
        background-image: url("../images/1.jpg");           /* 添加背景图像 */
        background-position: 10px top;                  /* 设置背景图像的位置 */
        background-repeat: no-repeat;                /* 设置背景图像的重复方式为不重复 */
        background-color: #fd7a72;                   /* 设置背景颜色 */
        border:2px solid red;              /* 设置边框宽度为 2 像素，线性为实线，颜色为红色 */
    }
```

完成代码编辑后，在浏览器中运行代码，效果如图 6.10 所示。

图 6.10　为登录界面设置背景图像

 说明：

　　代码片段仅实现为网页插入背景图像，本实例实现登录界面的具体代码请参照光盘源码。

6.3.3　列表相关属性

　　HTML 语言中提供了列表标签，通过列表标签可以将文字或其他 HTML 元素以列表的形式依次排列。为了更好地控制列表的样式，CSS3 提供了一些属性，通过这些属性可以设置列表的项目符号的种类、图像以及排列位置等。下面仅列举列表中常用的 CSS3 属性。

- list-style：简写属性，用于把所有用于列表的属性设置于一个声明中。
- list-style-image：将图像设置为列表项标志。
- list-style-position：设置列表中列表项标志的位置。
- list-style-type：设置列表项标志的类型。

[实例 6.7]

（源码位置：资源包 \Code\06\07）

实现购物商城导航栏

　　实现购物商城导航栏，并且使用 CSS3 中的相关列表属性添加列表项的项目图标以及美化页面，具体实现步骤如下。

首先，建立一个 HTML 文件，在 HTML 文件中，添加无序列表标签，并且添加内容，具体代码如下：

```
<div class="cont">
    <div class="top">
        <ul>
            <li> 商品分类 </li>
            <li> 春节特卖 </li>
```

```
            <li> 会员特价 </li>
            <li> 鲜果时光 </li>
            <li> 机友必看 </li>
        </ul>
    </div>
    <div class="bottom">
        <ul>
            <li> 女装 / 内衣 </li>
            <li> 男装 / 户外 </li>
            <li> 女鞋 / 男鞋 </li>
            <li> 手表 / 饰品 </li>
            <li> 美妆 / 家居 </li>
            <li> 零食 / 鲜果 </li>
        </ul>
    </div>
</div>
```

然后，建立一个 CSS 文件，在 CSS 文件中先设置页面的整体的大小以及布局，再分别设置横向导航栏以及侧边导航栏大小等样式。具体代码如下：

```
*{                                          /* 通配选择器，选中页面中所有标签 */
    margin:0;                               /* 清除页面中所有标签的外边距 */
    padding:0;                              /* 清除页面中所有标签的内边距 */
}
.cont{                                      /* 类选择器设置页面的整体样式 */
    height: 400px;                          /* 设置页面的整体高度 */
    width: 800px;                           /* 设置页面的整体宽度 */
    margin: 0 auto;                         /* 使内容在页面中左右自适应 */
    background: url("../img/bg.jpg") no-repeat;  /* 设置背景图像以及重复方式 */
    background-size: 100% 100%;             /* 设置背景图像的尺寸 */
}
.top{                                       /* 设置上方导航栏的样式 */
    height: 30px;                           /* 设置导航栏高度 */
    background: #ff0000;                     /* 设置导航栏背景颜色 */
    text-align: left;                       /* 设置列表对齐方式 */
}
.bottom{                                    /* 设置侧边导航栏的样式 */
    width: 210px;                           /* 设置侧边导航栏的宽度 */
    text-align: left;                       /* 设置侧边导航的对齐方式 */
    margin-left: 10px;                      /* 设置向左的外边距 */
}
```

最后分别设置两个导航栏中列表项的样式。具体代码如下：

```
.top ul>:first-child{                       /* 单独设置导航栏中第一项的样式 */
    width: 250px;                           /* 设置导航栏中第一项的宽度 */
}
.top ul li{                                 /* 设置导航栏中其他列表项的样式 */
    text-align: center;                     /* 文字的对齐方式 */
    width: 130px;                           /* 其他列表项的宽度 */
    list-style-type: none;                  /* 设置列表项的项目符号的类型 */
    float: left;                            /* 设置列表项的浮动方式 */
    line-height: 30px;                      /* 设置行高 */
}
.bottom ul li{                              /* 设置侧边导航栏的列表项的样式 */
    text-align: center;                     /* 设置列表项中文字的对齐方式 */
    height: 62px;                           /* 设置列表项的高度 */
    list-style-image: url("../img/list1.png");  /* 设置列表项的图标 */
    list-style-position: inside;            /* 设置列表项的图标的位置 */
    background-color: #87ebff;
```

```
}
.bottom ul li:hover{                              /* 设置当鼠标滑过列表项的样式 */
    list-style-image: url("../img/list2.png");    /* 设置列表项的项目符号 */
    background: rgba(255, 197, 109, 0.5);         /* 设置背景颜色 */
}
```

编辑完代码以后，在浏览器中运行 HTML 文件，观看页面效果如图 6.11 所示。

图 6.11　实现购物商城导航栏

 本章知识思维导图

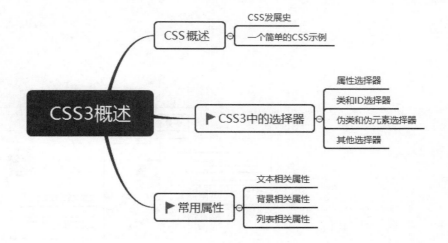

第 7 章

CSS3 高级应用

扫码领取
- 配套视频
- 配套素材
- 学习指导
- 交流社群

 本章学习目标

- 解框模型的概念。
- 熟练使用 margin、padding 和 border 设置元素的内外间距和边框样式。
- 灵活运用浮动与定位布局。
- 熟练掌握 CSS3 中的动画和特效在网页制作中的常见效果。

7.1　框模型

　　框模型（box model，也译作"盒模型"）是 CSS3 非常重要的概念，也是比较抽象的概念。文档树中的元素都产生矩形的框（box），这些框影响了元素内容之间的距离、元素内容的位置、背景图像的位置等。浏览器根据视觉格式化模型（visual formatting model）来将这些框布局成访问者看到的样子。CSS3 框模型规定了元素框处理元素内容、内边距、边框和外边距的方式。

　　图 7.1 就是框模型的一个示意图，在这个图中可以看到，元素框的最内部分是实际的内容，它有 width（宽度）和 height（高度）两个基本属性，上一章的实例中经常用到这两个属性，这里就不再过多解释。直接包围内容的是内边距。内边距呈现了元素的背景，它的边缘是边框。边框以外是外边距，外边距默认是透明的，因此不会遮挡其下的任何元素。

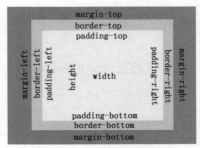

图 7.1　框模型

> 👑 说明：
>
> 　　没有为元素设定属性时，它们的值就是 auto 关键字，auto 关键字会根据元素的类型，自动调整其大小。例如，当我们设置 <div> 元素的宽高为 auto 时，其宽度将横跨所有的可用空间，而高度则是能够容纳元素内部所有内容的最小高度。

7.1.1　外边距（margin）

　　外边距是对象与对象之间的距离，它主要由四部分组成，分别是 margin-top（上外边距）、margin-right（右外边距）、margin-bottom（下外边距）、margin-left（左外边距）。这四部分既可以单独只设置其中一个，也可以使用 margin 将四个一起设置。当只需要单独设置某一个外边距时，以上边距为例，语法如下：

```
margin-top:<length>| auto |;
```

- auto：表示默认的外边距。
- length：使用百分比或者长度数值表示上边距。

　　如果需要同时设置上、下、左、右 4 个外边距的值时，可以通过 margin 属性简写，简写时有四种表达方式，下面逐一讲解。

（1）只设置一个外边距的值

　　当 margin 只有一个属性值时，语法如下：

```
margin: 5px;
```

　　语法中的"5px"表示上、下、左、右这四个外边距的值都为 5 像素，相当于下面的表达方式：

```
margin-top: 5px;
margin-right: 5px;
margin-bottom: 5px;
margin-left: 5px;
```

（2）设置两个外边距的值

当 margin 有两个属性值时，语法如下：

```
margin: 5px 10px;
```

上面的语法中，两个属性值以空格间隔开，其含义为该元素的上下外边距为 5 像素，左右外边距为 10 像素，相当于下面的表达方式：

```
margin-top: 5px;
margin-right: 10px;
margin-bottom: 5px;
margin-left: 10px;
```

（3）设置三个外边距的值

当 margin 有三个属性值时，语法如下：

```
margin: 5px 10px 15px;
```

上面的语法中，三个属性值同样以空格间隔开，其含义为该元素的上外边距为 5 像素，左右外边距为 10 像素，下外边距为 15 像素，相当于下面的表达方式：

```
margin-top: 5px;
margin-right: 15px;
margin-bottom:: 10px;
margin-left 15px;
```

（4）设置四个外边距的值

当 margin 有四个属性值时，语法如下：

```
margin: 5px 10px 15px 20px;
```

当 margin 有四个属性值时，它表示从顶端开始，按照顺时针的顺序，依次描述各外边距的值，也就是依次设置上、右、下、左四个外边距的值，相当于下面的表达方式：

```
margin-top: 5px;
margin-right: 10px;
margin-bottom: 15px;
margin-left: 20px;
```

 [实例 7.1]　　　　　　　　　　　　　　　　　　　　　（源码位置：资源包 \Code\07\01）

实现 vivo X9 Plus 手机宣传页面

实现制作手机宣传页面，首先需要在 HTML 页面中添加页面的基本内容，然后通过 CSS 对页面中的内容进行美化和布局。在 HTML 页面中添加内容的具体代码如下：

```
<div class="cont">
    <dl>
        <dt> 儿童模式 </dt>
            <dd> 日常生活中不可避免地会有小孩喜欢玩大人手机的情况，X9s/X9s Plus 的儿童模式为家长提供了贴心
的解决方案，减少儿童使用手机的担忧和困扰。</dd>
    </dl>
```

```
    <div><img src="img/phone1.png" alt=""> </div>
</div>
```

在 CSS 页面中，首先清除元素默认的内外边距，然后重新设置文字以及图像等样式，具体代码如下：

```
*{
    padding: 0;
    margin: 0
}
.cont{                                    /* 类选择器设置页面的整体样式 */
    width: 1388px;                        /* 设置整体页面宽度为 1388 像素 */
    height: 840px;                        /* 设置页面整体高度 840 像素 */
    margin:0 auto;                        /* 设置页面外边距上下为 0，左右自适应 */
    background: url("../img/bg1.jpg");    /* 为页面设置背景图像 */
}
dl{                                       /* 设置文本部分的样式 */
margin: 320px 0px 0 300px;                /* 设置文本部分的外边距 */
}
dl,.cont div{                             /* 设置文本和图像的样式 */
    float: left;                          /* 设置其浮动方式，使它们在一行显示 */
}
dl dt{                                    /* 设置文本标题的样式 */
    font-size: 35px;                      /* 设置字体的大小 */
    height: 50px;                         /* 设置高度 */
    line-height: 50px;                    /* 设置行高 */
    color: #000;                          /* 设置字体颜色 */
}
dl dd{                                    /* 设置文本内容的样式 */
    width: 284px;                         /* 设置文本的宽度 */
    font-size: 18px;                      /* 设置字体大小 */
    line-height: 25px;                    /* 设置文本的行间距 */
}
.cont div{                                /* 设置图像部分的样式 */
    margin: 40px 0px 0px 103px;           /* 添加外边距 */
}
```

编辑完代码以后，在浏览器中运行 HTML 文件，运行效果如图 7.2 所示。

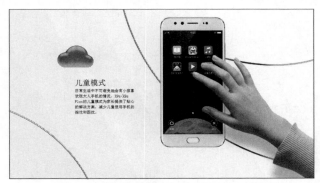

图 7.2　实现 vivo X9 Plus 手机宣传页面

7.1.2　内边距（padding）

内边距也就是对象的内容与对象边框之间的距离，可以通过 padding 属性进行设置，有 padding-top、padding-right、padding-bottom 以及 padding-left 四个属性值。当然，设置内边距的方法与设置外边距的方法相同，既可以单独设置某个方向的内边距，也可以简写，从而设置多个方向的内边距，此处不再重复讲解。

 [实例 7.2]

（源码位置：资源包 \Code\07\02 ）

实现手机商城新品专区的商品页面

实现手机商城新品专区的商品页面，需要合理地结合使用外边距 margin 和内边距 padding 以改变文字以及图像在网页中的位置。具体实现步骤如下：

在 HTML 页面中，通过定义列表以及 <h1> 标题标签添加页面中的文字和图像，具体代码如下：

```
<div class="cont">
    <h1> 新品专区 </h1>
    <div class="bottom">
        <dl>
            <dt><img src="img/phone1.jpg" alt=""></dt>
            <dd>X9s 活力蓝 </dd>
            <dd><span> ￥2698</span><span> 立即预定 </span></dd>
        </dl>
        <dl>
            <dt><img src="img/phone2.jpg" alt=""></dt>
            <dd>X9s 活力蓝 </dd>
            <dd><span> ￥2698</span><span> 立即预定 </span></dd>
        </dl>
        <dl>
            <dt><img src="img/phone3.png" alt=""></dt>
            <dd>X9s plus 全网通 </dd>
            <dd><span> ￥2998</span><span> 立即预定 </span></dd>
        </dl>
    </div>
</div>
```

在 CSS 页面中，设置页面的整体样式，并且通过外边距调整定义列表之间的距离和通过内边距调整商品信息中的文字，再定义列表中的位置。具体代码如下：

```
*{                                      /* 清除文档中默认的内外边距 */
    padding: 0;
    margin: 0
}
.cont{                                  /* 设置页面的整体样式 */
    width: 800px;                       /* 设置页面的整体宽度 */
    height: 470px;                      /* 设置页面的整体高度 */
    margin: 0 auto;                     /* 设置页面的整体外边距 */
    background: rgb(220,255,255);       /* 设置整体的背景颜色 */
}
h1{                                     /* 设置标题样式 */
    text-align: center;
}
.bottom{                                /* 设置手机部分的整体样式 */
    height: 300px;                      /* 设置其高度 */
}
dl{                                     /* 设置每一个手机部分的样式 */
    float: left;                        /* 设置浮动为左浮动 */
    height: 415px;                      /* 设置高度 */
    width: 260px;                       /* 设置宽度 */
    margin-left: 4px;                   /* 设置想做的外边距 */
    background: #fff;                   /* 设置背景颜色 */
```

```
}
dd{                                            /* 设置文字介绍部分的样式 */
    border: 1px dashed #ffc56d;                /* 添加边框样式 */
    padding: 5px 15px;                         /* 设置文字的内边距 */
    margin: 5px;                               /* 设置文字的外边距 */
    text-align: center;
}
img{
    width: 250px;                              /* 设置图像大小 */
    padding: 30px 0;                           /* 设置图像的内边距 */
}
span{
    margin: 0 20px;
}
```

编辑完代码以后，在浏览器中运行 HTML 页面，可以看到运行效果如图 7.3 所示。

图 7.3　新品专区商品页面

👑 注意：
与外边距不同的是，关键字 auto 对 padding 属性是不起作用的，另外，padding 属性不接受负值，而 margin 可以。

7.1.3　边框（border）

边框的属性主要通过设置边框颜色（border-color）、边框样式 (border-style) 以及边框宽度（border-width）来完成。

（1）边框颜色属性 border-color

设置边框的颜色需要使用 border-color 属性来实现。可以将 4 条边设置为相同的颜色，也可以设置为不同的颜色。当设置元素的边框为相同颜色时，语法格式如下：

```
border-color: color;
```

该属性的属性值为颜色名称或是表示颜色的 RGB 值。例如，红色可以用 red 表示，也可以用 #FF0000、#f00 或 rgb(255,0,0) 表示。建议使用 #rrggbb、#rgb、rgb() 等表示的 RGB 值。

当然，如果为不同的边框设置不同的颜色值，其语法与外边距的语法类似。这里仅列举设置四个边框的颜色值时的用法，如下所示：

```
border-color:#f00 #0f0 #00f #0ff;
```

上面这行代码依次设置了上、右、下、左边框的颜色，这行代码也可以写成下面这种形式：

```
border-top-color: #f00;
border-right-color: #0f0;
border-bottom-color: #00f;
border-left-color: #0ff;
```

（2）边框样式属性 border-style

边框样式属性主要用来设置边框的样式，它的语法如下：

```
border-style: dashed|dotted|double|groove|hidden|inset|outset|ridge|solid|none;
```

其属性值的含义如表 7.1 所示。

表 7.1　border-style 属性的属性值

属性值	含义
dashed	边框样式为虚线
dotted	边框样式为点线
double	边框样式为双线
groove	边框样式为3D凹槽
hidden	隐藏边框
inset	设置线条样式为3D凹边
outset	设置线条样式为3D凸边
ridge	设置线条样式为菱形边框
solid	设置线条样式为实线
none	没有边框

例如，图 7.4 展示了部分线条样式：

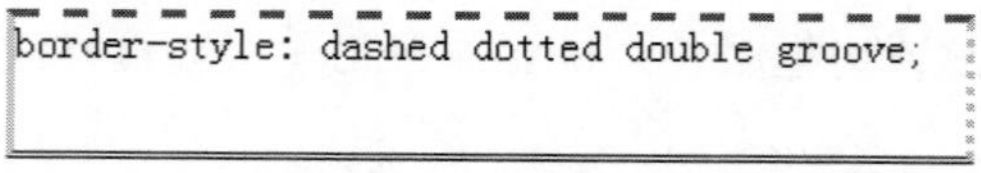

```
border-style: dashed dotted double groove;
```

图 7.4　部分线条样式的示意图

👑 说明：

　　虽然表 7.1 列举了多种线条样式，但是部分线条样式目前浏览器还不支持，当浏览器不支持该线条样式时，就会将线条样式显示为实线。

（3）边框宽度属性 border-width

设置边框宽度主要依赖 border-width 属性，其语法结构如下：

```
border-width:medium|thin|thick|length
```

- medium: 默认边框宽度。
- thin: 比默认边框宽度窄。

- thick: 比默认边框宽度宽。
- length: 指定具体的线条的宽度。

 注意:

> border-color 属性只有在 border-style 属性值不为 none,并且 border-width 属性值不为 0px 时才会有作用,否则边框颜色无效。

当然,除了前面这样单独设置线条的颜色、样式和宽度以外,还可以通过 border 属性综合设置线条所有属性。综合设置其属性时,语法如下:

```
border: border-width border-style border-color;
```

上面语法中,各属性之间以空格间隔并且无顺序性,但是要特别注意,这种方法所定义的是元素的四条边框的统一样式,如果要单独设置某条边框的样式,以上边框为例,语法如下:

```
border-top: border-width border-style border-color;
```

[实例 7.3]

（源码位置：资源包 \Code\07\03）

实现购物商城中的商品列表

本实例为综合实例,通过运用 CSS 中浮动、内外边距以及边框等属性实现购物商城中商品列表页面的美化。具体实现步骤如下:

首先,建立一个 HTML 文件,在该文件中添加 <div> 标签以便于在 CSS 中实现页面的整体布局。在 <div> 中通过定义列表和图像标签添加文字。下面仅列举了向第一个定义列表中添加内容的代码,其余三部分代码与此类似。第一部分代码如下:

```
<div class="cont">
<dl>
    <dt><img src="img/phone1.jpg" alt=""> </dt>
    <dd>
        <img src="img/phones1.jpg" alt="">
        <img src="img/phones2.jpg" alt="">
        <img src="img/phones3.jpg" alt="">
        <img src="img/phones4.jpg" alt="">
    </dd>
    <dd class="price"> ￥2998</dd>
    <dd>vivo X9s Plus 前置 2000 万双摄 </dd>
    <dd>vivo 智轩优品专卖店 </dd>
</dl>
```

然后,建立一个 CSS 文件,在 CSS 文件中输入代码,实现设置文本以及图像的样式,具体代码如下:

```
.cont{
    width: 1120px;              /* 设置页面的总体宽度 */
    height: 400px;             /* 设置页面的总体高度 */
    margin: 0 auto;            /* 设置页面的总体外边距 */
    border: 2px solid red;     /* 设置总体页面的边框,设置 4 条边框的样式相同 */
}
dl{
    width: 265px;              /* 设置每一个商品列表的宽度 */
    height: 393px;            /* 设置每一个商品列表的高度 */
```

```
        text-align: center;                /* 设置文字的对齐方式 */
        float: left;                       /* 设置浮动方式 */
        margin: 5px;                       /* 设置商品列表的外边距 */
    }
    dl:hover{                              /* 设置当鼠标滑过商品列表的样式 */
        border: 2px solid #447BD3;         /* 设置边框样式 */
    }
    dl dt img{                             /* 设置商品图像的样式 */
        margin-top: 20px;;                 /* 设置向上的外边距 */
        height: 210px;                     /* 设置商品图像大小 */
    }
    dl dd{
        text-align: left;                  /* 设置文字的总体样式 */
        margin: 8px 20px 8px;              /* 设置外边距 */
        border-bottom: 1px solid #fff;     /* 设置底部边框的样式 */
    }
    dl dd img{                             /* 设置小图标的样式 */
        height: 35px;                      /* 设置小图标的大小 */
        padding: 5px;                      /* 设置图像的内边距 */
        border:2px solid #fff ;            /* 设置小图标边框 */
    }
    dl dd img:hover{                       /* 设置当鼠标滑过小图标时的样式 */
        border-style: solid dashed ;       /* 设置边框样式 */
        border-color:#00f #f0f;            /* 设置边框颜色 */
    }
    .price~dd:hover{                       /* 设置鼠标滑过价格后的文字的样式 */
        border-bottom: 2px solid #00f;     /* 设置下边框的样式 */
    }
    .price{                                /* 设置价格文字的样式 */
        color: red;                        /* 设置字体颜色 */
        font-size: 20px;                   /* 设置文字大小 */
    }
    .price:first-letter{                   /* 设置价格符号的样式 */
        font-size: 12px;                   /* 设置字体大小 */
    }
```

完成代码编辑以后，在浏览器中运行 HTML 文件，运行效果如图 7.5 所示。当鼠标放置在第一部分时，第一部分就会出现一个整体的蓝色边框；当鼠标放置在手机小图标上时，小图标就会出现边框，并且左右边框为粉色虚线，上下边框为蓝色实线。

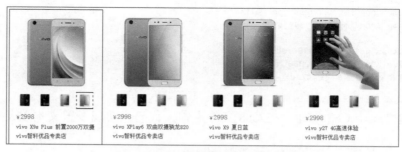

图 7.5　购物商城中的商品列表运行图

7.2　布局常用属性

浮动（float）和定位（position）是布局中常用的两个属性。在一个文本中，任何一个元素都被文本限制了自身的位置。但是，在 CSS 中通过 float 属性可以实现排列文档中的内容；position 属性可以实现改变元素的位置，它可以将元素框定义在用户想出现的任何位置。
这些属性只要应用得当，可以实现各种炫酷的效果。

7.2.1 浮动

float 是 CSS 样式中的定位属性，用于设置标签对象（如 <div> 标签、<p> 标签）的浮动
布局，通过设置浮动属性，改变元素的排列方式。其语法如下：

```
float: left|right|none;
```

- left：元素浮动在左侧。
- right：元素浮动在右侧。
- none：元素不浮动。

 [实例 7.4]

（源码位置：资源包 \Code\07\04）

比较各浮动方式的区别

本实例主要通过使用 float 属性实现不同的表情包浮动效果。
首先，在 HTML 页面中添加表情图像以及提示文字，具体代码如下：

```
<div class="cont">
    <p> 当前表情包的浮动属性为 none，当鼠标滑过本行文字时，浮动状态为 left，而单击文字时，
则浮动状态为 right，快试一试吧 *_*</p>
    <div><img src="img/cry.png" alt=""></div>
    <div><img src="img/amazed.png" alt=""></div>
    <div><img src="img/awkward.png" alt=""></div>
    <div><img src="img/laugh.png" alt=""></div>
</div>
```

然后，在 CSS 页面中添加 CSS 代码，并且结合伪类选择器设置不同的表情浮动方式。
具体代码如下：

```
.cont {                              /* 设置页面的整体样式 */
    background: rgb(225, 255, 255);  /* 设置页面的背景颜色 */
    width: 800px;                    /* 设置页面的整体宽度 */
    height: 520px;                   /* 设置页面的整体高度 */
    margin: 0 auto;                  /* 设置页面的整体外边距 */
}
p {                                  /* 设置提示文字的样式 */
    background: #ff0;                /* 设置提示文字的背景颜色 */
    font-size: 20px;                 /* 设置字体的大小 */
    line-height: 30px;               /* 设置行高 */
}
img {                                /* 设置表情图像的样式 */
    height: 100px;                   /* 设置图像统一高度 */
    width: 100px;                    /* 设置图像同意宽度 */
}
.cont:hover.cont div {               /* 当鼠标放置在整体 div 上时，图像 div 的样式 */
    float: left;                     /* 设置浮动为左浮动 */
}
.cont:active.cont div {              /* 当鼠标单击整体 div 上时，图像 div 的样式 */
    float: right;                    /* 设置浮动为右浮动 */
}
```

完成代码编译以后，在浏览器中运行 HTML 页面，运行效果如图 7.6 所示。该效果图

第2篇　CSS3 与 HTML5 应用篇

为没有为表情设置浮动方式，也就是浮动方式为"none"；当鼠标放置在页面中时，图像的浮动方式为左浮动，也就是 float 的属性值为"left"，页面的效果如图 7.7 所示；当鼠标单击页面时，图像的浮动方式为右浮动，即 float 属性值为"right"，页面效果如图 7.8 所示。

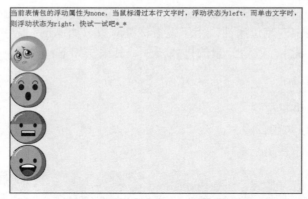

图 7.6　float 的属性值为"none"时的图像排列效果

图 7.7　float 的属性值为"left"时的图像排列效果

图 7.8　float 的属性值为"right"时的图像排列效果

7.2.2　定位

在一个文本中，任何一个标签都被文本限制了自身的位置，但是通过 CSS 可以使这些标签改变自己的位置。CSS 定位简单来说就是利用 position 属性使标签出现在用户定义的位置上。

定位的基本思想很简单，用户可以将标签框定义在想让其出现的任何位置上。

CSS 中提供了用于设置定位方式的属性——position。position 属性的语法格式如下：

```
position : static|absolute|fixed|relative;
```

● static：无特殊定位，对象遵循 HTML 定位规则。使用该属性值时，top、right、bottom 和 left 等属性设置无效。

● absolute：绝对定位，使用 top、right、bottom 和 left 等属性指定绝对位置。使用该属性值可以让对象漂浮于页面之上。

● fixed：固定定位，即对象位置固定，不随滚动条移动而改变位置。

● relative：相对定位，遵循 HTML 定位规则，并由 top、right、bottom 和 left 等属性决定位置。

 [实例 7.5]

（源码位置：资源包 \Code\07\05）

实现鼠标滑过文字显示对应的内容

在商城主页，当鼠标滑动到每个选项时，相应的内容就会呈现出来。实现原理就是在 <div> 标签上设置相对定位，并且设置其父标签 <li> 为相对定位。关键代码如下：

```
li {
    list-style-type: none;                /*  设置列表项的样式类型 */
    width: 202px;                         /*  设置列表项的宽度 */
    height: 31px;                         /*  设置列表项的高度 */
    text-align: center;                   /*  列表项中文本的对齐方式 */
    background: #ddd;                     /*  列表项的背景颜色 */
    line-height: 31px;                    /*  设置行高 */
    font-size: 14px;                      /*  设置字体大小为 14 像素 */
    position: relative;                   /*  设置定位方式为相对定位 */
}
.mr-shop li .mr-shop-items {
    width: 864px;
    height: 496px;
    background:#eee;
    position: relative;                   /*  设置定位方式为相对定位 */
    left: 202px;                          /*  距离浏览器左方 202 像素 */
    top: -31px;                           /*  距离浏览器上方 -31 像素 */
    display: none;                        /*  设置图像为隐藏 */
}
```

完成代码编辑后，在浏览器中运行代码，效果如图 7.9 所示。

图 7.9　相对定位使用实例

👑 说明：

上面实例仅是实现对鼠标滑过文字时右边出现相应图像的关键代码。关于本实例的具体代码，请参照源码。

7.3　动画与特效

CSS3 中新增了一些用来实现动画效果的属性，通过这些属性可以实现以前通常需要使用 JavaScript 或者 Flash 才能实现的效果。例如，对 HTML 中的标签进行平移、缩放、旋转、倾斜以及添加过渡效果等，并且可以将这些变化组合成动画效果来进行展示。本章将对 CSS3 新增的这些属性进行详细介绍。

7.3.1 变换（transform）

在 CSS3 中提供了 transform 和 transform-origin 两个用于实现 2D 变换的属性。其中，transform 属性用于实现平移、缩放、旋转和倾斜等 2D 变换，transform-origin 属性用于设置中心点的变换。transform 属性的属性值由如表 7.2 所示。

表 7.2　transform 属性的属性值

值 / 函数	说明
none	表示无变换
translate(\<length>[,\<length>])	表示实现 2D 平移。第一个参数对应水平方向，第二个参数对应 Y 轴。如果第二个参数未提供，则默认值为 0
translateX(\<length>)	表示在 X 轴（水平方向）上实现平移。参数 length 表示移动的距离
translateY(\<length>)	表示在 Y 轴（垂直方向）上实现平移。参数 length 表示移动的距离
scaleX(\<number>)	表示在 X 轴上进行缩放
scaleY(\<number>)	表示在 Y 轴上进行缩放
scale(\<number>[,\<number>])	表示进行 2D 缩放。第一个参数对应水平方向，第二个参数对应垂直方向。如果第二个参数未提供，则默认取第一个参数的值
skew(\<angle>[,\<angle>])	表示进行 2D 倾斜。第一个参数对应水平方向，第二个参数对应垂直方向。如果第二个参数未提供，则默认值为 0
skewX(\<angle>)	表示在 X 轴上进行倾斜
skewY(\<angle>)	表示在 Y 轴上进行倾斜
rotate(\<angle>)	表示进行 2D 旋转。参数 angle 用于指定旋转的角度
matrix(\<number>,\<number>,\<number>,\<number>,\<number>,\<number>)	代表一个基于矩阵变换的函数。它以一个包含六个值 (a,b,c,d,e,f) 的变换矩阵的形式指定一个 2D 变换，相当于直接应用一个 [a b c d e f] 变换矩阵，也就是基于 X 轴（水平方向）和 Y 轴（垂直方向）重新定位标签，此属性值的使用涉及数学中的矩阵

👑 技巧：

transform 属性支持一个或多个变换函数。也就是说，通过 transform 属性可以实现平移、缩放、旋转和倾斜等组合的变换效果。不过，在为其指定多个属性值时不是使用常用的逗号","进行分隔，而是使用空格进行分隔。

[实例 7.6]

（源码位置：资源包 \Code\07\06）

实现鼠标滑过时图像显示对应的变形效果

在 HTML 页面中，当鼠标滑过手机图像时，逐渐向两边展开手机图像，实现步骤如下。

① 新建一个 HTML 文件，然后通过 \<img> 标签添加 4 张要实现动画效果的图像，关键代码如下：

```
<div class="mr-content">
    <div class="mr-block">
        <h2> 旋转 </h2>
        <img src="images/10-1.jpg" alt="img1" class="mr-img1">
```

```
    </div>
    <div class="mr-block">
        <h2> 缩放 </h2>
        <img src="images/10-1a.jpg" alt="img1" class="mr-img2">
    </div>
    <div class="mr-block">
        <h2> 平移 </h2>
        <img src="images/10-1b.jpg" alt="img1" class="mr-img3">
    </div>
    <div class="mr-block">
        <h2> 倾斜 </h2>
        <img src="images/10-1c.jpg" alt="img1" class="mr-img4">
    </div>
</div>
```

② 新建一个 CSS 文件，通过外部样式引入到 HTML 文件，通过 transform 中的 rotate 属性值实现旋转效果，关键代码如下：

```
.mr-content .mr-block .mr-img1:hover{
    transform:rotate(30deg);            /* 顺时针旋转 30 度 */
    }
```

③ 通过 transform 中的 scale 属性值实现缩放效果，关键代码如下：

```
.mr-content .mr-block .mr-img2:hover{
    transform:scaleX(2);                /* 在 X 轴上进行缩放 */
    }
```

④ 通过 transform 中的 translate 属性值实现平移效果，关键代码如下：

```
.mr-content .mr-block .mr-img3:hover{
    transform:translateX(60px);         /* 在 X 轴上进行平移 */
    }
```

⑤ 通过 transform 中的 skew 属性值实现倾斜效果，关键代码如下：

```
.mr-content .mr-block .mr-img4:hover{
    transform:skew(3deg,30deg);         /* 在 X 和 Y 轴上进行倾斜 */
    }
```

完成代码编辑后，在浏览器中运行，页面效果如图 7.10 所示，当鼠标停在图像上时，图像就会显示对应的动画效果，如图 7.11 所示。

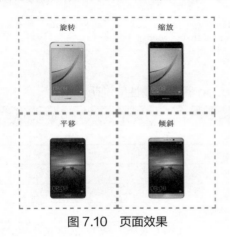

图 7.10　页面效果

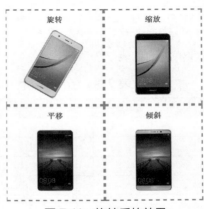

图 7.11　旋转后的效果

7.3.2 过渡（transition）

CSS3 提供了用于实现过渡效果的 transition 属性，该属性可以控制 HTML 标签的某个属性发生改变时所经历的时间，并且以平滑渐变的方式发生改变，从而形成动画效果。下面逐一介绍 transition 的各属性。

（1）指定参与过渡的属性

CSS3 中指定参与过渡的属性为 transition-property，语法格式如下。

```
transition-property: all | none | <property>[,<property> ]
```

- all：默认值，表示所有可以进行过渡的 CSS 属性。
- none：表示不指定过渡的 CSS 属性。
- <property>：表示指定要进行过渡的 CSS 属性。可以同时指定多个属性值，以英文格式的逗号 "," 进行分隔。

（2）指定过渡持续时间的属性

CSS3 中指定过渡持续时间的属性为 transition-duration，语法格式如下。

```
transition-duration: <time>[ ,<time> ]
```

<time> 用于指定过渡持续的时间，默认值为 0，如果存在多个属性值，以英文格式的逗号 "," 进行分隔。

（3）指定过渡的延迟时间的属性

CSS3 中指定过渡延迟时间的属性为 transition-delay，也就是延迟多长时间才开始过渡，语法格式如下。

```
transition-delay: <time>[ ,<time> ]
```

<time> 用于指定延迟过渡的时间，默认值为 0，如果存在多个属性值，以英文格式的逗号 "," 进行分隔。

（4）指定过渡动画类型的属性

CSS3 中指定过渡动画类型的属性为 transition-timing-function，该属性的语法格式如下。

```
transition-timing-function: linear | ease | ease-in | ease-out | ease-in-out | cubic-
bezier(x1,y1,x2,y2)[,linear|ease|ease-in|ease-out|ease-in-out|cubic-bezier(x1,y1,x2,y2) ]
```

属性值说明如表 7.3 所示。

表 7.3 transition-timing-function 属性的属性值说明

属性值	说明
linear	线性过渡，也就是匀速过渡
ease	平滑过渡，过渡的速度会逐渐慢下来
ease-in	由慢到快，也就是逐渐加速
ease-out	由快到慢，也就是逐渐减速
ease-in-out	由慢到快再到慢，也就是先加速后减速
cubic-bezier(x1,y1,x2,y2)	特定的贝塞尔曲线类型，由于贝塞尔曲线比较复杂，所以此处不做过多描述

（源码位置：资源包 \Code\07\07）

[实例 7.7]

实现鼠标滑过时逐渐展开图像的效果

利用 transition 属性实现当打开网页时，页面背景自动的切换，并且当鼠标滑过图像时，页面中的图像自动展开，具体实现步骤如下：

① 新建一个 HTML 页面，在该页的 `<body>` 部分添加手机图像，代码如下：

```
<div class="mr-bakg">
    <div class="mr-picbom">
        <div class="mr-pic"><img src="images/phine1.png" alt="" /></div>
        <div class="mr-picleft"><img src="images/phine2.png" alt="" /></div>
        <div class="mr-picright"><img src="images/phone3.png" alt="" /></div>
    </div>
</div>
```

② 将 3 张图像放到页面中间同一位置，然后设置鼠标滑过时手机图像展开的动画，代码如下：

```
.mr-picbom{                          /* 放置图像的盒子 */
    position:relative;               /* 设置其定位方式为相对定位 */
    margin:50px 242px;               /* 设置其上下边距和左右边距 */
    width:110px;
    height:190px;
    }
.mr-picleft,.mr-picright{            /* 通过定位将左右两张图像与中间图像重合 */
    position: absolute;              /* 设置其为绝对定位 */
    top: 0px;
    }
.mr-picbom:hover .mr-picleft{        /* 当鼠标悬停于中间图像时，左边图像向左边平移 */
    transform: translateX(190px);
    transition:all 1s ease;
    }
.mr-picbom:hover .mr-picright{       /* 当鼠标悬停于中间图像时，右边图像向右边平移 */
    transform: translateX(-190px);
    transition:all 1s ease;
}
```

完成代码编辑后，打开网页，页面的背景自动切换，如图 7.12 所示，而当鼠标滑过中间的手机图像时，页面效果如图 7.13 所示。

图 7.12　打开页面时效果

图 7.13　鼠标滑过中间图像时效果

👑 说明：

本实例的实现步骤中，仅展示了展开手机图像的代码，关于自动切换背景图像部分的代码，请参照光盘源码。

第2篇　CSS3 与 HTML5 应用篇

7.3.3　动画（animation）

使用 CSS3 实现动画效果需要两个过程，分别是定义关键帧和引用关键帧。首先介绍关键帧的定义方法。

（1）关键帧

在实现 animation 动画时，需要先定义关键帧，定义关键帧的语法格式如下：

```
@keyframes name { <keyframes-blocks> };
```

属性值说明：

● name：定义一个动画名称，该动画名称将用来被 animation-name 属性（指定动画名称属性）所使用。

● keyframes-blocks：定义动画在不同时间段的样式规则。该属性值包括以下两种形式。

第一种形式为使用关键字 from 和 to 定义关键帧的位置，实现从一个状态过渡到另一个状态。语法如下：

```
from{
    属性 1: 属性值 1;
属性 2: 属性值 2;
…
属性 n: 属性值 n;
}
to{
    属性 1: 属性值 1;
属性 2: 属性值 2;
…
属性 n: 属性值 n;
}
```

例如，定义一个名称为 opacityAnim 的关键帧，用于实现从完全透明到完全不透明的动画效果，可以使用下面的代码：

```
@-webkit-keyframes opacityAnim{
    from{opacity:0;}
    to{opacity:1;}
}
```

第二种形式为使用百分比定义关键帧的位置，实现通过百分比来指定过渡的各个状态，语法格式如下：

```
百分比 1{
    属性 1: 属性值 1;
属性 2: 属性值 2;
…
属性 n: 属性值 n;
}
…
百分比 n{
    属性 1: 属性值 1;
属性 2: 属性值 2;
…
属性 n: 属性值 n;
}
```

例如，定义一个名称为 complexAnim 的关键帧，用于实现将对象从完全透明到完全不透明，再逐渐收缩到 80%，最后再从完全不透明过渡到完全透明的动画效果，可以使用下面的代码。

```
@-webkit-keyframes complexAnim{
    0%{opacity:0;}
    20%{opacity:1;}
    50%{-webkit-transform:scale(0.8);}
    80%{opacity:1;}
    100%{opacity:0;}
}
```

👑 注意：

在指定百分比时，一定要加 %，例如 0%、50% 和 100% 等。

（2）动画属性

要实现 animation 动画，在定义了关键帧以后，还需要使用动画相关属性来执行关键帧的变化。CSS3 为 animation 动画提供如表 7.4 所示的 9 个属性。

表 7.4　animation 动画的属性

属性	属性值	说明
animation	复合属性。以下属性的值的综合	用于指定对象所应用的动画特效
animation-name	name	指定对象所应用的动画名称
animation-duration	time+ 单位 s（秒）	指定对象动画的持续时间
animation-timing-function	其属性值与 transition-timing-function 属性值相关	指定对象动画的过渡类型
animation-delay	time+ 单位 s（秒）	指定对象动画延迟的时间
animation-iteration-count	number 或 infinite（无限循环）	指定对象动画的循环次数
animation-direction	normal（默认值，表示正常方向）或 alternate（表示正常与反向交替）	指定对象动画在循环中是否反向运动
animation-play-state	running（默认值，表示运动）或 paused（表示暂停）	指定对象动画的状态
animation-fill-mode	none：表示不设置动画之外的状态，默认值；forwards：表示设置对象状态为动画结束时的状态；backwards 表示设置对象状态为动画开始时的状态；both：表示设置对象状态为动画结束或开始时的状态	指定对象动画时间之外的状态

👑 说明：

设置动画属性时，可以将多个动画属性值写在一行里，例如下面的代码：

```
.mr-in{
    animation-name: lun;
    animation-duration: 10s;
    animation-timing-function: linear;
    animation-direction: normal;
    animation-iteration-count: infinite;
}
```

上面的代码中的动画名称、动画持续时间、动画速度曲线、动画运动方向以及动画播放次数，如果将这些属性写在一起，代码如下所示：

```
.mr-in{
    animation: lun 10s linear infinite normal;
    }
```

 [实例 7.8]

（源码位置：资源包 \Code\07\08）

实现滚动广告动画

通过 animation 属性可以实现购物商城中商品详情里滚动播出广告，具体实现步骤如下：

① 新建一个 HTML 文件，通过 <p> 标签添加广告文字，关键代码如下：

```
<div class="mr-content">
  <div class="mr-news">
    <div class="mr-p">
      <p> 华为年度盛典 </p>          <!-- 通过 p 标签添加新闻文字 -->
      <p> 惊喜连连 </p>
      <p> 新品手机震撼上市 </p>
      <p> 折扣多多 </p>
      <p> 不容错过 </p>
      <p> 惊喜购机有好礼 </p>
      <p> 满减优惠 </p>
      <p> 神秘幸运奖 </p>
      <p> 华为等你带回家 </p>
    </div>
  </div>
</div>
```

② 新建一个 CSS 文件，通过外部样式引入到 HTML 文件，通过 animation 属性实现滚动播出广告，关键代码如下：

```
.mr-p{
    height: 30px;                              /* 设置宽度 */
    margin-top: 0;                             /* 设置外边距 */
    color: #333;                               /* 设置字体颜色 */
    font-size: 24px;                           /* 设置字体大小 */
    animation: lun 10s linear infinite;        /* 设置动画 */
    }
@-webkit-keyframes lun {                       /* 通过百分比指定过渡各个状态时间 */
    0%{margin-top:0;}
    10%{margin-top:-30px;}
    20%{margin-top:-60px;}
    30%{margin-top:-90 px;}
    40%{margin-top:-120px;}
    50%{margin-top:-150px;}
    60%{margin-top:-180 px;}
    70%{margin-top:-210px;}
    80%{margin-top:-240px;}
    90%{margin-top:-270px;}
    100%{margin-top:-310px;}
    }
```

将代码保存以后，在浏览器中打开，效果如图 7.14 所示。

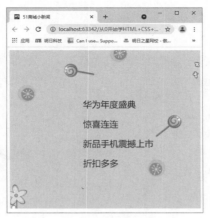

图 7.14　滚动广告

 技巧：

实现 CSS3 中的动画效果时，需要在页面中添加块级标签 <div>，并且设置其溢出内容显示为隐藏（overflow: hidden;），然后在其内部嵌套一个块级标签用来添加动画内容（例如上面实例中的滚动文字）。

本章知识思维导图

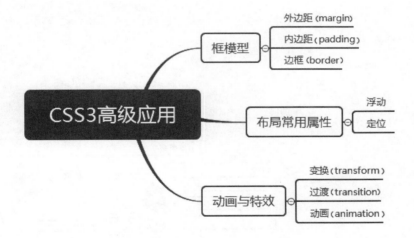

第 8 章

列表

扫码领取

▶ 配套视频
▶ 配套素材
▶ 学习指导
▶ 交流社群

 本章学习目标

- 熟记 HTML 中常用的三种列表及其特点。
- 掌握有序列表和无序列表的区别及其相关属性的值。
- 掌握定义列表的使用。
- 能够熟练使用嵌套列表。

8.1　列表的标签

列表分为两种类型，一是有序列表，一是无序列表。前者是使用编号来记录项目的顺序，而后者则用项目符号来标记无序的项目。

所谓有序列表，是指按照数字或字母等顺序排列列表项目，如图 8.1 所示的列表。

所谓无序列表，是指以●、○、▽、▲等开头的，没有顺序的列表项目，如图 8.2 所示的列表。

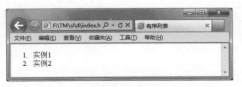

图 8.1　有序列表

图 8.2　无序列表

关于列表的主要标签如表 8.1 所示。

表 8.1　列表的主要标签

标签	说明
`<ul>`	无序列表
`<ol>`	有序列表
`<dir>`	目录列表
`<dl>`	定义列表
`<menu>`	菜单列表
`<dt>`、`<dd>`	定义列表的标签
`<li>`	列表项目的标签

8.2　无序列表

在无序列表中，各个列表项之间没有顺序级别之分，通常使用一个项目符号作为每个列表项的前缀。无序列表主要使用 `<ul>`、`<dir>`、`<dl>`、`<menu>`、`<li>` 几个标签和 type 属性。

8.2.1　无序列表标签

无序列表的特征是提供一种不编号的列表方式，而在每一个项目文字之前，以符号作为分项标识。

具体语法如下：

```
<ul>
    <li> 第 1 项 </li>
    <li> 第 2 项 </li>
    ...
</ul>
```

在该语法中，使用 < ul > 和 </ ul> 标签表示这一个无序列表的开始和结束，而 `<li>` 则

105

表示这是一个列表项目的开始。在一个无序列表中可以包含多个列表项目。

[实例 8.1]　（源码位置: 资源包 \Code\08\01 ）

无序列表列举唐宋八大家

使用无序列表列举唐宋八大家，新建一个 HTML5 文件，文件的具体代码如下：

```html
<p style="color: #c61fe2;font: bold 20px/20px ''">唐宋八大家具体指的是: </p>
<ul style="color: #0ed816">
    <li>韩愈 </li>
    <li>欧阳修 </li>
    <li>柳宗元 </li>
    <li>苏轼 </li>
    <li>苏洵 </li>
    <li>苏辙 </li>
    <li>王安石 </li>
    <li>曾巩 </li>
</ul>
```

保存并运行这段代码，可以看到窗口中建立了一个无序列表，该列表共包含 8 个列表项，如图 8.3 所示。

8.2.2　无序列表属性

默认情况下，无序列表的项目符号是 ●，而通过 type 属性可以调整无序列表的项目符号，避免列表符号的单调。

具体语法如下：

图 8.3　创建无序列表

```html
<ul type= 符号类型 >
    <li>第 1 项 </li>
    <li>第 2 项 </li>
    ...
</ul>
```

在该语法中，无序列表其他的属性不变，type 属性则决定了列表项开始的符号。它可以设置的值有 3 个，如表 8.2 所示。其中 disc 是默认的属性值。

表 8.2　无序列表的符号类型

类型值	符号类型
disc	●
circle	○
square	■

[实例 8.2]　（源码位置: 资源包 \Code\08\02 ）

无序列表制作商品预览效果

新建一个 HTML5 文件，在文件的 <body> 标签中输入代码，具体代码如下：

```html
<body>
 <div class="box">
```

```
    <ul class="item">
        <li><a href="#"><img src='images/2.jpg'/></a></li>
        <p><a href="#"> 小米官网手机 </a></p>
        <li class="eval"> 超好用，比我用过的耳机都好，声音简直是从脑子里发出的 </li>
    </ul>
<!-- 此处代码与上面类似，省略 -->
    <div class=""><div>
    </div>
    </body>
```

运行这段代码，可以看到项目符号属性可以设置为 none，此时项目符号不显示，如图 8.4 所示。

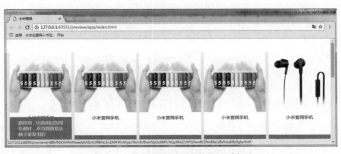

图 8.4　设置无序列表项目符号

无序列表的类型定义也可以在 <li> 项中，其语法是 <li type= 符号类型 >，这样定义的结果是对单个项目进行定义，具体代码如下：

```
<html>
<head>
    <title> 创建无序列表 </title>
</head>
<body>
<font size="+3" color="#00FF99"> 明日科技部门分布: </font><br/>
<ul>
    <li type="circle"> 图书开发部 </li>
    <li type="disc"> 软件开发部 </li>
    <li type="square"> 质量部 </li>
</ul>
</body>
</html>
```

运行这段代码，效果如图 8.5 所示。

图 8.5　设置不同的项目符号

👑 **注意:**

　　如果开发过程中不需要无序列表的符号时，只需要将无序列表的列表项目的序号类型设置为 none 就行，也可以将列表的 list-style 属性设置为 none。

8.3 有序列表

8.3.1 有序列表标签

有序列表使用编号，而不是项目符号来编排项目。列表中的项目采用数字或英文字母开头，通常各项目间有先后的顺序性。在有序列表中，主要使用 <ol> 和 <li> 两个标签以及 type 和 start 两个属性。

具体语法如下：

```
<ol>
    <li> 第 1 项 </li>
    <li> 第 2 项 </li>
    <li> 第 3 项 </li>
        ...
</ol>
```

在该语法中，<ol> 和 </ol> 标签标志着有序列表的开始和结束，而 <li> 标签表示这是一个列表项的开始，默认情况下，采用数字序号进行排列。

 [实例 8.3]

（源码位置：资源包 \Code\08\03）

运用有序列表输出古诗

运用有序列表输出古诗，具体代码如下：

```
<p style="color: #c61fe2;font-size: 24px;font-weight: bold">饮湖上初晴后雨 </p>
<ol style="font-size: 18px;">
    <li> 水光潋滟晴方好，</li>
    <li> 山色空蒙雨亦奇。</li>
    <li> 欲把西湖比西子，</li>
    <li> 淡妆浓抹总相宜。</li>
</ol>
```

运行这段代码，可以看到有序列表前面包含了顺序号，如图 8.6 所示。

👑 技巧：

默认情况下，有序列表中的列表项采用数字序号进行排列，如果需要将列表序号改为其他的类型，例如以英文字母开头，就需要改变 type 属性。

图 8.6 运用有序列表输出诗词

8.3.2 有序列表属性

默认情况下，有序列表的序号是数字的，通过 type 属性可以调整序号的类型，例如将其修改成字母等。

具体语法如下：

```
<ol type= 序号类型 >
    <li> 第 1 项 </li>
    <li> 第 2 项 </li>
    <li> 第 3 项 </li>
        ....
</ol>
```

在该语法中，序号类型可以有 5 种，如表 8.3 所示。

表 8.3　有序列表的序号类型

type 取值	符号类型
1	数字 1,2,3,4...
a	小写英文字母 a,b,c,d...
A	大写英文字母 A,B,C,D...
i	小写罗马数字 ⅰ , ⅱ , ⅲ , ⅳ ...
I	大写罗马数字 Ⅰ , Ⅱ , Ⅲ , Ⅳ ...

 [实例 8.4]

（源码位置：资源包 \Code\08\04 ）

运用有序列表制作商城页面

新建一个 HTML5 文件，使用有序列表制作一个商城页面，在 <body> 标签中添加如下代码：

```html
<body>
    <div class="mr-box">
        <ol>
            <li><img src="images/1.jpg"> 海外购 . 日本上线　跨境直邮 </li>
            <li><img src="images/2.jpg"> 英美复活节折扣季　国际大牌免邮 </li>
        <!-- 此处代码和上文代码相似，省略 -->
        </ol>
    </div>
</body>
```

为上面的 HTML 代码添加 CSS 样式，代码如下：

```css
li{                                           /* 页面中的 li 样式 */

    list-style:none;
    width:158px;
    height:55px;
    float: left;
    background:#949494;
    margin-top:300px;
    margin-left:2px;
    font-family: " 微软雅黑 ";
    font-size:14px;
    text-indent:2em;                          /* 缩进 32px*/
    text-align: center;
    line-height: 20px;
    color:#fff;
    padding-top:10px;                         /* 设置内边距 */
}
li img{                                       /* 设置定位方式 */
    position:absolute;
    top:0;
    left:0;
    display:none;
}
```

```
li:hover img{
    display:block;
}
li:hover{                          /* 鼠标滑过时候的样式 */
    background:orange;
}
```

保存文件，用浏览器打开该文件，将显示使用有序列表制作的商城页面，效果如图 8.7 所示。

图 8.7　有序列表制作商城页面

♛ 注意：

　　如果开发过程中不需要有序列表的序号时，只需要将有序列表的列表项目的序号类型设置为 none 就行，也可以将列表的 list-style 属性设置为 none 即可。

8.4　列表的嵌套

列表的嵌套指的是多于一级层次的列表，一级项目下面可以存在二级项目、三级项目等。项目列表可以进行嵌套，以实现多级项目列表的形式。

8.4.1　定义列表的嵌套

定义列表是一种两个层次的列表，用于解释名词的定义，名词为第一层次，解释为第二层次，并且不包含项目符号。

具体语法如下：

```
<dl>
    <dt> 名词一 </dt>
    <dd> 解释 1</dd>
    <dd> 解释 2</dd>
    <dd> 解释 3</dd>
    <dt> 名词二 </dt>
    <dd> 解释 1</dd>
    <dd> 解释 2</dd>
    <dd> 解释 3</dd>
        …
</dl>
```

在定义列表中，一个 <dt> 标签下可以有多个 <dd> 标签作为名词的解释和说明，以实现定义列表的嵌套。

[实例 8.5]

（源码位置：资源包 \Code\08\05）

运用列表嵌套输出古诗

在这个实例中，定义列表的第一层次用于放置标题，诗句内容是第二层次，并且不包含项目符号。具体代码如下：

```
<body style="background: url('bg.png') no-repeat;background-size: cover">
<dl style="font-size: 20px;width:450px;background-color: rgba(211,239,237,0.52);text-align:
center;line-height: 40px">
    <br><dt style="color: #FF4400;font-size: 24px;">古诗介绍 </dt><br/>
    <dt> 赠孟浩然 </dt>
    <dd> 作者：李白 </dd>
    <dd> 诗体：五言律诗 </dd>
    <dd> 吾爱孟夫子，  风流天下闻。<br/>
        红颜弃轩冕，  白首卧松云。<br/>
        醉月频中圣，  迷花不事君。<br/>
        高山安可仰？  徒此挹清芬。<br/>
    </dd><br>
    <dt> 蜀相 </dt>
    <dd> 作者：杜甫 </dd>
    <dd> 诗体：七言律诗 </dd>
    <dd> 丞相祠堂何处寻？  锦官城外柏森森，<br/>
        映阶碧草自春色，  隔叶黄鹂空好音。<br/>
        三顾频烦天下计，  两朝开济老臣心。<br/>
        出师未捷身先死，  长使英雄泪满襟。<br/>
    </dd><br>
</dl>
</body>
```

运行这段代码，效果如图 8.8 所示。

图 8.8　定义列表的嵌套

8.4.2 无序列表和有序列表的嵌套

最常见的列表嵌套模式是有序列表和无序列表的嵌套，可以重复地使用 <ol> 和 <ul> 标签组合实现。

 [实例 8.6]　　　　　　　　　　　　　　　（源码位置：资源包 \Code\08\06）

使用列表嵌套制作导航栏

下面的代码是利用无序列表的嵌套制作商品导航栏，具体如下：

```html
<div class="mr-border">
    <ul class="mr-box">
        <li class="mr-hover"><a href="#"> 春节特卖 </a>
            <ul class="mr-shopbox">
                <li><a href="#"> 服装服饰 </a></li>
                <li><a href="#"> 母婴会场 </a></li>
                <li><a href="#"> 数码家电 </a></li>
                <li><a href="#"> 家纺家居 </a></li>
                <li><a href="#"> 美妆会场 </a></li>
                <li><a href="#"> 汽车特卖 </a></li>
                <li><a href="#"> 进口尖货 </a></li>
                <li><a href="#"> 医药保健 </a></li>
            </ul>
        </li>
        <li class="mr-hover"><a href="#"> 会员 </a></li>
        <li class="mr-hover"><a href="#"> 电器城 </a></li>
        <li class="mr-hover"><a href="#"> 天猫会员 </a></li>
    </ul>
</div>
```

为了控制页面的样式，在这里运用了 CSS 样式，代码如下：

```css
.mr-border {
    width: 890px;
    height: 366px;
    background-image: url(../images/bg.jpg);
    background-repeat: no-repeat;
    margin: 0 auto;
    background-size: 100% 100%;
}
/* 主导航样式 */
.mr-hover:first-child {
    width: 230px;
    text-align: center;
}
.mr-box {
    background: #98e4dd;
    height: 37px;
    width: 890px;
}
.mr-box > li { /* 导航栏的 li 的样式 */
    width: 176px;
    text-align: center;
    list-style: none;
    float: left;
    line-height: 37px;
}
.mr-hover:hover { /* 当鼠标移动上去时导航栏变色 */
    background: rgba(255, 255, 255, 0.1);
```

```
}
.mr-shopbox ul {
    padding-top: 4px;
}
.mr-box li a {
    text-decoration: none; /* 无下划线 */
    font-size: 17px;
    font-weight: 500; /* 字体粗细 */
    padding: 6px 17px; /* 内边距 */
    color: #222;
    font-family: " 微软雅黑 ";
}
.mr-box li .mr-shopbox {
    width: 230px;
    height: 328px;
    background: rgba(255, 255, 255, 0.5);
}
.mr-shopbox li {
    list-style: none;
    height: 40px;
    text-align: center;
    line-height: 40px;
    border-bottom: 1px solid #CB0C10;
}
.mr-shopbox li:hover {
    background: #e2de66;
}
/* 春节特卖子导航 */
.mr-shopbox li a {
    text-decoration: none;
    COLOR: #111;
    font-size: 14px;
}
```

运行这段代码，可以得到效果如图 8.9 所示。

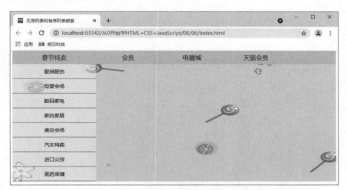

图 8.9　无序列表和有序列表相互嵌套的实例

本章知识思维导图

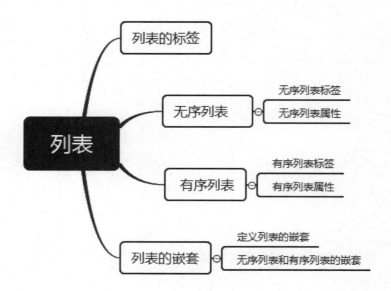

第 9 章

表单

扫码领取
➤ 配套视频
➤ 配套素材
➤ 学习指导
➤ 交流社群

 本章学习目标

- 理解表单的作用。
- 掌握表单中常用控件的使用。
- 掌握 \<input\> 标签常用的 type 类型及其作用。
掌握列表 \<select\> 标签的作用和使用方法。

9.1 表单概述

表单的用处很多，在网站中无处不见，例如在进行用户注册时，就必须通过表单填写用户的相关信息。本节主要介绍表单的概念和用途，并且介绍了 <form> 标签的属性及其含义，最后，通过举例向读者介绍表单标签 <form> 的实际应用。

9.1.1 概述

表单通常设计在一个 HTML 文件中，当用户填写完信息后做提交操作，将表单的内容从客户端的浏览器传送到服务器上，经过服务器处理程序后，再将用户所需信息传回客户端的浏览器上，这样网页就具有了交互性。HTML 表单是用户与网站实现交互的重要手段。

表单的主要功能是收集信息，具体说是收集浏览者的信息。例如，天猫商城的用户登录界面就是通过表单填写用户的相关信息的，如图 9.1 所示。在网页中，最常见的表单形式主要包括文本框、单选框、复选框、按钮等。

图 9.1　用户登录界面

9.1.2 表单标签 <form>

表单是网页上的一个特定区域。这个区域通过 <form> 和 </form> 标签声明，相当于一个表单容器，表单控件需要在其范围内才有效，也就是说在 <form> 与 </form> 之间的一切都属于表单的内容。这里的内容可以包含所有的表单控件，还有必需的伴随数据，如控件的标签、处理数据的脚本或程序的位置等。

在表单的 <form> 标签中，还可以设置表单的基本属性，包括表单的名称、处理程序、传送方式等。其语法格式如下：

```
<form action="" name=""  method="" enctype=""  target="">
    ......
</form>
```

在上述语法中，其属性值和含义如表 9.1 所示。

表 9.1　<form> 标签的属性值和含义

form 属性值	含义	说明
action	表单的处理程序，也就是表单中收集到的资料将要提交的程序地址	这一地址可以是绝对地址，也可以是相对地址，还可以是一些其他的地址，例如 E-mail 地址等
name	为了防止表单信息在提交到后台处理程序时出现混乱而设置的名称	表单的名称尽量与表单的功能相符，并且名称中不含有空格和特殊符号
method	定义处理程序从表单中获得信息的方式，有 get（默认值）和 post 两个方法	get 方法指表单数据会被视为 CGI 或 ASP 的参数发送；post 方法指表单数据是与 URL 分开发送的，用户端的计算机会通知服务器来读取数据

续表

form 属性值	含义	说明
enctype	表单信息提交的编码方式。其属性值有：text/plain、application/x-www-form-urlencoded 和 multipart/form-data 三个	text/plain 指以纯文本的形式传送；application/x-www-form-urlencoded 指默认的编码形式；multipart/form-data 指 MIME 编码，上传文件的表单必须选择该项
target	目标窗口的打开方式	其属性值和含义与链接标签中 target 相同

例如，下面的这段 HTML 代码就可以实现一个"甜橙音乐网"的登录界面。

```html
<div class="mr-cont">
    <form class="form" action="login.html" method="get" target="blank">
        <label class="login">
            <img src="img/user.png">
            <input type="text" placeholder="username">
        </label>
        <label class="login">
            <img src="img/pass.png">
            <input type="password" placeholder="password">
        </label>
        <input type="submit" value="ok" class="ok">
        <input type="reset" value="clear" class="clear">
    </form>
</div>
```

为了使整体页面美观整齐，使用 CSS 代码改变网页中各标签的样式和位置。具体 CSS 代码如下：

```css
* {
    margin: 0;
    padding: 0;
}
.mr-cont {
    width: 715px;
    margin: 0 auto;
    border: 1px solid #f00;
    background: url(../img/login.jpg);
}
.form {
    width: 350px;
    padding: 130px 415px;
}
.login, .ok, .clear {
    display: block;
    margin-top: 40px;
    position: relative;
}
.login img {
    height: 42px;
    border: 1px rgba(215, 209, 209, 1.00) solid;
    background-color: rgba(215, 209, 209, 1.00);
}
.login input {
    position: absolute;
    height: 40px;
    width: 170px;
    font-size: 20px;
}
```

```
.ok, .clear {
    width: 215px;
    height: 40px;
    border: none;
    background: rgba(240, 62, 65, 1.00)
}
```

上面举例中，首先通过 <form> 标签声明此为表单模式，然后在 <form> 标签内部设置表单信息的提交地址、传送信息的方式以及打开新窗口的方式等属性。最后在 <form> 和 </form> 标签内部添加其他标记。在浏览器中运行文件，显示效果如图 9.2 所示。

图 9.2　"甜橙音乐网"登录界面

9.2　输入标签

输入标签是 <input> 标签，通过设置其 type 属性值改变其输入方式，而不同的输入方式又致使其他参数因此而异。例如当 type 值为"text"时，其输入方式为单行文本框。根据输入框的功能，可以将其分为文本框、单 / 多选框、按钮以及文件和图像域四大类。下面将具体介绍 <input> 标签的使用方法。

9.2.1　文本框

表单中的文本框主要有两种，分别是单行文本框和密码输入框。不同的文本框对应的 type 属性值不同，其对应的表现形式和应用也各有差异。下面分别介绍单行文本框和密码输入框的功能和使用方式。

（1）单行文本框

text 属性值用来设定在表单的文本框中，输入任何类型的文本，如数字或字母，输入的内容以单行显示。其语法格式如下：

```
<input type="text" name=" " size=" " maxlength=" " value=" ">
```

● name：文本框的名称，用于和页面中其他控件加以区别，命名时不能包含特殊字符，也不能以 HTML 预留的字符作为名称。
● size：定义文本框在页面中显示的长度，以字符作为单位。
● maxlength：定义在文本框中最多可以输入的文字数。

● value：用于定义文本框中的默认值。

（2）密码输入框

在表单中还有一种文本框为密码输入框，输入到文本域中的文字均以星号 "*" 或圆点 "●" 显示。其语法格式如下：

```
<input type="password" name="" size="" maxlength="" value="" />
```

该语法中的参数的含义和取值与单行文本框相同，此处不再重复解释。

（源码位置：资源包 \Code\09\01 ）

 [实例 9.1]

实现商城中登录页面

在 51 购商城的登录页面中，添加单行文本框和密码输入框。实现步骤如下：

新建一个 HTML 文件，然后通过将 <input> 标签的 type 属性的属性值设置为 "text"，实现输入账号文本框，代码如下：

```html
<div class="mr-cont">
    <form>
        <!-- 使用 label 标签绑定单行文本框，实现单击图像时文本框也能获取焦点 -->
        <label><img src="img/user.png"><input type="text"></label>
        <!-- 密码输入框 -->
        <label><img src="img/pass.png"><input type="password"></label>
    </form>
</div>
```

新建一个 CSS 文件，并且链接到此 HTML 文件，然后使用 CSS 设置 form 表单的背景等样式。具体代码如下：

```css
/* 页面整体布局 */
.mr-cont{
    width:  365px;                        /* 整体大小 */
    height: 375px;
    margin: 20px auto;
    border: 1px solid #f00;
    background: url(../img/4-2.png);      /* 添加背景图像 */
}
/* 表单整体位置 */
form{
    padding: 65px 50px;
}
label{
    color: #fff;
    display: block;
    padding-top: 10px;
    position: relative;
}
/* 设置单行文本框和密码框的样式 */
label input{
    height: 25px;
    width: 200px;
    position: absolute;
}
label img{
    height: 28px;
}
```

在浏览器中运行代码，效果如图 9.3 所示。

👑 说明：

在上面的实例中使用了 <label> 标签。<label> 标签可以实现绑定元素，简单地说，正常情况要使某个 <input> 标签获取焦点只有单击该标签才可以实现，而使用 <label> 标签以后，单击与该标签绑定的文字或图像就可以实现获取焦点。

图 9.3 在页面中添加文本框

9.2.2 单选框和复选框

单选框和复选框经常被用于问卷调查和购物车中结算商品等。其中单选框实现在一组选项中只选择其中一个，而复选框则可以实现多选甚至全选。

（1）单选框

在网页中，"单选框"按钮用来让浏览者在答案之间进行单一选择，在页面中以圆框表示。其语法格式如下：

```
<input type="radio" value=" 单选框的值 " name=" 名称 " checked="checked"/>
```

● value：用来设置用户选中该项目后，传送到处理程序中的值。

● name：单选框的名称。需要注意的是，一组单选框中，往往其名称相同，这样在传递时才能更好地对某一个选择内容的取值进行判断。

● checked：表示这一"单选框"默认被选中，在一组"单选框"中只能有一项"单选框"被设置为 checked。

（2）复选框

浏览者填写表单时，有一些内容可以通过让浏览者进行多项选择的形式来实现。例如收集个人信息时，要求在个人爱好的多个选项中进行选择等。复选框能够进行项目的多项选择，以一个方框表示。其语法格式如下：

```
<input type="checkbox" value=" 复选框的值 " name=" 名称 " checked="checked" />
```

在该语法中，各属性的含义和属性值与单选框相同，此处不做过多赘述。但与单选框不同的是，一组复选框中，可以设置多个复选框被默认选中。

[实例 9.2]

（源码位置：资源包 \Code\09\02）

实现购物车界面选择商品功能

新建 HTML 文件，在 HTML 文件中，通过表格实现页面的布局，然后在表单中分别添加单选框、复选框以及商品信息。其 HTML 代码如下所示：

```
<form>
    <table width="700" border="1" cellspacing="0" align="center">
        <tr>
            <td width="60"><input name="sel" type="radio"> 全选 </td>
            <td colspan="3"><input name="sel" type="radio"> 反选 </td>
        </tr>
```

```
    <tr>
        <td><input type="checkbox"></td>
        <td><img src="img/phone1.png"></td>
        <td>Huawei/ 华为 畅享 6【粉蓝新色上市】<br> 全网通八核 4G 智能手机 </td>
        <td style="font-size: 12px;color: #B3B1B3"> 网络类型：移动 5G/ 联通 4G/ 电信 4G<br>
            机身颜色：灰色 <br>
            套餐类型：官方标配 <br>
            存储容量：16GB
        </td>
    </tr>
    <tr>
        <td><input type="checkbox"></td>
        <td><img src="img/phone2.png"></td>
        <td>Huawei/ 华为 P9 3GB+32GB【华为官方】<br> 徕卡双摄 4G 智能拍照手机 </td>
        <td style="font-size: 12px;color: #B3B1B3"> 网络类型：移动 5G/ 联通 4G/ 电信 4G<br>
            机身颜色：皓月银 <br>
            套餐类型：官方标配 <br>
            存储容量：32GB
        </td>
    </tr>
    <tr>
        <td><input type="checkbox"></td>
        <td><img src="img/phone3.png"></td>
        <td>Huawei/ 华为 P9 plus【华为官方】<br>5.5 英寸徕卡双摄 4G 智能拍照手机 </td>
        <td style="font-size: 12px;color: #B3B1B3"> 网络类型：移动 5G/ 联通 4G/ 电信 4G<br>
            机身颜色：琥珀金 <br>
            套餐类型：官方标配 <br>
            存储容量：64GB
        </td>
    </tr>
    </table>
</form>
```

在浏览器中运行代码，运行效果如图 9.4 所示。

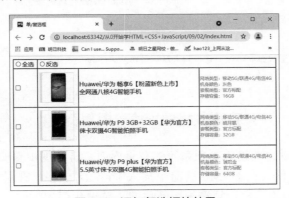

图 9.4　添加复选框的效果

👑 技巧：

设置单选框和多选框的某个按钮默认被选中时，checked="checked" 可以简写为 "checked"。

9.2.3　按钮

按钮是表单中不可缺少的一部分，主要分为"普通"按钮、"提交"按钮和"重置"按钮，三种按钮的用途各不相同，希望读者们学习了本节后，能够灵活使用这三种按钮

（1）"普通"按钮

在网页中"普通"按钮很常见，在提交页面、恢复选项时常常用到。"普通"按钮一般情况下要配合 JavaScript 来进行表单处理。其语法格式如下：

```
<input type="button" value=" 按钮的取值 " name=" 按钮名 " onclick=" 处理程序 "/>
```

- value：按钮上显示的文字。
- name：按钮名称。
- onclick：当鼠标单击按钮时所进行的处理。

（2）"提交"按钮

"提交"按钮是一种特殊的按钮，不需要设置 onclick 属性，在单击该类按钮时可以实现表单内容的提交。其语法格式如下：

```
<input type="submit" name=" 按钮名 " value=" 按钮的取值 " />
```

👑 技巧：

当"提交"按钮没有设置按钮取值时，其默认取值为"提交"。也就是"提交"按钮上默认显示的文字为"提交"。

（3）"重置"按钮

单击"重置"按钮后，可以清除表单的内容，恢复默认的表单内容设定。其语法格式如下：

```
<input type="reset" name=" 按钮名 " value=" 按钮的取值 " />
```

👑 说明：

使用"提交"按钮和"重置"按钮时，其"name"和"value"的属性值的含义与"普通"按钮相同，此处不做过多描述。

👑 技巧：

当"重置"按钮没有设置按钮取值时，该按钮上默认显示的文字为"重置"。

 [实例 9.3]

（源码位置：资源包 \Code\09\03）

实现收货地址信息填写页面

使用 form 表单实现企业进销管理系统的登录界面。其实现步骤如下：

① 新建 HTML 文件，在 HTML 页面中插入 <input> 标签，并且通过设置每个 <input> 标签的 type 属性，实现单选框、复选框以及按钮。关键代码如下：

```
<div class="mr-cont">
  <h2> 收货信息填写 </h2>
  <hr>
  <form action="login.html">
    <div> 姓名：
      <input type="text"><span class="red">***** 必填项 </span>
    </div>
    <div> 电话：
      <input type="text"><span class="red">***** 必填项 </span>
    </div>
    <div> 是否允许代收：
```

```
        <label> 是 <input type="radio" name="receive" checked></label>
        <label> 否 <input type="radio" name="receive"></label>
    </div>
    <div class="addr"> 地址:
        <input type="text" placeholder="-- 省 " size="5">
        <input type="text" placeholder="-- 市 " size="5">
    </div>
    <div>
        <p> 具体地址: <span class="red">***** 必填项 </span></p>
        <textarea></textarea>
    </div>
    <div id="btn">
        <!-- 提交按钮, 单击提交表单信息 -->
        <input type="submit" value=" 提交 ">
        <!-- 普通按钮, 通过 onclick 调用处理程序 -->
        <input type="button" value=" 保存 " onclick="alert(' 保存信息成功 ')">
        <!-- 重置按钮, 单击后表单恢复默认状态 -->
        <input type="reset" value=" 重填 ">
    </div>
```

② 新建 CSS 文件，在 CSS 文件中，设置页面的整体布局以及各标签的样式，关键代码如下：

```css
/* 页面整体布局 */
.mr-cont{
    height: 474px;
    width: 685px;
    margin: 20px auto;
    border: 1px solid #f00;
    background: url(../img/bg.jpg);
}
.mr-cont div{
    width: 400px;
    text-align: center;
    margin: 30px 0 0 140px;
}
#btn{
    margin-top: 10px;
}
/* 设置 " 提交 "" 保存 "" 重填 " 按钮的大小 */
#btn input{
    width: 80px;
    height: 30px;
}
```

编辑完代码后，在浏览器中运行代码，运行效果如图 9.5 所示。

9.2.4　图像域和文件域

图像域和文件域在网页中也比较常见。其中图像域是为了解决表单中按钮比较单调与页面内容不协调的问题，而文件域则常用于需要上传文件的表单。

（1）图像域

图像域是指可以用在“提交”按钮位置

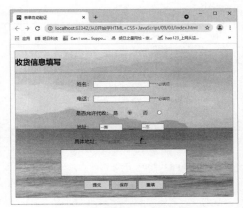

图 9.5　收货信息填写界面

上的图像，这张图像具有按钮的功能。使用默认的按钮形式往往会让人觉得单调。如果网页使用了较为丰富的色彩或稍微复杂的设计，再使用表单默认的按钮形式可能会破坏整体的美感。这时可以使用图像域创建和网页整体效果相统一的"图像提交"按钮。其语法如下：

```
<input type="image" src=" " name=" " />
```

- src：设置图像地址，可以是绝对地址也可以是相对地址。
- name：设置所要代表的按键，例如 submit、button 等，默认值为"button"。

（2）文件域

文件域在上传文件时常常用到，它用于查找硬盘中的文件路径，然后通过表单将选中的文件上传，在设置电子邮件、上传头像、发送文件时常常会看到这一控件。其语法格式如下：

```
<input type="file" accept="" name="" >
```

- accept：所接受的文件类别，有 26 种选择，可以省略，但不可以自定义文件类型。
- name：文件传输的名称，用于和页面中其他控件加以区别。

[实例 9.4]

（源码位置：资源包 \Code\09\04）

实现上传头像页面

本实例是实现一个在注册页面中上传头像的功能，具体实现步骤如下：

①新建一个 HTML 页面，在页面中插入 <input> 标签并且分别设置其 type 的属性值为 file 和 image。代码如下：

```
<div class="mr-cont">
<h2>用户信息注册</h2>
    <form>
        <!-- 文件域 -->
        <input type="file" class="fill">
        <!-- 图像域 -->
        <input type="image" src="img/btn.jpg" class="btn">
    </form>
</div>
```

② 新建一个 CSS 页面，并且通过 CSS 设置页面的背景图像以及文件域和图像域的位置。代码如下：

```
.mr-cont{
    width: 800px;
    height: 600px;
    margin: 20px auto;
    text-align: center;
    border: 1px solid #f00;
    background: url(../img/bg.png);
}
/* 通过内边距调整标题位置 */
h2{
    padding: 40px 0 0 0;
}
/* 表单整体样式 */
form{
```

```
        width: 554px ;
        height: 462px;
        margin: 0 0 0 150px;
        background: url(../img/4-9.png);
    }
    /* 文件域样式 */
    [type="file"]{
        display: block;
        padding: 100px 0 0 175px;
    }
    /* 图像域样式 */
    [type="image"]{
        margin: 304px 0 0 100px;
    }
```

其运行效果如图 9.6 所示。

图 9.6　实现注册页面的上传头像和图像按钮

9.3　文本域和菜单 / 列表

本节主要讲解文本域和菜单 / 列表。文本域和文本输入框的区别在于文本域可以显示多行文字；菜单 / 列表与单选框或复选框相比，既可以有多个选择项，又不浪费空间，还可以减少代码量。

9.3.1　文本域

在 HTML 中还有一种特殊定义的文本样式，称为文本域。它与文本输入框的区别在于可以添加多行文字，从而可以输入更多的文本。这类控件在一些留言板中最为常见，其语法格式如下：

```
<textarea name=" 文本域名称 " value=" 文本域默认值 " rows=" 行数 " cols=" 列数 "></textarea>
```

- name：文本域的名称。
- rows：文本域的行数。

125

- cols：文本域的列表。
- value：文本域的默认值。

[实例 9.5]

（源码位置：资源包 \Code\09\05）

实现商品评价输入框

本实例是实现商品评价页面中的评价输入框，具体步骤如下：

① 新建 HTML 文件，在 HTML 文件中，插入文本域标签实现评价输入框，其代码如下：

```
<div class="mr-content">
    <form>
        <!-- 文本域 -->
        <textarea cols="44" rows="9" class="mr-message"></textarea>
    </form>
</div>
```

② 新建一个 CSS 文件，通过 CSS 代码设置网页的背景图像，并且改变文本域的位置。其代码如下：

```
.mr-content{
    width:695px;
    height:300px;
    margin:0 auto;
    background:url(../images/bg.png) no-repeat;
    border:1px solid red;
}
/* 文本域样式 */
.mr-content textarea{
    margin:103px 0 0 346px;
}
```

在浏览器中运行代码，效果如图 9.7 所示。

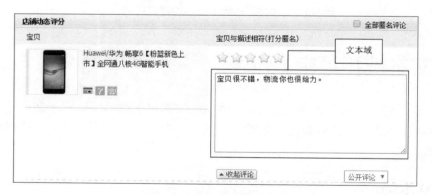

图 9.7　添加文本域的效果

9.3.2　菜单 / 列表

菜单 / 列表类的控件主要用来选择给定答案中的一种。这类选择往往答案比较多，使用"单选框"比较浪费空间。可以说，菜单 / 列表类的控件主要是为了节省页面空间而设计的。菜单和列表都是通过 <select> 和 <option> 标签来实现的。

菜单是一种最节省空间的方式，正常状态下只能看到一个选项，单击按钮打开菜单后

126

才能看到全部的选项。

列表可以显示一定数量的选项，如果超出了这个数量，会自动出现滚动条，浏览者可以通过拖动滚动条显示各选项。

其语法格式如下，标签属性见表 9.2。

```
<select name="" size="" multiple=" multiple  >
        <option value="" selected="selected">选项显示内容 </option>
        <option value=" 选项值 ">选项显示内容 </option>
......
    </select>
```

表 9.2　菜单 / 列表标签属性

菜单 / 列表标签属性	说　明
name	菜单/列表标签的名称，用于和页面中其他控件加以区别
size	定义菜单/列表文本框在页面中显示的长度
multiple	表示菜单/列表内容可多选
value	用于定义菜单/列表的选项值
selected	默认被选中

 [实例 9.6]

（源码位置：资源包 \Code\09\06 ）

实现个人资料填写页面

实现个人资料填写页面具体步骤如下：

① 新建 HTML 文件，在 HTML 页面通过下拉列表实现星座、血型和生肖的选择。部分 HTML 代码如下：

```
<div class="mr-cont">
<form>
  <div class="mess">
        <!-- 下拉菜单实现星座选择 -->
      <div> 星座:
        <select>
         <option> 水瓶座 </option>
         <option> 金牛座 </option>
         <option> 其他星座 </option>
        </select>
</div>
        <!-- 下拉菜单实现血型选择 -->
      <div> 血型:
        <select>
         <option>A 型 </option>
         <option>B 型 </option>
         <option>AB 型 </option>
         <option>O 型 </option>
        </select>
      </div>
        <!-- 下拉菜单实现生肖选择 -->
      <div> 生肖:
        <select>
         <option> 鼠 </option>
         <option> 牛 </option>
         <option> 其他 </option>
        </select>
```

```
    </div>
   </div>
  </form>
</div>
```

② 新建 CSS 文件，在 CSS 文件中改变 HTML 中各标签的样式和布局。关键代码如下：

```
.mr-cont{
    height: 360px;
    width: 915px;
    margin: 20px auto;
    border: 1px solid #f00;
background: url("../img/bg.png") no-repeat rgba(181, 181, 255,0.65);
background-size: cover;
}
.type{
    width: 285px;
    height: 180px;
    float: left;
}
.type div{
    width: 350px;
    height: 30px;
    margin: 30px 0 0 60px;
}
```

在浏览器中运行代码，效果如图 9.8 所示。

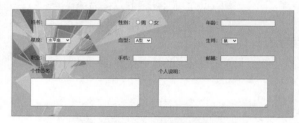

图 9.8　个人资料填写页面

 ## 本章知识思维导图

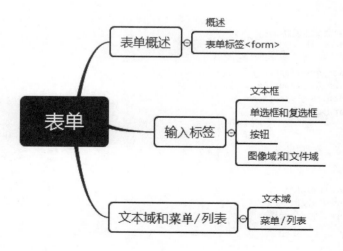

第 10 章
多媒体播放

扫码领取
➤ 配套视频
➤ 配套素材
➤ 学习指导
➤ 交流社群

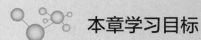

本章学习目标

- 掌握 HTML5 中新增的两个播放多媒体的元素。
- 掌握多媒体元素的常用属性、方法与事件。
- 灵活使用 source 元素实现在网页中播放媒体文件。

10.1 HTML5 多媒体的简述

Web 上的多媒体指的是音效、音乐、视频和动画。多媒体来自多种形式，可以是人们听到或看到的任何内容，文字、图像、音乐、音效、电影、动画，等等。在因特网上，人们会经常发现嵌入网页中的多媒体元素，现今的浏览器已支持多种多媒体格式。在本章中，我们将了解不同的多媒体格式以及如何在网页中使用它们。

10.1.1 HTML4 中多媒体的应用

在 HTML5 之前，如果开发者想要在 Web 页面中加入视频，必须使用 object 和 embed 元素，而且还要为这两个元素添加许多属性和参数。在 HTML4 中多媒体的应用代码如下所示。

```
<object width="425" height="344">
    <param name="movie" value="http://www.mingribok.com" />
    <param name="allowFullScreen" value="true" />
    <param name="aiiowscriptaccess" value="always" />
    <embed src="http://www.mingribok.com"
           type="application/x-shockwave-flash"
           allowscriptaccess="always"
           allowFullScreen="ture" width="425" height="344">
    </embed>
</object>
```

在 HTML4 中使用多媒体有如下缺点。

① 代码冗长而笨拙。

② 需要使用第三方插件（Flash）。如果用户没有安装 Flash 插件，则不能播放视频，画面上也会出现一片空白。

10.1.2 HTML5 页面中的多媒体

在 HTML5 中，新增了两个元素——video 元素与 audio 元素。video 元素专门用来播放网络上的视频或电影，而 audio 元素专门用来播放网络上的音频数据。使用这两个元素，就不再需要使用其他插件了，只要使用支持 HTML5 的浏览器就可以了。表 10.1 中介绍了目前浏览器对 video 元素与 audio 元素的支持情况。

表 10.1　目前浏览器对 video 元素与 audio 元素的支持情况

浏览器	支持情况
Chrome	4.0 及以上版本支持
Firefox	3.5 以上版本支持
Opera	10.5 以上版本支持
Safari	3.2 以上版本支持
IE	9 及以上版本支持

这两个元素的使用方法都很简单，首先以 audio 元素为例，只要把播放音频的 URL 给指定元素的 src 属性就可以了，audio 元素使用方法如下所示。

```
<audio src="http://mingri/demo/test.mp3">
您的浏览器不支持 audio 元素!
</audio>
```

通过这种方法,可以把指定的音频数据直接嵌入在网页中,其中"您的浏览器不支持
audio 元素!"为在不支持 audio 元素的浏览器中所显示的替代文字。

video 元素的使用方法也很简单,只要设定好元素的长、宽等属性,并且把播放视频的
URL 地址指定给该元素的 src 属性就可以了,video 元素的使用方法如下所示:

```
<video width="640" height="360" src=" http://mingri/demo/test.mp3">
您的浏览器不支持 video 元素!
</video>
```

另外,还可以通过 source 元素来为同一媒体数据指定多个播放格式与编码方式,以确
保浏览器可以从中选择一种自己支持的播放格式进行播放。浏览器选择播放格式的顺序为
代码中的书写顺序,它会从上往下判断自己对该播放格式是否支持,直到选择到自己支持
的播放格式为止。其使用方法如下所示:

```
<video width="640" height="360">
<!-- 在 Ogg theora 格式、Quicktime 格式与 MP4 格式之间选择自己支持的播放格式。 -->
<source src="demo/sample.ogv" type="video/ogg; codecs='theora, vorbis'"/>
<source src="demo/sample.mov" type="video/quicktime"/>
</video>
```

source 元素具有以下几个属性:

● src 属性用于指定播放媒体的 URL 地址;

● type 属性表示媒体类型,其属性值为播放文件的 MIME 类型,该属性中的 codecs
参数表示所使用的媒体的编码格式。

因为各浏览器对各种媒体类型及编码格式的支持情况都各不相同,所以使用 source 元
素来指定多种媒体类型是非常有必要的。

① IE9:支持 H.264 和 VP8 视频编码格式;支持 MP3 和 WAV 音频编码格式。

② Firefox 4 及以上、Opera 10 及以上:支持 Ogg Theora 和 VP8 视频编码格式;支持
Ogg vorbis 和 WAV 音频格式。

③ Chrome 6 及以上:支持 H.264、VP8 和 Ogg Theora 视频编码格式;支持 Ogg vorbis
和 MP3 音频编码格式。

10.2　多媒体元素基本属性

video 元素与 audio 元素所具有的属性大致相同,接下来看一下这两个元素都具有哪些
属性。

(1) src 属性和 autoplay 属性

src 属性用于指定媒体数据的 URL 地址。

autoplay 属性用于指定媒体是否在页面加载后自动播放,使用方法如下:

```
<video src="sample.mov" autoplay="autoplay"></video>
```

（2）perload 属性

该属性用于指定视频或音频数据是否预加载。如果使用预加载，则浏览器会预先将视频或音频数据进行缓冲，这样可以加快播放速度，因为播放时数据已经预先缓冲完毕。该属性有三个可选值，分别是 none、metadata 和 auto，其默认值为 auto。

● none 表示不进行预加载；

● metadata 表示只预加载媒体的元数据（媒体字节数、第一帧、播放列表、持续时间等）。

● auto 表示预加载全部视频或音频。

该属性的使用方法如下所示。

```
<video src="sample.mov" preload="auto"></video>
```

（3）poster（video 元素独有属性）和 loop 属性

当视频不可用时，可以使用该元素向用户展示一幅替代用的图像。当视频不可用时，最好使用 poster 属性，以免展示视频的区域中出现一片空白。该属性的使用方法如下所示：

```
<video src="sample.mov" poster="cannotuse.jpg"></video>
```

loop 属性用于指定是否循环播放视频或音频，其使用方法如下：

```
<video src="sample.mov" autoplay="autoplay" loop="loop"></video>
```

（4）controls 属性、width 属性和 height 属性（后两个是 video 元素独有属性）

controls 属性指定是否为视频或音频添加浏览器自带的播放用的控制条。控制条中具有播放、暂停等按钮。其使用方法如下：

```
<video src="sample.mov" controls="controls"></video>
```

图 10.1 所示为 Google Chrome5.0 浏览器自带的播放视频时用的控制条的外观。

图 10.1　Google Chrome5.0 浏览器自带的播放视频时用的控制条的外观

👑 说明：

开发者也可以在脚本中自定义控制条，而不使用浏览器默认的。

width 属性与 height 属性用于指定视频的宽度与高度（以像素为单位），使用方法如下：

```
<video src="sample.mov" width="500" height="500"></video>
```

（5）error 属性

在读取、使用媒体数据的过程中，在正常情况下，该属性为 null，但是任何时候只要出现错误，该属性将返回一个 MediaError 对象，该对象的 code 属性返回对应的错误状态码，其可能的值包括：

MEDIA_ERR_ABORTED（数值 1）：媒体数据的下载过程由于用户的操作原因而被终止。

MEDIA_ERR_NETWORK（数值 2）：确认媒体资源可用，但是在下载时出现网络错误，媒体数据的下载过程被终止。

MEDIA_ERR_DECODE（数值 3）：确认媒体资源可用，但是解码时发生错误。

MEDIA_ERR_SRC_NOT_SUPPORTED（数值 4）：媒体资源不可用，媒体格式不被支持。

error 属性为只读属性。读取错误状态的代码如下：

```html
<video id="videoElement" src="mingri.mov">
    <script>
        var video=document.getElementById("video Element");
        video.addEventListener("error",function(){
            {
                var error=video.error;
                switch (error.code)
                {
                    case 1:
                        alert(" 视频的下载过程被中止。");
                        break;
                    case 2:
                        alert(" 网络发生故障，视频的下载过程被中止。");
                        break;
                    case 3:
                        alert(" 解码失败。");
                        break;
                    case 4:
                        alert(" 不支持播放的视频格式。");
                        break;
                    default:
                        alert(" 发生未知错误。");
                }
            }
        },false);
    </script>
```

（6）networkState 属性

该属性在媒体数据加载过程中读取当前网络的状态，其值包括：

● NETWORK_EMPTY（数值 0）：元素处于初始状态。

● NETWORK_IDLE（数值 1）：浏览器已选择好用什么编码格式来播放媒体，但尚未建立网络连接。

● NETWORK_LOADING（数值 2）：媒体数据加载中。

● NETWORK_NO_SOURCE（数值 3）：没有支持的编码格式，不执行加载。

networkState 属性为只读属性，读取网络状态的实例代码如下：

```html
<script>
    var video = document.getElementById("video");
    video.addEventListener("progress", function(e)
    {
        var networkStateDisplay=document.getElementById("networkState");
        if(video.networkState==2)
        {
            networkStateDisplay.innerHTML=" 加载中 ...["+e.loaded+"/"+e.total+"byte]";
        }
        else if(video.networkState==3)
        {
            networkStateDisplay.innerHTML=" 加载失败 ";
        }
    },false);
</script>
```

（7）currentSrc 属性、buffered 属性

可以用 currentSrc 属性来读取播放中的媒体数据的 URL 地址，该属性为只读属性。

buffered 属性返回一个实现接口的 TimeRanges 对象，以确认浏览器是否已缓存媒体数据。TimeRanges 对象表示一段时间范围，在大多数情况下，该对象表示的时间范围是一个单一的以 "0" 开始的范围，但是如果浏览器发出 Range Rquest 请求，这时 TimeRanges 对象表示的时间范围是多个时间范围。

TimeRanges 对象具有一个 length 属性，表示有多少个时间范围。多数情况下存在时间范围时，该值为 "1"；不存在时间范围时，该值为 "0"。该对象有两个方法：start(index) 和 end(index)，多数情况下将 index 设置为 "0" 就可以了。当用 element.buffered 语句来实现 TimeRanges 接口时，start(0) 表示当前缓存区内从媒体数据的什么时间开始进行缓存，end(0) 表示当前缓存区内的结束时间。buffered 属性为只读属性。

（8）readyState 属性

readyState 属性为只读属性。该属性返回媒体当前播放位置的就绪状态，其值包括：

HAVE_NOTHING（数值 0）：没有获取媒体的任何信息，当前播放位置没有可播放数据。

HAVE_METADATA（数值 1）：已经获取了足够的媒体数据，但是当前播放位置没有有效的媒体数据（也就是说，获取的媒体数据无效，不能播放）。

HAVE_CURRENT_DATA（数值 2）：当前播放位置已经有数据可以播放，但没有获取可以让播放器前进的数据。当媒体为视频时，意思是当前帧的数据已获取，但还没有获取下一帧的数据，或者当前帧已经是播放的最后一帧。

HAVE_FUTURE_DATA（数值 3）：当前播放位置已经有数据可以播放，而且也获取了可以让播放器前进的数据。当媒体为视频时，意思是当前帧的数据已获取，而且也获取了下一帧的数据，当前帧是播放的最后一帧时，readyState 属性不可能为 HAVE_FUTURE_DATA。

HAVE_ENOUGH_DATA（数值 4）：当前播放位置已经有数据可以播放，同时也获取了可以让播放器前进的数据，而且浏览器确认媒体数据以某一种速度进行加载，可以保证有足够的后续数据进行播放。

（9）seeking 属性和 seekable 属性

seeking 属性返回一个布尔值，表示浏览器是否正在请求某一特定播放位置的数据，true 表示浏览器正在请求数据，false 表示浏览器已停止请求。

seekable 属性返回一个 TimeRanges 对象，该对象表示请求到的数据的时间范围。当媒体为视频时，开始时间为请求到视频数据范围第一帧的时间，结束时间为请求到视频数据范围最后一帧的时间。

这两个属性均为只读属性。

（10）currentTime 属性、startTime 属性和 duration 属性

currentTime 属性用于读取媒体的当前播放位置，也可以通过修改 currentTime 属性来修改当前播放位置。如果修改的位置上没有可用的媒体数据时，将抛出 INVALID_STATE_ERR 异常；如果修改的位置超出了浏览器在一次请求中可以请求的数据范围，将抛出 INDEX_SIZE_ERR 异常。

startTime 属性用来读取媒体播放的开始时间，通常为"0"。

duration 属性用来读取媒体文件总的播放时间。

（11）played 属性、paused 属性和 ended 属性

played 属性返回一个 TimeRanges 对象，从该对象中可以读取媒体文件的已播放部分的时间段。开始时间为已播放部分的开始时间，结束时间为已播放部分的结束时间。

paused 属性返回一个布尔值，表示是否暂停播放，true 表示媒体暂停播放，false 表示媒体正在播放。

ended 属性返回一个布尔值，表示是否播放完毕，true 表示媒体播放完毕，false 表示还没有播放完毕。

三者均为只读属性。

（12）defaultPlaybackRate 属性和 playbackRate 属性

defaultPlaybackRate 属性用来读取或修改媒体默认的播放速率。

playbackRate 属性用于读取或修改媒体当前的播放速率。

（13）volume 属性和 muted 属性

volume 属性用于读取或修改媒体的播放音量，范围为"0"到"1"，"0"为静音，"1"为最大音量。

muted 属性用于读取或修改媒体的静音状态，该值为布尔值，true 表示处于静音状态，false 表示处于非静音状态。

10.3 多媒体元素常用方法

10.3.1 媒体播放时的方法

多媒体元素常用的方法如下：

- 使用 play() 方法播放视频，并将 paused() 方法的值强行设为 false。
- 使用 pause() 方法暂停视频，并将 paused() 方法的值强行设为 ture。
- 使用 load() 方法重新载入视频，并将 playbackRate 属性的值强行设为 defaultPlaybackRate 属性的值，且强行将 error 属性的值设为 null。

 [实例 10.1]

（源码位置：资源包 \Code\10\01）

多功能的视频播放效果

为了展示视频播放时所应用的方法以及多媒体的基本属性，在控制视频的播放时，并没有应用浏览器自带的控制条来控制视频的播放，而是通过添加"播放""暂停"和"停止"按钮来控制视频的播放，并且制作美观的进度条来显示播放视频的进度。

本例实现的步骤如下所示。

① 在 HTML5 文件中添加视频，添加播放、暂停等功能按钮的 HTML 代码。具体代码如下：

```
<body>
<!-- 添加视频  start-->
```

```html
<div class="videoContainer">
  <!-- timeupdate 事件: 当前播放位置（currentTime 属性）改变   -->
  <video id="videoPlayer"  ontimeupdate="progressUpdate()" >
    <source src="ocean.mp4" type="video/mp4">
    <source src="ocean.webm" type="video/webm">
  </video>
</div>
<!-- 添加视频  end-->
<!-- 进度条和时间显示区域 start-->
<div class="barContainer">
  <div id="durationBar">
    <div id="positionBar"><span id="displayStatus">进度条 .</span></div>
  </div>
</div>
<!-- 进度条和时间显示区域   end-->
<!--6 个功能按钮  start-->
<div class="btn">
  <button onclick="play()"> 播放 </button>
  <button onclick="pause()"> 暂停 </button>
  <button onclick="stop()"> 停止 </button>
  <button onclick="speedUp()"> 加速播放 </button>
  <button onclick="slowDown()"> 减速播放 </button>
  <button onclick="normalSpeed()"> 正常速度 </button>
</div>
<!--6 个功能按钮    end-->
</body>
```

② 首先，为播放、暂停、停止功能按钮绑定 3 个 onclick 事件，通过多媒体播放时的方法即可实现。然后为加速播放、减速播放、正常速度功能按钮绑定 3 个 onclick 事件，在函数内部改变 playbackRate 属性值，即可实现不同速度的播放。最后，实现进度条内部动态显示播放时间。显示播放时间具体的实现方法是：首先，通过 currentTime 和 duration 属性，获取到当前播放位置和视频播放总时间，然后利用 Math.round 对获取的时间进行处理，保留两位小数，最后通过 innerHTML 方法将时间的值写入 <span> 标签即可。其具体实现的代码如下所示：

```html
<script>
    var video;
    var display;
    window.onload = function() {                            // 页面加载时执行的匿名函数
      video = document.getElementById("videoPlayer");      // 获取 videoPlayer 元素
      display = document.getElementById("displayStatus");  // 通过 id 获取 span 元素
    }
    function play() {                                       // 播放函数
      video.play();                                         // 多媒体播放时的方法
    }
    function pause() {
      video.pause();                                        // 多媒体播放时的方法
    }
    //currentTime 人为地改变当前播放位置，触发 timeUpdate 事件
    function stop() {                                       // 单击停止按钮，视频停止的函数
      video.pause();
      video.currentTime = 0;                                // 将当前播放位置 =0
    }
    function speedUp() {                                    // 视频加速播放函数
      video.play();
      video.playbackRate = 2;                              // 播放速率
    }
    function slowDown() {                                   // 视频减速播放函数
```

```
      video.play();
      video.playbackRate = 0.5;
    }
    function normalSpeed() {                                          // 视频以正常速度播放视频函数
      video.play();
      video.playbackRate = 1;
    }
                                                                     // 进程更新函数
    function progressUpdate() {
      var positionBar = document.getElementById("positionBar");      // 通过 id 获取进度条元素
                                                                     // 时间转换为进度条的宽度
      positionBar.style.width = (video.currentTime / video.duration * 100)  + "%";
         // 播放时间通过 innerHTML 方法添加到 span 标签内部（进度条），让他显示于页面
      displayStatus.innerHTML = (Math.round(video.currentTime*100)/100) + " 秒 ";
    }
  </script>
```

本例的运行结果如图 10.2 所示。

图 10.2　多媒体播放时的方法和属性的综合运用实例

10.3.2　canPlayType(type) 方法

canPlayType(type) 方法用来测试浏览器是否支持指定的媒介类型，该方法的定义如下所示：

```
var support=videoElement.canPlayType(type);
```

videoElement 表示页面上的 video 元素。该方法使用一个参数 type，该参数的指定方法与 source 元素的 type 参数的指定方法相同，都用播放文件的 MIME 类型来指定，可以在指定的字符串中加上表示媒体编码格式的 code 参数。

该方法返回 3 个可能值（均为浏览器判断的结果）：

● 空字符串：浏览器不支持此种媒体类型；

● maybe：浏览器可能支持此种媒体类型；

● probably：浏览器确定支持此种媒体类型。

10.4　多媒体元素重要事件

10.4.1　事件处理方式

在利用 video 元素或 audio 元素读取或播放媒体数据的时候，会触发一系列的事件，如果用 JavaScript 脚本来捕捉这些事件，就可以对这些事件进行处理了。对于这些事件的捕捉及其处理，可以按两种方式来进行。

一种是监听的方式：用 addEventListener(事件名称 , 处理函数 , 处理方式) 方法对事件的发生进行监听，该方法的定义如下：

```
videoElement.addEventListener(type,listener,useCapture);
```

videoElement 表示页面上的 video 元素。type 为事件名称，listener 表示绑定的函数，useCapture 是一个布尔值，表示该事件的响应顺序，该值如果为 true，则浏览器采用 Capture 响应方式，如果为 false，浏览器采用 bubbing 响应方式，一般采用 false，默认情况下也为 false。

另一种是直接赋值的方式：事件处理方式为 JavaScript 脚本中常见的获取事件句柄的方式，代码如下：

```
<video id="video1" src="mrsoft.mov" onplay="begin_playing()"></video>
function begin_playing()
{
……（省略代码）
};
```

10.4.2　事件介绍

浏览器在请求媒体数据、下载媒体数据、播放媒体数据一直到播放结束这一系列过程中，到底会触发哪些事件？接下来将具体介绍。

- loadstart 事件：浏览器开始请求媒体。
- progress 事件：浏览器正在获取媒体。
- suspend 事件：浏览器非主动获取媒体数据，但没有加载完整个媒体资源。
- abort 事件：浏览器在完全加载前中止获取媒体数据，但是并不是由错误引起的。
- error 事件：获取媒体数据出错。
- emptied 事件：媒体元素的网络状态突然变为未初始化。可能引起的原因有两个：载入媒体过程中突然发生一个致命错误；在浏览器正在选择支持的播放格式时，又调用了 load（）方法重新载入媒体。
- stalled 事件：浏览器获取媒体数据异常。
- play 事件：即将开始播放，当执行了 play（）方法时触发，或数据下载后元素被设为 autoplay（自动播放）属性。
- pause 事件：暂停播放，当执行了 pause（）方法时触发。
- loadedmetadata 事件：浏览器获取完媒体资源的时长和字节。
- loadeddata 事件：浏览器已加载当前播放位置的媒体数据。
- waiting 事件：播放由于下一帧无效（例如未加载）而停止（但浏览器确认下一帧会

马上有效）。

● playing 事件：已经开始播放。

● canplay 事件：浏览器能够开始播放媒体资源，但估计以当前速率播放不能直接将媒体资源播放完（播放期间需要缓冲）。

● canplaythrough 事件：浏览器估计以当前速率直接播放可以直接播放完整个媒体资源（期间不需要缓冲）。

● seeking 事件：浏览器正在请求数据（seeking 属性值为 true）。

● seeked 事件：浏览器停止请求数据（seeking 属性值为 false）。

● timeupdate 事件：当前播放位置（currentTime 属性）改变，可能是播放过程中的自然改变，也可能是人为地改变，或由于播放不能连续而发生的跳变。

● ended 事件：播放由于媒体结束而停止。

● ratechange 事件：默认播放速率（defaultPlaybackRate 属性）改变或播放速率（playbackRate 属性）改变。

● durationchange 事件：媒体时长（duration 属性）改变。

● volumechange 事件：音量（volume 属性）改变或静音（muted 属性）。

10.4.3 事件实例

浏览器在请求媒体数据、下载媒体数据、播放媒体数据一直到播放结束这一系列过程中，所触发的一些事件，我们通过一个实例来具体运用一下。

[实例 10.2]
（源码位置：资源包 \Code\10\02）

多媒体元素重要事件的运用示例

在本例中将在页面中显示要播放的多媒体文件，同时显示多媒体文件的总时间，当单击"播放"按钮时，将显示当前播放的时间。多媒体文件的总时间与当前时间将以（秒 / 秒）的形式显示。

本例实现的步骤如下所示。

① 通过 <video> 标签添加多媒体文件，代码如下所示。

```
<!-- 添加视频 -->
<video id="video">
        <source  src="ocean.mp4" type="video/mp4" />
        <source  src="ocean.webm" type="video/webm" />
    </video><br
```

② 在页面中添加 <button> 和 <span> 标签，分别用于放置"播放 / 暂停"按钮、媒体的总时间、当前播放时间。实现的 HTML 代码如下所示。

```
<!-- 播放按钮和播放时间 -->
<button id="playButton"  onclick="playOrPauseVideo()">播放 </button>
<span id="time"></span>
```

③ 给 video 元素添加事件监听，用 addEventListener 方法对 playEvent 事件进行监听（loadeddata 事件：浏览器已加载当前播放位置的媒体数据），在该函数中用"秒"来显示当前播放时间，同时触发 onclick 事件，调用 play() 方法。在这个事件中对播放的进度进行判

断，当播放完成时，将当前播放位置 currentTime 置 0，并且通过三元运算符执行播放或者是暂停。其实现的代码如下所示。

```
// 播放暂停
var play=document.getElementById("playButton");          // 获取按钮元素
play.onclick = function () {
    if (video.ended) {                                    // 如果媒体播放结束，播放时间从 0 开始
        video.currentTime = 0;
    }
    video[video.paused ? 'play' : 'pause']();             // 通过三元运算执行播放和暂停
};
video.addEventListener('play', playEvent, false);         // 使用事件播放
video.addEventListener('pause', pausedEvent, false);      // 播放暂停
video.addEventListener('ended', function () {             // 播放结束后停止播放
    this.pause();                                         // 显示暂停播放
}, false);
}
```

④ 显示播放时间：获取 video 的 currentTime 和 duration 属性值，currentTime 和 duration 属性值默认的单位是秒，当前播放时间是以"当前时间 / 总时间"的形式输出。具体的实现方法是：首先，通过 currentTime 和 duration 属性获取到当前播放位置和视频播放总时间；然后利用 Math. floor 对获取的时间进行取整；最后通过 innerHTML 方法将值写入 <span> 标签即可。其具体实现的代码如下所示。

```
// 显示时间进度
function playOrPauseVideo() {
    var video = document.getElementById("video");
    // 使用事件监听方式，捕捉 timeupdate 事件
    video.addEventListener("timeupdate", function () {
        var timeDisplay = document.getElementById("time");
        // 用秒数来显示当前播放进度
        timeDisplay.innerHTML = Math.floor(video.currentTime) + " / " + Math.floor(video.
    duration) + " (秒) ";
    }, false);
```

⑤ 使用 video 元素的 addEventListener 方法对 play、pause、ended 等事件进行监听，同时绑定 playEvent、pausedEvent 函数，在这两个函数中，实现了按钮交替地显示文字"播放"和"暂停"。代码如下所示。

```
// 绑定 onclick 事件：播放暂停
var play=document.getElementById("playButton");          // 获取按钮元素
play.onclick = function () {
    if (video.ended) {                                    //ended 为 video 的属性
        video.currentTime = 0;                            // 如果媒体播放结束，播放时间从 0 开始
    }
    video[video.paused ? 'play' : 'pause']();             // 通过三元运算执行播放和暂停
};
    // 按钮交替地显示 " 播放 " 和 " 暂停 "
video.addEventListener('play', playEvent, false);         // 使用事件播放
        video.addEventListener('pause', pausedEvent, false);// 播放暂停
        video.addEventListener('ended', function () {        // 播放结束后停止播放
            this.pause();                                    // 显示暂停播放
        }, false);
function playEvent() {
    video.play();
    play.innerHTML = ' 暂停 ';
}
function pausedEvent() {
```

```
  video.pause();
  play.innerHTML = ' 播放 ';
}
 }
```

本例的运行结果如图 10.3 所示。

暂停 9 / 23 (秒)

图 10.3　addEventListener 添加多媒体事件实例

本章知识思维导图

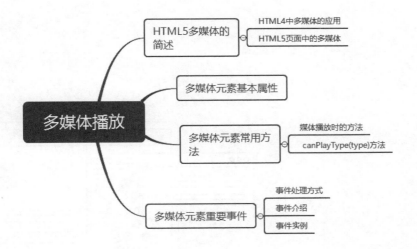

第 11 章

HTML5 新特性

扫码领取
- ▶ 配套视频
- ▶ 配套素材
- ▶ 学习指导
- ▶ 交流社群

 本章学习目标

- 了解 HTML5 的新特性。
- 熟悉 HTML5 与 HTML4 的区别。
- 掌握 HTML5 中新增的和废除的属性与元素。

11.1　谁在开发 HTML5

开发 HTML5 需要成立相应的组织，并且肯定需要有人来负责。这正是下面这三个重要组织的工作。

WHATWG：由来自 Apple、Mozilla、Google、Opera 等浏览器厂商的人组成，成立于 2004 年。WHATWG 开发 HTML 和 Web 应用 API，同时为各浏览器厂商以及其他有意向的组织提供开放式合作。

W3C：W3C 下辖的 HTML 工作组负责发布 HTML5 规范。如图 11.1 所示。

IETF（Internet Engineering Task Force，因特网工程任务组）：这个任务组下辖 HTTP 等负责 Internet 协议的团队。HTML5 定义的一种新 API（WebSocket API）依赖于新的 WebSocket 协议，IETF 工作组正在开发这个协议。

图 11.1　W3C 的正式 HTML5 徽标

11.2　HTML5 和 HTML4 的区别

11.2.1　HTML5 的语法变化

HTML5 中，语法发生了很大的变化。主要有以下原因。

（1）现有浏览器与规范背离

HTML 的语法是按 SGML(Standard Generalized Markup Language) 来规定语法的。但是由于 SGML 的语法非常复杂，文档结构解析程序的开发也不太容易，多数 Web 浏览器不作为 SGML 解析器运行，因此，HTML 规范中虽然要求"应遵循 SGML 的语法"，但实际情况却是遵循规范的实现（Web 浏览器）几乎不存在。

（2）规范向实现靠拢

HTML5 中提高 Web 浏览器间的兼容性是重大的目标之一。要确保兼容性，必须消除规范与实现的背离。因此 HTML5 重新定义了新的 HTML 语法，使规范向实现靠拢。

由于文档结构解析的算法有着详细的记载，使得 Web 浏览器厂商可以专注于遵循规范去进行实现工作。在新版本的 Firefox 和 WebKit(Nightly Builder 版) 中，已经内置了遵循 HTML5 规范的解析器。IE(Internet Explorer) 和 Opera 为了提供兼容性更好的实现也紧锣密鼓地努力着。

11.2.2　HTML5 中的标记方法

首先，让我们来看一下在 HTML5 中的标记方法。

（1）内容类型（Content-Type）

HTML5 文件的扩展名和内容类型（Content-Type）没有发生变化，即扩展名还是

".html" 或 ".htm"，内容类型还是 ".text/html"。

（2）DOCTYPE 声明

要使用 HTML5 标记，必须先进行如下的 DOCTYPE 声明，不区分大小写。Web 浏览器通过判断文件开头有没有这个声明，让解析器和渲染类型切换成对应 HTML5 的模式。代码如下：

```
<!DOCTYPE html>
```

另外，当使用工具时，也可以在 DOCTYPE 声明方式中加入 SYSTEM 标识（不区分大小写，此外还可将双引号换为单引号来使用），声明方法如下面的代码：

```
<!DOCTYPE HTML SYSTEM "about:legacy-compat">
```

（3）字符编码的设置

字符编码的设置方法也有些新的变化。以前，设置 HTML 文件的字符编码时，要用到 meta 元素，如下所示：

```
<meta http-equiv="Content-Type" content="text/html;charset=UTF-8">
```

在 HTML5 中，可以使用 meta 元素的新属性 charset 来设置字符编码。

```
<meta charset="UTF-8">
```

以上两种方法都有效，因此也可以继续使用前者的方法（通过 content 元素的属性来设置）。但要注意不能同时使用，如下所示：

```
<!-- 不能混合使用 charset 属性和 http-equiv 属性 -->
<meta charset="UTF-8" http-equiv="Content-Type" content="text/html;charset=UTF-8">
```

👑 注意：
从 HTML5 开始，文件的字符编码推荐使用 UTF-8。

11.2.3 HTML5 语法中需要掌握的 3 个要点

HTML5 中规定的语法，在设计上兼顾了与现有 HTML 之间最大程度的兼容性。例如，在 Web 上充斥着 "<p> 没有结束标签" 等 HTML 现象。HTML5 不将这些视为错误，反而采取了 "允许这些现象存在，并明确记录在规范中" 的方法。因此，尽管与 XHTML 相比标签比较简洁，但在遵循 HTML5 的 Web 浏览器中也能保证生成相同的 DOM。那么下面就来看看具体的 HTML5 语法。

（1）可以省略标签的元素

在 HTML5 中，有些元素可以省略标签，主要有以下两种情况：

① 可以省略结束标记的元素。主要有 li、dt、dd、p、rt、rp、optgroup、option、col、hroup、thead、tbody、tfoot、tr、td 和 th 元素。

② 可以省略整个标签的元素（即连开始标签都不用写明）。主要有 html、head、body、tbody。需要注意的是，虽然这些元素可以省略，但实际上却是隐式存在的。例如 <body> 标签可以省略，但在 DOM 树上，它是存在的，可以访问到 "document.body"。

（2）不允许写结束标签的元素

不允许写结束标签的元素是指不允许使用开始标签与结束标签将元素括起来的形式，允许使用 < 元素 > 或 < 元素 /> 的形式进行书写。例如："
...</br>"的写法是错误的，应该写成
 或
。不允许写结束标签的元素有 area、base、br、col、command、embed、hr、img、input、keygen、link、meta、param、source、track、wbr。

（3）允许省略属性值的属性

取得布尔值（Boolean）的属性，例如 disabled、readonly 等，通过省略属性的值来表达"值为 true"。如果表达"值为 false"，则直接省略属性本身即可。此外，在写明属性值表达来表达"值为 true"时，可以将属性值设为属性名称本身，也可以将值设为空字符串。例如：

```
<!-- 以下的 checked 的属性值皆为 true-->
<input type="checkbox" checked>
<input type="checkbox" checked="checked">
<input type="checkbox" checked="">
```

表 11.1 列出了 HTML5 中允许省略属性值的属性。

表 11.1　HTML5 中允许省略属性值的属性

HTML5 属性	XHTML 语法
checked	checked="checked"
readonly	readonly="readonly"
disabled	disabled="disabled"
selected	selected="selected"
defer	defer="defer"
ismap	ismap="ismap"
nohref	nohref="nohref"
noshade	noshade="noshade"
nowrap	nowrap="nowrap"
multiple	multiple="multiple"
noresize	noresize="noresize"

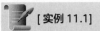 [实例 11.1]　　　　　　　　　　　　　　　　　　　　（源码位置：资源包 \Code\11\01）

巧用 <area> 标签制作区域图像映射

在 HTML5 中，area 元素是不允许写结束标签的元素，在这个实例中，运用 <area> 标签制作区域图像映射，当单击 <area> 标签所指定的区域（coords）的时候，页面就会跳转，跳转的链接就是 href 所指定的 URL。

本示例主要运用 coords 和 href 两个属性来实现。具体代码如下：

```
<!DOCTYPE html>
<html>
<head>
 <meta charset="utf-8">
```

```
    <title>area 标签 </title>
</head>
<body>
<p> 点击太阳或其他行星，注意变化: </p>
<img src="images/planets.gif" width="145" height="129" alt="Planets" usemap="#planetmap">
<map name="planetmap">
 <!--  href 规定区域的目标 URL-->
 <!--  shape 规定区域的形状 -->
 <!--  coords 规定区域的坐标 -->
 <area shape="rect" coords="0,10,82,400" alt="Sun" href="images/sun.gif">
 <area shape="circle" coords="150,90,20" alt="Venus" href="images/venglobe.gif">
 <area shape="circle" coords="110,93,8" alt="Mercury" href="#">
</map>
</body>
</html>
```

运行结果如图 11.2 所示。

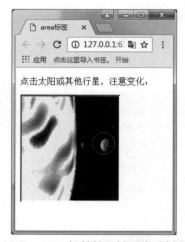

图 11.2　area 标签的区域图像映射实例

11.3　新增和废除的元素

11.3.1　新增的结构元素

在 HTML5 中，新增了以下与结构相关的元素。

（1）section 元素

section 元素定义文档或应用程序中的一个区块，比如章节、页眉、页脚或文档中的其他部分。它可以与 h1、h2、h3、h4、h5、h6 元素结合起来使用，表示文档的结构。

代码示例：

```
<section>...</section>
```

👑 说明：

在 HTML4 中，可以使用"<div>...</div>"来表示文档的结构。

（2）article 元素

article 元素表示文档中的一块独立的内容，譬如博客中的一篇文章或报纸中的一篇文章。

代码示例：

```
<article>...</article>
```

👑 说明：

在 HTML4 中，可以使用 "<div class="rticle">...</div>" 表示文档中的一块独立的内容。

（3）header 元素

header 元素表示页面中一个内容区块或整个页面的标题。

代码示例：

```
<header>…</header>
```

👑 说明：

在 HTML4 中，可以使用 "<div>...</div>" 来实现该功能。

（4）nav 元素

nav 元素表示导航链接的部分。

代码示例：

```
<nav>...</nav>
```

👑 说明：

在 HTML4 中，可以使用 "<ul>...</ul>" 来实现该功能。

（5）footer 元素

footer 元素表示整个页面或页面中一个内容区块的脚注。一般来说，它会包含创作者的姓名、文档的创作日期以及创建者的联系信息。

代码示例：

```
<footer>...</footer>
```

👑 说明：

在 HTML4 中，可以使用 "<div class="rticle">...</div>" 来实现该功能。

 [实例 11.2]

（源码位置：资源包 \Code\11\02）

运用结构元素制作导航链接

```
<body>
<h1> 明日学院 </h1>
<!-- 第一个 nav 元素用于页面的导航，将页面跳转到其他页面中去 -->
<nav>
    <ul>
        <li><a href="http://www.mingrosoft.com"> 主页 </a></li>
```

第 2 篇　CSS3 与 HTML5 应用篇

```
                <li><a href="http://www.mingrisoft.com/login.html">登录 www.</a></li>
                ...more...
            </ul>
    </nav>
    <article>
        <header>
            <h1>编程词典功能介绍</h1>
            <!--    第二个 nav 元素用作页内导航 -->
            <nav>
                <ul>
                    <li><a href="#gl">管理功能</a></li>
                    <li><a href="#kf">开发功能</a></li>
                    <br/><br/><br/><br/><br/><br/><br/><br/><br/><br/><br/><br/><br/><br/><br/><br/><br
/><br/><br/><br/><br/><br/><br/><br/><br/><br/><br/><br/><br/><br/><br/><br/><br/><b
r/><br/><br/><br/><br/><br/><br/>
                    ...more...
                </ul>
            </nav>
        </header>
        <section id="gl">
            <h1>编程词典的入门模式</h1>
            <p>编程词典的入门模式介绍</p>
        </section>
        <section id="kf">
            <h1>编程词典的开发模式</h1>
            <p>编程词典的开发模式介绍</p>
        </section>
        ...more...
        <footer>
            <p>
                <a href="?edit">编辑</a> |
                <a href="?delete">删除</a> |
                <a href="?rename">重命名</a>
            </p>
        </footer>
    </article>
    <footer>
        <p><small>版权所有：明日科技</small></p>
    </footer>
</body>
```

运行实例，结果如图 11.3 所示，图中的蓝色文字均为超链接，第一部分为外链接，第二部分为页面内链接，当鼠标单击"管理功能"时，页面跳转到对应的部分，如图 11.4 所示。

图 11.3　nav 元素的页面导航应用图

图 11.4　nav 元素用为文章中组成部分的页内导航

👑 注意：

这里需要提醒大家注意的是，在 HTML5 中不要用 menu 元素代替 nav 元素。因为 menu 元素是用在一系列发出命令的菜单上的，是一种交互性的元素，或者更确切地说是使用在 Web 应用程序中的元素。

11.3.2　新增的块级（block）的语义元素

在 HTML5 中，新增了以下块级的语义元素。

（1）aside 元素

aside 元素表示 article 元素的内容之外的与 article 元素的内容相关的内容。
代码示例：

```
<aside>...</aside>
```

例如，运用 aside 元素制作诗词的注释。HTML 文件中的关键代码如下：

```
<body background="images/3.png">
<center>
    <!-- 使用 figure 标签标记文档中一个图像 -->
    <figure><img src="images/4.png"></figure>
    <header>
        <h1> 宋词赏析 </h1>
    </header>
    <article>
        <h1><strong> 水调歌头 </strong></h1>
        <p>... 但愿人长久，千里共婵娟（文章正文）</p>
        <aside>
            <!-- 因为这个 aside 元素被放置在一个 article 元素内部，
                所以分析器将这个 aside 元素的内容理解成是和 article 元素的内容相关联的。 -->
            <br/>
            <h1> 名词解释 </h1>
            <dl>
                <dt> 宋词 </dt>
                <dd> 词，是我国古代诗歌的一种。它始于梁代，形成于唐代而极盛于宋代。（全部文章）</dd>
            </dl>
            <dl>
                <dt> 婵娟 </dt>
                <dd> 美丽的月光 </dd>
            </dl>
        </aside>
    </article>
</center>
</body>
```

运行效果如图 11.5 所示。

图 11.5　aside 元素制作诗词注释

（2）figure 元素

figure 元素表示一段独立的流内容，一般表示文档主体流内容中的一个独立单元。使用 <figcaption> 标签为 figure 元素添加标题。

代码示例：

```
<figure>
    <figcaption>PRC</figcaption>
    <p>The People's Republic of China was born in 1949...</p>
</figure>
```

👑 说明：

在 HTML4 中，可以使用下面的代码实现为元素添加标题：

```
<dl>
    <h1>PRC</h1>
    <p>The People's Republic of China was born in 1949...</p>
</dl>
```

（3）dialog 元素

dialog 元素定义对话，比如交谈。

👑 注意：

对话中的每个句子都必须属于 <dt> 标签所定义的部分。

代码示例：

```
<dialog>
    <dt> 老师 </dt>
    <dd>2+2 等于？ </dd>
    <dt> 学生 </dt>
    <dd>4</dd>
    <dt> 老师 </dt>
    <dd> 答对了！ </dd>
</dialog>
```

11.3.3 新增的行内（inline）的语义元素

在 HTML5 中，新增了以下行内的语义元素。

（1）mark 元素

mark 元素主要用来在视觉上向用户呈现那些需要突出显示或高亮显示的文字。mark 元素的一个比较典型的应用就是在搜索结果中向用户高亮显示搜索的关键词。

代码示例：

```
<mark>...</mark>
```

👑 说明：

在 HTML4 中使用 <span>...<span> 高亮显示文字。

（2）time 元素

time 元素表示日期或时间，也可以同时表示两者。

代码示例：

```
<time>...</time>
```

👑 说明：

在 HTML4 中使用 <span>...<span> 表示时间和日期。

（3）progress 元素

progress 元素表示运行中的进程。可以使用 progress 元素来显示 JavaScript 中耗费时间函数的进程。

代码示例：

```
<progress>...</progress>
```

（4）meter 元素

meter 元素用于度量，仅用于已知最大值和最小值的度量。必须定义度量的范围，既可以在元素的文本中，也可以在 min/max 属性中定义。

代码示例：

```
<meter>...</meter>
```

 [实例 11.3] （源码位置：资源包 \Code\11\03）

运用 meter 元素制作柱状图

在本实例中通过设置 meter 元素的 min 属性和 max 属性、low 属性和 height 属性，可以得到颜色不同的柱状图。HTML5 文件的详细代码如下：

```
<h3>2016 年上半年某公司销售额 </h3>
<!--low 被界定为低值的范围   -->
<!--high 被界定为高值的范围 -->
<!--min 最小值 -->
<!--max 最大值 -->
<p> 编程类图书: <meter min="0" max="100" low="30" high="85" height="80" value="85"></meter>85 万
元 </p>
<p> 设计类图书: <meter min="0" max="100" low="30" high="85" height="80" value="75"></meter>75 万
元 </p>
<p> 数据库类图书: <meter min="0" max="100" low="30" high="85" height="80" value="45"></meter>45
万元 </p>
<p> 幼儿教育: <meter min="0" max="100" low="30" high="85" height="80" value="25"></meter>25 万元
</p>
<p>IE 浏览器不支持 meter 标签 </p>
```

运行结果如图 11.6 所示。

11.3.4 新增的嵌入多媒体元素与交互性元素

新增的 video 和 audio 元素，顾名思义，分别是用来插入视频和声音的。值得注意的是，可以在开始标签和结束标签之间放置文本内容，这样老的浏览器就可以显示出不支持该标签的信

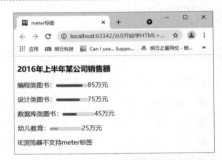

图 11.6　meter 元素制作柱状图

息。例如：

```
<video src="somevideo.wmv">您的浏览器不支持 video 标签。</video>
```

HTML5 同时也叫 Web Applications 1.0，进一步发展了交互能力。以下新增的元素就是为了提高页面的交互体验。

（1）details 元素

details 元素表示用户要求得到并且可以得到的细节信息。它可以与 summary 元素配合使用。summary 元素提供标题或图例。标题是可见的，用户点击标题时，会显示出 details 元素。summary 元素应该是 details 元素的第一个子元素。

代码示例：

```
<details><summary>HTML 5</summary>
This document teaches you everything you have to learn about HTML5.
</details>
```

（2）datagrid 元素

datagrid 元素表示可选数据的列表。datagrid 作为树列表来显示。

代码示例：

```
<datagrid>...</datagrid>
```

（3）menu 元素

menu 元素表示菜单列表。当希望列出表单控件时使用该标签。

代码示例：

```
<menu>
<li><input type="checkbox" />Red</li>
<li><input type="checkbox" />blue</li>
</menu>
```

👑 注意：

HTML4 中，不推荐使用 menu 元素。

（4）command 元素

command 元素表示命令按钮，比如单选框、复选框或按钮。

代码示例：

```
<command onclick=cut()" label="cut">
```

11.3.5　新增的 input 元素的类型

HTML5 中，input 元素新增了以下类型：

- email 类型，用于应该包含 E-mail 地址的输入域。
- url 类型，用于应该包含 URL 地址的输入域。
- number 类型，用于应该包含数值的输入域。
- range 类型，用于应该包含一定范围数字值的输入域。

- Date Pickers（日期选择器）。
- search 类型，用于搜索域，比如站点搜索或 Google 搜索，显示为常规的文本域。

HTML5 拥有多个可供选取日期和时间的新输入类型：

- date，选取日、月、年。
- month，选取月、年。
- week，选取周和年。
- time，选取时间（小时和分钟）。
- datetime，选取时间、日、月、年（UTC 时间）。
- datetime-local，选取时间、日、月、年（本地时间）。

11.3.6　废除的元素

由于各种原因，在 HTML5 中废除了很多元素，下面简单介绍一下。

（1）能使用 CSS 代替的元素

对于 basefont、big、center、font、s、strike、tt、u 这些元素，由于它们的功能都是纯粹为画面展示服务的，而在 HTML5 中提倡把画面展示性功能放在 CSS 样式表中统一编辑，所以将这些元素废除，并使用编辑 CSS 样式表的方式进行替代。

（2）不再使用 frame 框架

对于 frameset 元素、frame 元素与 noframes 元素，由于 frame 框架对页面可见性存在负面影响，在 HTML5 中已不再支持 frame 框架，只支持 iframe 框架，或者用服务器方创建的由多个页面组成的复合页面的形式，所以将这三个元素废除。

（3）只有部分浏览器支持的元素

对于 applet、bgsound、blink、marquee 等元素，由于只有部分浏览器支持这些元素，所以在 HTML5 中将其废除。其中 applet 元素可由 embed 元素替代，bgsound 元素可由 audio 元素替代，marquee 元素可以由 JavaScript 编程的方式替代。

11.4　新增的属性和废除的属性

11.4.1　新增的属性

在 HTML5 中，新增了一些属性，也废除了一些属性，下面将详细介绍。

（1）表单相关的属性

新增的与表单相关的属性如下。

- autocomplete 属性

autocomplete 属性规定域 form 域或 input 域应该拥有自动完成功能。该属性适用于 <form> 标签以及以下类型的 <input> 标签：text, search, url, telephone, email, password, Date Pickers, range, color。

- autofocus 属性

autofocus 属性规定在页面加载时，域自动获得焦点。该属性适用于所有 <input> 标签的类型。

● form 属性

form 属性规定输入域所属的一个或多个表单。该属性适用于所有 <input> 标签的类型。

● 表单重写属性

表单重写属性（form override attributes）允许重写 form 元素的某些属性设定。表单重写属性有：

➢ formaction：重写表单的 action 属性。

➢ formenctype：重写表单的 enctype 属性。

➢ formmethod：重写表单的 method 属性。

➢ formnovalidate：重写表单的 novalidate 属性。

➢ formtarget：重写表单的 target 属性。

表单重写属性适用于以下类型的 <input> 标签：submit 和 image。

● height 属性和 width 属性

height 属性和 width 属性规定用于 image 类型的 <input> 标签的图像的高度和宽度。这两个属性只适用于 image 类型的 <input> 标签。

● list 属性

list 属性规定输入域的 datalist。datalist 是输入域的选项列表。该属性适用于以下类型的 <input> 标签：text, search, url, telephone, email, Date Pickers, number, range，color。

● min 属性、max 属性和 step 属性

min 属性、max 属性和 step 属性用于为包含数字或日期的 input 类型规定限定（约束）。max 属性规定输入域所允许的最大值；min 属性规定输入域所允许的最小值；step 属性为输入域规定合法的数字间隔（如果 step="3"，则合法的数是 -3,0,3,9 等）。min 属性、max 属性和 step 属性适用于以下类型的 <input> 标签：Date Pickers、number，range。

● multiple 属性

multiple 属性规定输入域中可选择多个值。该属性适用于以下类型的 <input> 标签：email 和 file。

● novalidate 属性

novalidate 属性规定在提交表单时不应该验证 form 域或 input 域。该属性适用于 <form> 标签以及以下类型的 <input> 标签：text, search, url, telephone, email, password, Date Pickers, range，color。

● pattern 属性

pattern 属性规定用于验证 input 域的模式（pattern）。模式（pattern）是正则表达式，读者可以在我们的 JavaScript 教程中学习到有关正则表达式的内容。该属性适用于以下类型的 <input> 标签：text, search, url, telephone, email，password。

● placeholder 属性

placeholder 属性提供一种提示（hint），描述输入域所期待的值。该属性适用于以下类型的 <input> 标签：text, search, url, telephone, email，password。

● required 属性

required 属性规定必须在提交之前填写输入域（不能为空）。该属性适用于以下类型的 <input> 标签：text, search, url, telephone, email, password, Date Pickers, number, checkbox, radio，file。

（2）链接相关的属性

新增的与链接相关的属性如下。

● media 属性

为 a 与 area 元素增加了 media 属性。该属性规定目标 URL 是为什么类型的媒体 / 设备进行优化的，只能在 href 属性存在时使用。

● hreflang 属性和 rel 属性

为 area 元素增加了 hreflang 属性与 rel 属性，以保持与 a 元素、link 元素的一致性。

● sizes 属性

为 link 元素增加了新属性 sizes。该属性可以与 icon 元素结合使用（通过 rel 属性），用于指定关联图标（icon 元素）的大小。

● target 属性

为 base 元素增加了 target 属性，主要目的是保持与 a 元素的一致性。target 元素由于在 Web 应用程序中，尤其是在与 iframe 结合使用时非常有用，所以不再是不赞成使用的元素了。

（3）其他属性

除了上面介绍的与表单和链接相关的属性外，HTML5 还增加了下面的属性。

● reversed 属性

为 ol 元素增加属性 reversed，它指定列表倒序显示。li 元素的 value 属性与 ol 元素的 start 属性因为其不是被显示在界面中的，所以它们不再是不赞成使用的了。

● charset 属性

为 meta 元素增加 charset 属性。这个属性已经被广泛支持了，而且为文档的字符编码的指定提供了一种比较良好的方式。

● type 属性和 label 属性

为 menu 元素增加了两个新的属性 type 与 label。label 属性为菜单定义了一个可见的标注，type 属性让菜单可以以上下文菜单、工具条、列表菜单三种形式出现。

● scoped 属性

为 style 元素增加属性 scoped，用来规定样式的作用范围，譬如只对页面上某个树起作用。

● async 属性

为 script 元素增加 async 属性，它定义脚本是否异步执行。

● manifest 属性

为 html 元素增加属性 manifest，开发离线 Web 应用程序时它与 API 结合使用定义一个 URL，在这个 URL 上描述文档的缓存信息。

● sandbox 属性、seamless 属性和 srcdoc 属性

为 iframe 元素增加三个属性 sandbox,seamless 和 srcdoc,用来提高页面安全性，防止不信任的 Web 页面执行某些操作。

11.4.2　废除的属性

HTML4 中的一些属性在 HTML5 中不再被使用，而是采用其他属性或其他方案进行替换，具体如表 11.2 所示。

表 11.2　在 HTML5 中被废除了的属性

在 HTML4 中使用的属性	使用该属性的元素	在 HTML5 中的替代方案
rev	link、a	rel
charset	link、a	在被链接的资源中使用HTTP Content-type头元素
shape、coords	a	使用area元素代替a元素
longdesc	img、iframe	使用a元素链接到较长描述
target	link	多余属性，被省略
nohref	area	多余属性，被省略
profile	head	多余属性，被省略
version	html	多余属性，被省略
name	img	id
scheme	meta	只为某个表单域使用scheme
archive、classid、codebase、codetype、declare、standby	object	使用data与type属性类调用插件。需要使用这些属性来设置参数时，使用param属性
valuetype、type	param	使用name与value属性，不声明值的mime类型
axis、abbr	td、th	使用以明确简洁的文字开头、后跟详述文字的形式。可以对更详细内容使用title属性，来使单元格的内容变得简短
scope	td	在被链接的资源中使用HTTP content-type头元素
align	caption、input、legend、div、h1、h2、h3、h4、h5、h6、p	使用CSS样式表替代
alink、link、text、vlink、background、bgcolor	body	使用CSS样式表替代
align、bgcolor、border、cellpadding、cellspacing、frame、rules、width	table	使用CSS样式表替代
align、char、charoff、height、nowrap、valign	tbody、thead、tfoot	使用CSS样式表替代
align、bgcolor、char、charoff、height、nowrap、valign、width	td、th	使用CSS样式表替代
align、bgcolor、char、charoff、valign	tr	使用CSS样式表替代
align、char、charoff、valign、width	col、colgroup	使用CSS样式表替代
align、border、hspace、vspace	object	使用CSS样式表替代
clear	br	使用CSS样式表替代
compact、type	ol、ul、li	使用CSS样式表替代
compact	dl	使用CSS样式表替代
compact	menu	使用CSS样式表替代

续表

在 HTML4 中使用的属性	使用该属性的元素	在 HTML5 中的替代方案
width	pre	使用CSS样式表替代
align、hspace、vspace	img	使用CSS样式表替代
align、noshade、size、width	hr	使用CSS样式表替代
align、frameborder、scrolling、marginwidth	iframe	使用CSS样式表替代
autosubmit	menu	—

 # 本章知识思维导图

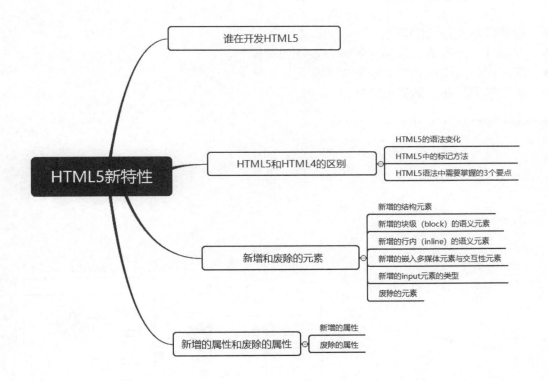

第 12 章
响应式网页设计

扫码领取
➤ 配套视频
➤ 配套素材
➤ 学习指导
➤ 交流社群

本章学习目标

- 理解响应式设计的概念。
- 理解什么是像素、屏幕分辨率以及视口等概念。
- 掌握媒体查询在响应式布局中的使用。
- 熟记常见的布局的实现方式。

12.1 概述

响应式网页设计是目前流行的一种网页设计形式，主要特色是页面布局能根据不同设备（平板电脑、台式电脑或智能手机）让内容适应性地展示，从而让用户在不同设备中都能够友好地浏览网页内容。

12.1.1 响应式网页设计的概念

响应式网页设计实现了在智能手机和平板电脑等多种智能移动终端浏览效果的流畅，防止页面变形，能够使页面自动切换分辨率、图像尺寸及相关脚本功能等，以适应不同设备，并可在不同浏览终端进行网站数据的同步更新，可以为不同终端的用户提供更加舒适的界面和更好的用户体验。例如，图 12.1 左图为某网站 PC 端的主页界面，右图为移动端的主页界面。

图 12.1　51 购商城主页界面（PC 端和移动端）

12.1.2 响应式网页设计的优缺点和技术原理

（1）响应式网页设计的优缺点

响应式网页设计是最近几年流行的前端技术。它在提升用户使用体验的同时，也有自身的不足。下面简单介绍一下。

① 优点

● 对用户友好。响应式网页设计可以向用户提供友好的网页界面，可以适应几乎所有设备的屏幕。

● 后台数据库统一。即在电脑 PC 端编辑了网站内容后，手机和平板电脑等智能移动浏览终端能够同步显示修改之后的内容，网站数据的管理能够更加及时和便捷。

● 方便维护。如果开发一个独立的移动端网站和 PC 端网站，无疑会增加更多的网站维护工作。但如果只设计一个响应式网站，维护的成本将会很小。

② 缺点

● 增加加载时间。在响应式网页设计中，增加了很多检测设备特性的代码，比如设备的宽度、分辨率和设备类型等内容，同样也增加了页面读取代码的加载时间。

● 开发时间长。比起开发一个仅适配 PC 端的网站，开发响应式网站的确是一项耗时的工作，因为考虑设计的因素会更多，比如各个设备中网页布局的设计，图像在不同终端中大小的处理等。

（2）响应式网页设计的技术原理

① <meta> 标签。位于文档的头部，不包含任何内容。<meta> 标签是对网站发展非常重要的标签，它可以用于鉴别作者、设定页面格式、标注内容提要和关键字，以及刷新页面等；它回应给浏览器一些有用的信息，以帮助其正确和精确地显示网页内容。

② 使用媒体查询（也称媒介查询）适配对应样式。通过不同的媒体类型和条件定义样式表规则，获取的值可以设置设备的手持方向（水平还是垂直）、设备的分辨率等。

③ 使用第三方框架。比如使用 Bootstrap 框架，更快捷地实现网页的响应式设计。

👑 说明：

> Bootstrap 框架是基于 HTML5 和 CSS3 开发的响应式前端框架，包含了丰富的网页组件，如按钮组件、下拉菜单组件和导航组件等。

12.2 像素和屏幕分辨率

响应式网页设计的关键是适配不同类型的终端显示设备。在讲解响应式网页设计技术之前，应先了解物理设备中关于屏幕适配的常用术语，比如像素、屏幕分辨率、设备像素（device-width）和 CSS 像素（width）等，有助于理解响应式网页设计的实现过程。

12.2.1 像素和屏幕分辨率

像素，全称为图像元素，表示数字图像中的一个最小单位。像素是尺寸单位，而不是画质单位。对一张数字图像放大数倍，会发现图像都是由许多色彩相近的小方点所组成的。51 购商城的 Logo 图像放大后，效果如图 12.2 所示。

图 12.2 51 购商城 Logo 的放大界面

屏幕分辨率，就是屏幕上显示的像素个数，以水平分辨率和垂直分辨率来衡量大小。屏幕分辨率低时（例如 640×480），在屏幕上显示的像素少，但尺寸比较大。屏幕分辨率高时（例如 1600×1200），在屏幕上显示的像素多，但尺寸比较小。分辨率 1600×1200 的意思是水平方向含有像素数为 1600 个，垂直方向像素数为 1200 个。屏幕尺寸一样的情况下，分辨率越高，显示效果就越精细和细腻。手机屏幕分辨率的效果如图 12.3 所示。

图 12.3　手机屏幕分辨率示意图

12.2.2　设备像素和 CSS 像素

（1）设备像素

设备像素是物理概念，指的是设备中使用的物理像素。比如 iPhone 5 的屏幕分辨率为 640×1136px。衡量一个物理设备的屏幕分辨率高低使用 ppi，即像素密度，表示每英寸所拥有的像素数目。ppi 的数值越高，代表屏幕能以更高的密度显示图像。1 英寸（in）等于 2.54 厘米（cm），iPad 的宽度为 9.7 英寸，则可以大致想象 1 英寸的大小了。表 12.1 列出了常见机型的设备参数信息。

表 12.1　常见机型的设备参数

设备	屏幕大小 /in	屏幕分辨率 /px	像素密度 /ppi
MacBook	13.3	1280×800	113
华硕 R405	14	1366×768	113
iPad	9.7	1024×768	132
iPhone 4S	3.5	960×640	326
小米手机 2	4.3	1280×720	342
魅族 MX	4.7	1280×800	347

（2）CSS 像素

CSS 像素是网页编程的概念，指的是 CSS 样式代码中使用的逻辑像素。在 CSS 规范中，长度单位可以分为两类，绝对 (absolute) 单位以及相对 (relative) 单位，px 是一个相对单位，相对的是设备像素 (device pixel)。

设备像素和 CSS 像素的换算是通过设备像素比来完成的。设备像素比即缩放比例，获

第 2 篇　CSS3 与 HTML5 应用篇

得设备像素比后，便可得知设备像素与 CSS 像素之间的比例。当这个比率为 1∶1 时，使用 1 个设备像素显示 1 个 CSS 像素；当这个比率为 2∶1 时，使用 4 个设备像素显示 1 个 CSS 像素；当这个比率为 3∶1 时，使用 9（3×3）个设备像素显示 1 个 CSS 像素。

关于设计师和前端工程师之间的协同工作，一般由设计师以设备像素为单位制作设计稿，前端工程师参照相关的设备像素比进行换算以及编码。

👑 说明：
关于 CSS 像素和设备像素之间的换算关系，不是响应式网页设计的关键知识内容，了解相关基本概念即可。

12.3　视口

视口（viewport）和窗口（window）是对应的概念。视口是与设备相关的一个矩形区域，坐标单位与设备相关。在使用代码布局时，使用的坐标总是窗口坐标，而实际的显示或输出设备却各有自己的坐标。

12.3.1　视口

（1）桌面浏览器中的视口

视口的概念，在桌面浏览器中，等于浏览器中 Window（窗口）的概念。视口中的像素指的是 CSS 像素，视口大小决定了页面布局的可用宽度。视口的坐标是逻辑坐标，与设备无关。视口的界面如图 12.4 所示。

图 12.4　桌面浏览器中的视口概念

（2）移动浏览器中的视口

移动浏览器中的视口分为可见视口和布局视口。由于移动浏览器的宽度限制，在有限的宽度内可见部分（可见视口）装不下所有内容（布局视口），因此移动浏览器中通过 <meta> 标签引入 viewport 属性，用来处理可见视口与布局视口的关系。引入代码形式如下：

```
<meta name="viewport" content="width=device-width, initial-scale=1.0">
```

12.3.2　视口常用属性

　　viewport 属性表示设备屏幕上能用来显示的网页区域，具体而言，就是移动浏览器上用来显示网页的区域。但 viewport 属性又不局限于浏览器可视区域的大小，它可能比浏览器的可视区域大，也可能比浏览器的可视区域小。常见设备上浏览器的 viewport 宽度见表 12.2。

表 12.2　常见设备上浏览器的 viewport 宽度

设备	viewport 宽度 /px
iPhone	980
iPad	980
Android HTC	980
Chrome	980
IE	1024

　　<meta> 标签中 viewport 属性首先是由苹果公司在 Safari 浏览器中引入的，目的就是解决移动设备的 viewport 问题。后来安卓以及各大浏览器厂商也都纷纷效仿，引入了对 viewport 属性的支持。事实证明，viewport 属性对于响应式网页设计起了重要作用。表 12.3 列出了 viewport 属性中常用的属性值及含义。

表 12.3　viewport 属性中常用的属性值及含义

属性值	含义
width	设定布局视口宽度
height	设定布局视口高度
initial-scale	设定页面初始缩放比例（0 ~ 10）
user-scalable	设定用户是否可以缩放（yes/no）
minimum-scale	设定最小缩小比例（0 ~ 10）
maximum-scale	设定最大放大比例（0 ~ 10）

12.3.3　媒体查询

　　媒体查询可以根据设备显示器的特性（如视口宽度、屏幕比例和设备方向）设定 CSS 的样式。媒体查询由媒体类型和一个或多个检测媒体特性的条件表达式组成。媒体查询中可用于检测的媒体特性有 width、height 和 color 等。使用媒体查询，可以在不改变页面内容的情况下，为特定的一些输出设备定制显示效果。

　　使用媒体查询的步骤如下。

　　① 在 HTML 页面 <head> 标签中添加 viewport 属性的代码。代码如下：

```
<meta name="viewport content="width=device-width,
initial-scale=1,maximum-scale=1,user-scalable=no"/>
```

　　其中，各属性值表示的含义如表 12.4 所示。

表 12.4　代码中 viewport 属性中常用的属性值及含义

属性值	含义
width=device-width	设定布局视口宽度
initial-scale=1	设定页面初始缩放比例为1
maximum-scale=1	设定最大放大比例为1
user-scalable=no	设定用户不可以缩放

② 使用 @media 关键字编写 CSS 媒体查询代码。举例说明，当设备屏幕宽度在 320px 和 720px 之间时，媒体查询中设置 body 的背景色 background-color 属性值为 red，会覆盖原来的 body 背景色，当设备屏幕宽度小于等于 320px 时，媒体查询中设置 body 背景色 background-color 属性值为 blue，会覆盖原来的 body 背景色。代码如下：

```
/* 当设备宽度在 320px 和 720px 之间时 */
@media screen and (max-width:720px) and (min-width:320px){
    body{
        background-color:red;
    }
/* 当设备宽度小于等于 320px 时 */
    @media screen and (max-width:320px){
        body{
            background-color:blue;
        }
    }
}
```

12.4　响应式网页的布局设计

响应式网页设计涉及的具体知识点很多，比如图像的响应式处理、表格的响应式处理和布局的响应式设计等内容。关于响应式网页的布局设计，主要特色是页面布局能根据不同设备（平板电脑、PC 和智能手机等）让内容适应性地展示，从而使用户在不同设备中都能友好地浏览网页内容。响应式页面的布局设计的效果如图 12.5 所示。

图 12.5　响应式网页的布局设计

12.4.1　常用布局类型

以网站的列数划分网页布局类型，可以分成单列布局和多列布局。其中，多列布局又可由均分多列布局和不均分多列布局组成，下面详细介绍。

（1）单列布局

适合内容较少的网站布局，一般由顶部的 Logo 和菜单（一行）、中间的内容区（一行）和底部的网站相关信息（一行）共 3 行组成。单列布局的效果如图 12.6 所示。

（2）均分多列布局

列数大于等于 2 列的布局类型，每列宽度相同，列与列间距相同，

图 12.6　单列布局

适合商品或图像的列表展示。效果如图 12.7 所示。

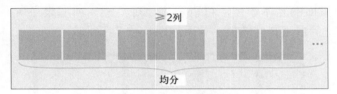

图 12.7　均分多列布局

（3）不均分多列布局

列数大于等于 2 列的布局类型，每列宽度不同，列与列间距不同，适合博客类文章内容页面的布局，如一列布局文章内容，一列布局广告链接等内容。效果如图 12.8 所示。

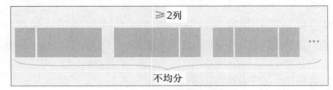

图 12.8　不均分多列布局

12.4.2　布局的实现方式

不同的布局设计有不同的实现方式。以页面的宽度单位（像素或百分数）来划分，可以分为单一式固定布局、响应式固定布局和响应式弹性布局 3 种实现方式。下面具体介绍。

（1）单一式固定布局

以像素作为页面的基本单位，不考虑多种设备屏幕及浏览器宽度，只设计一套固定宽度的页面布局。某技术简单，但适配性差，适合在单一终端中的网站的布局，比如以安全为首位的某些政府、机关、事业单位，可以仅设计制作适配指定浏览器和设备终端的布局。效果如图 12.9 所示。

图 12.9　单一式固定布局

（2）响应式固定布局

同样以像素作为页面的基本单位，参考主流设备尺寸，设计几套不同宽度的布局，通过媒体查询技术识别不同屏幕或浏览器的宽度，选择符合条件的宽度布局。效果如图 12.10 所示。

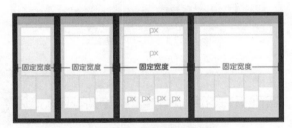

图 12.10　响应式固定布局

（3）响应式弹性布局

以百分率作为页面的基本单位，可以适应一定范围内所有设备屏幕及浏览器的宽度，并能完美利用有效空间展现最佳效果。效果如图 12.11 所示。

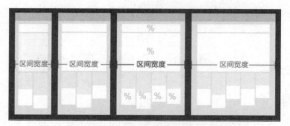

图 12.11　响应式弹性布局

响应式固定布局和响应式弹性布局都是目前可被采用的响应式布局方式。其中响应式固定布局的实现成本最低，但拓展性比较差；响应式弹性布局是比较理想的响应式布局实现方式。对于不同类型的页面排版布局实现响应式设计，需要采用不用的实现方式。

12.4.3　响应式布局的设计与实现

对页面进行响应式的设计与实现，需要对相同内容进行不同宽度的布局设计，通常有两种方式：桌面 PC 端优先（即从桌面 PC 端开始设计）、移动端优先（首先从移动端开始设计）。无论以哪种方式设计，要兼容所有设备，都不可避免地需要对内容布局做一些变化调整，有模块内容不变和模块内容改变两种方式。下面详细介绍。

① 模块内容不变，即页面中整体模块内容不发生变化，通过调整模块的宽度，可以将模块内容从挤压调整到拉伸，从平铺调整到换行。效果如图 12.12 所示。

图 12.12　模块内容不变

② 模块内容改变，即页面中整体模块内容发生变化，通过媒体查询，检测当前设备的宽度，动态隐藏或显示模块内容，增加或减少模块的数量。效果如图 12.13 所示。

图 12.13　模块内容改变

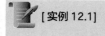 [实例 12.1] 　　　　　　　　　　　　　　　　（源码位置：资源包 \Code\12\01）

实现 51 购商城登录页面的响应式布局

本实例的响应式设计采用"模块内容改变"的方式，根据当前设备的宽度，动态显示或隐藏相关模块的内容。界面效果如图 12.14 所示。

图 12.14   51 购商城登录页面效果（PC 端和移动端）

具体实现步骤如下：

① 添加视口参数代码。在 <head> 标签中，添加浏览器设备识别的视口代码。设置编码的 CSS 像素宽度 width 等于设备像素宽度 device-width，initial-scale 缩放比等于 1。代码如下：

```
<meta name="viewport" content="width=device-width,
         initial-scale=1.0, minimum-scale=1.0, maximum-scale=1.0, user-scalable=no">
```

② 在 style.css 文件中添加媒体查询 CSS 代码。以 PC 端背景图像为例，通过对样式类的媒体查询，默认宽度下，display 属性值为 none，表示隐藏背景图像；当查询检测到最小宽度大于等于 1025px 时，设置 display 属性值为 block。因此，背景图像可以适应设备的宽度隐藏或显示。关键代码如下：

```
.login-banner-bg {
    display: none;
}
@media screen and (min-width: 1025px) {
    /* 背景 */
    .login-banner-bg {
        display: block;
        float: left;
    }
}
```

 # 本章知识思维导图

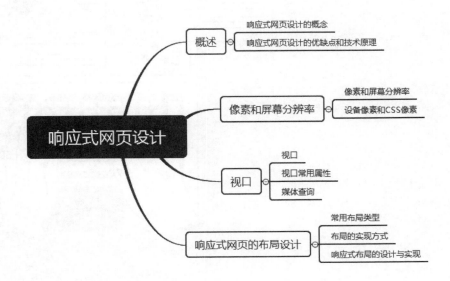

第 13 章
响应式组件

扫码领取
➤ 配套视频
➤ 配套素材
➤ 学习指导
➤ 交流社群

 本章学习目标

- 熟练掌握在网页中添加响应式图像以及响应式视频。
- 熟练掌握网页中添加响应式导航菜单。
- 掌握在三种响应式表格的区别以及添加方法。

13.1 响应式图像

响应式图像是响应式网站中的基础组件。表面上看似简单，只要把图像元素的宽高属性值移除，然后设置 max-width 属性为 100% 即可，但实际上仍要考虑很多因素。比如同一张图像在不同的设备中的显示效果是否一致，图像本身的放大和缩小问题等。这里，介绍两种常见的响应式图像处理方法：使用 <picture> 标签和使用 CSS 图像。

13.1.1 方法 1：使用 <picture> 标签

<picture> 标签的使用方法与 <audio> 标签和 <video> 标签类似。使用 <picture> 标签不仅可以适配响应式屏幕的大小，还可以根据屏幕的尺寸调整图像本身的宽高。

语法格式如下：

```
<picture>
  <source srcset="1.jpg" media="(max-width: 800px)" />
  <img src="2.jpg">
</picture>
```

语法解释：

<picture> 标签又包含 <source> 标签和 <img> 标签。其中 <source> 标签的功用是可以针对不同的屏幕尺寸显示不同的图像。上述代码表示当屏幕的宽度小于 800px 像素时，将显示 1.jpg 图像，否则将显示 <img> 标签所代表的 2.jpg 默认图像。

[实例 13.1]

（源码位置：资源包 \Code\13\01）

巧用 <picture> 标签实现图像响应式布局

本实例巧用 <picture> 标签、<source> 标签和 <img> 标签，实现根据不同屏幕宽度显示不同图像的内容。首先使用 <picture> 标签，将 <source> 标签和 <img> 标签放入 <picture> 父标签中，然后利用 media 属性将属性值与屏幕宽度进行比较，当屏幕宽度大于 800px 像素时，显示 big.jpg 图像，否则显示 small.png 图像。具体代码如下：

```
<!DOCTYPE html>
<html>
<head>
    <!-- 指定页面编码格式 -->
    <meta charset="UTF-8">
    <!-- 指定页头信息 -->
    <title><picture> 标签的使用 </title>
</head>
<body>
<picture>
    <source srcset="big.jpg" media="(min-width: 800px)">
    <img srcset="small.jpg">
</picture>
</body>
</html>
```

PC 端运行效果如图 13.1 所示，手机端运行效果如图 13.2 所示。

图 13.1 　PC 端界面效果

图 13.2 　手机端界面效果

13.1.2 　方法 2: 使用 CSS 图像

所谓 CSS 图像，就是利用媒体查询的技术，使用 CSS 中的 media 关键字，针对不同的屏幕宽度定义不同的样式，从而控制图像的显示。如表 13.1 所示。

语法格式如下：

```
@media screen and (min-width: 800px) {
    CSS 样式代码
}
```

语法说明：

上述代码表示当屏幕的宽度大于 800px 时，将应用大括号内的 CSS 样式代码。

表 13.1 　不同浏览器时版本支持 media 关键字

浏览器	版本支持 media 关键字
Chrome 浏览器	≥版本 21
微软浏览器	≥版本 9
火狐浏览器	≥版本 3.5
Safari 浏览器	≥版本 4.0

[实例 13.2]　　　　　　　　　　　　　　　（源码位置：资源包 \Code\13\02 ）

巧用媒体查询控制图像显示

本实例巧用媒体查询中的 media 关键字，根据屏幕宽度的不同，显示不同大小的响应式图像。首先编写 HTML 代码 "<div class="changImg"></div>"，引入 CSS 的样式类 changImg，以便于使用媒体查询技术；然后在 CSS 代码中，利用 media 关键字，当屏幕宽度大于 641px 时，显示 large.jpg 图像，当屏幕宽度小于 640px 时，显示 small.png 图像。具体代码如下：

```
<!DOCTYPE html>
<html>
<head>
    <!-- 指定页面编码格式 -->
```

```
        <meta charset="UTF-8">
        <!-- 指定页头信息 -->
        <title> 使用 CSS 技术，控制响应式图像 </title>
        <style>
            /* 当屏幕宽度大于 641 像素时 */
            @media screen and (min-width: 641px) {
                .changeImg {
                    background-image:url(large.jpg);
                    background-repeat: no-repeat;
                    height: 440px;
                }
            }
            /* 当屏幕宽度小于 641 像素时 */
            @media screen and (max-width: 640px) {
                .changeImg {
                    background-image:url(small.png);
                    background-repeat: no-repeat;
                    height: 440px;
                }
            }
        </style>
    </head>
    <body>
    <div class="changeImg"></div>
    </body>
    </html>
```

运行效果如图 13.3（PC 端）和图 13.4（手机端）所示。

图 13.3　屏幕宽度大于 641px 排序时的界面效果　　　图 13.4　屏幕宽度小于 640px 时的界面效果

13.2　响应式视频

　　视频，对网站而言，已经成为极其重要的营销工具，在响应式网站中，对视频的处理也是最常见的功能需求。如同响应式图像一样，响应式视频的处理也是比较让人头疼的事情。这不仅仅是关于视频播放器的尺寸问题，同样也包含了视频播放器的整体效果和体验问题。这里将介绍两种常见的响应式视频处理技术：<meta> 标签和 HTML5 手机播放器。

13.2.1 方法 1: 使用 <meta> 标签

<meta> 标签是 HTML 网页中非常重要的一个标签。<meta> 标签中可以添加描述 HTML 网页文档的属性，如作者、日期、关键词等。其中，与响应式网站相关的是 viewport 属性，viewport 属性可以规定网页设计的宽度与实际屏幕宽度的大小关系。

语法格式如下：

```
<meta name="viewport" content="width=device-width,initial-scale=1,maximum-scale=1,user-scalable=no"/>
```

其中，各属性值表示的含义如表 13.2 所示。

表 13.2　viewport 属性中常用的属性值及含义

属性值	含义
width=device-width	设定布局视口宽度
initial-scale=1	设定页面初始缩放比例为 1
maximum-scale=1	设定最大放大比例为 1
user-scalable=no	设定用户不可以缩放

👑 说明：

视口的概念，在桌面浏览器中，等于浏览器中 Window（窗口）的概念。视口中的像素指的是 CSS 像素，视口大小决定了页面布局的可用宽度。视口的坐标是逻辑坐标，与设备无关。

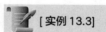[实例 13.3]

（源码位置：资源包 \Code\13\03）

巧用 <meta> 标签播放手机视频

本实例巧用 <meta> 标签实现一个视频在手机端的正常显示与播放。首先使用 <iframe> 标签引入一个测试视频，然后通过 <meta> 标签添加 viewport 属性，最后设置属性值为 width=device-width 和 initial-scale=1：规定布局视口宽度等于设备宽度，页面的缩放比例为 1。具体代码如下：

```
<!DOCTYPE html>
<html>
<head>
    <!-- 指定页面编码格式 -->
    <meta charset="UTF-8">
   <!-- 通过 <meta> 标签，使网页宽度与设备宽度一致 -->
    <meta name="viewport" content="width=device-width,initial-scale=1">
    <!-- 指定页头信息 -->
    <title></title>
</head>
<body>
<div align="center">
    <!-- 使用 <iframe> 标签，引入视频 -->
    <iframe src="test.mp4"  frameborder="0" allowfullscreen></iframe>
</div>
</body>
</html>
```

运行效果如图 13.5（手机端）所示。

13.2.2 方法 2：使用 HTML5 手机播放器

使用第三方封装好的手机播放器组件，也是实际开发中经常
采用的方法。第三方组件工具，通过 JavaScript 和 CSS 技术，不
仅完美实现了视频的响应式解决方案，更大大扩展了视频播放的
功能，如点赞、分享和换肤等功能。实际开发中，封装好的手机
播放器组件很多，这里主要通过一个实例介绍 willesPlay 手机播
放器组件的使用方法。

图 13.5　手机端界面效果

 [实例 13.4]

（源码位置：资源包 \Code\13\04）

实现带点赞、分享和换肤功能的手机播放器

本实例使用第三方组件 willesPlay 实现了一个好看又好用的手机播放器。首先根据第三
方组件的示例文档引入必要的 CSS 和 JavaScript 文件，如 willesPlay.css 文件和 willesPlay.js 文
件等。然后将示例中的视频文件替换为将要使用的视频文件。这样，一个简易好用的手机
播放器就完成了。具体代码如下：

```html
<!DOCTYPE html>
<html lang="en">
<head>
    <meta charset="UTF-8">
    <meta name="viewport"
     content="width=device-width,initial-scale=1.0,maximum-scale=1.0,user-scalable=0"/>
    <title>HTML5 手机播放器 </title>
    <link rel="stylesheet" type="text/css" href="css/reset.css"/>
    <link rel="stylesheet" type="text/css" href="css/bootstrap.css"/>
    <link rel="stylesheet" type="text/css" href="css/willesPlay.css"/>
    <script src="js/jquery.min.js"></script>
    <script src="js/willesPlay.js" type="text/javascript" charset="utf-8"></script>
</head>
<body>
<div class="container">
    <div class="row">
        <div class="col-md-12">
            <div id="willesPlay">
                <div class="playHeader">
                    <div class="videoName"> 响应式设计 </div>
                </div>
                <div class="playContent">
                    <div class="turnoff">
                        <ul>
                            <li><a href="javascript:;" title=" 喜欢 "
                                class="glyphicon glyphicon-heart-empty"></a></li>
                            <li><a href="javascript:;" title=" 关灯 "
                            class="btnLight on glyphicon glyphicon-sunglasses"></a></li>
                            <li><a href="javascript:;" title=" 分享 "
                            class="glyphicon glyphicon-share"></a></li>
                        </ul>
                    </div>
                    <video width="100%" height="100%" id="playVideo">
                        <source src="test.mp4" type="video/mp4">
                        </source>
当前浏览器不支持 video 直接播放，点击这里下载视频：  <a href="/"> 下载视频 </a></video>
```

```
                    <div class="playTip glyphicon glyphicon-play"></div>
                </div>
                <div class="playControll">
                    <div class="playPause playIcon"></div>
                    <div class="timebar"><span class="currentTime">0:00:00</span>
                        <div class="progress">
                         <div class="progress-bar progress-bar-danger progress-bar-striped"
                            role="progressbar"  aria-valuemin="0" aria-valuemax="100"
                             style="width: 0%"></div>
                        </div>
                        <span class="duration">0:00:00</span></div>
                    <div class="otherControl"><span
                        class="volume glyphicon glyphicon-volume-down"></span> <span
                            class="fullScreen glyphicon glyphicon-fullscreen"></span>
                        <div class="volumeBar">
                            <div class="volumewrap">
                                <div class="progress">
                                    <div class="progress-bar progress-bar-danger"
                                        role="progressbar" aria-valuemin="0"
                                 aria-valuemax="100" style="width: 8px;height: 40%;"></div>
                                </div>
                            </div>
                        </div>
                    </div>
                </div>
            </div>
        </div>
    </div>
</div>
</body>
</html>
```

运行效果如图 13.6（手机端）所示。

图 13.6　手机端界面效果

13.3　响应式导航菜单

　　导航菜单也是网站中必不可少的基础功能。大家熟知的 QQ 空间，已经将导航菜单封装成五花八门的装饰性组件，可以进行虚拟商品的交易。在响应式网站越来越成为一种标配的同时，响应式导航菜单的实现方式也越来越多样。这里介绍两种常用的响应式导航菜单：CSS3 响应式菜单和 JavaScript 响应式菜单。

13.3.1 方法 1：CSS3 响应式菜单

CSS3 响应式菜单本质上仍旧是使用 CSS 媒体查询中的 media 关键字，得到当前设备屏幕的宽度，根据不同的宽度，设置不同的 CSS 样式代码，从而适配不同设备的布局内容。这里通过一个具体实例，实现 CSS3 响应式菜单。

[实例 13.5]　　　　　　　　　　　　　　　　　　　（源码位置：资源包 \Code\13\05 ）

巧用 media 关键字实现响应式菜单

本实例巧用 media 关键字实现一个网站首页的响应式菜单。具体步骤如下：

① 新建一个 index.html 文件，编写 HTML 代码，通过 <ul> 标签、<li> 标签和 <p> 标签等，实现菜单中的文本内容。具体代码如下：

```
<!-- 引入背景图像 -->
<body style="background-image: url(bg.jpg)">
<h2> 明日科技在线学院 </h2>
<!-- 导航菜单区域 -->
<nav class="nav">
    <ul>
        <li class="current"><a href="#"> 课程 </a></li>
        <li><a href="#"> 读书 </a></li>
        <li><a href="#"> 社区 </a></li>
        <li><a href="#"> 服务中心 </a></li>
    </ul>
</nav>
<p> 明日学院，是吉林省明日科技有限公司倾力打造的在线实用技能学习平台，
    该平台于 2016 年正式上线，主要为学习者提供海量、优质的课程，课程结构严谨，
    用户可以根据自身的学习程度，自主安排学习进度。
    我们的宗旨是，为编程学习者提供一站式服务，培养用户的编程思维。
</p>
</body>
```

② 添加 CSS 代码，对菜单内容进行样式控制。使用 media 关键字，当检测设备的屏幕宽度小于 600px 时，调整导航菜单的布局，设置 width 为 180px，position 为 absolute（绝对布局），使得菜单适配移动端的效果。关键代码如下：

```
@media screen and (max-width: 600px) {
    .nav {
        position: relative;
        min-height: 40px;
    }
    .nav ul {
        width: 180px;
        padding: 5px 0;
        position: absolute;
        top: 0;
        left: 0;
        border: solid 1px #aaa;
        border-radius: 5px;
        box-shadow: 0 1px 2px rgba(0,0,0,.3);
    }
    .nav li {
```

```
            display: none; /* 隐藏所有 li 标签 */
            margin: 0;
        }
        .nav .current {
            display: block; /* 显示 nav 标签 */
        }
        .nav a {
            display: block;
            padding: 5px 5px 5px 32px;
            text-align: left;
        }
        .nav .current a {
            background: none;
            color: #666;
        }
        .nav ul:hover {
            background-image: none;
            background-color: #fff;
        }
        .nav ul:hover li {
            display: block;
            margin: 0 0 5px;
        }
        .nav.right ul {
            left: auto;
            right: 0;
        }
        .nav.center ul {
            left: 50%;
            margin-left: -90px;
        }
    }
```

运行效果如图 13.7（PC 端）和图 13.8（手机端）所示。

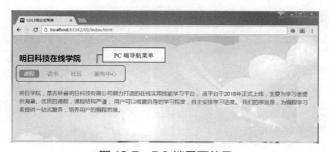

图 13.7　PC 端界面效果

图 13.8　手机端界面效果

13.3.2　方法 2：JavaScript 响应式菜单

　　如同 HTML5 手机播放器一样，JavaScript 响应式菜单同样使用第三方封装好的响应式导航菜单组件（responsive-menu）。在使用这类组件时，需要注意的是，一定要根据官方的实例学习和使用。这里通过一个实例，学习 responsive-menu 的方法。

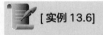

[实例 13.6]

巧用第三方组件实现响应式菜单

本实例巧用第三方组件 responsive-menu 实现一个响应式菜单。首先一定要根据官方的实例代码进行使用，将必要的 CSS 文件和 JavaScript 文件引入，如 responsive-menu.css 文件和 responsive-menu.js 文件等。然后替换掉 HTML 代码中的测试文字，换成自己将要使用的菜单文本内容，如课程、社区和服务中心等。这样，一个简便且好用的响应式菜单就完成了。

```html
<!DOCTYPE html>
<html>
<head>
    <meta charset="UTF-8">
    <meta name="viewport" content="width=device-width, initial-scale=1">
    <title>JavaScript 响应式菜单 </title>
    <link href="css/responsive-menu.css" rel="stylesheet">
    <link href="css/styles.css" rel="stylesheet">
    <script src="js/modernizr.min.js" type="text/javascript"></script>
    <script src="js/modernizr-custom.js" type="text/javascript"></script>
    <script src="js/jquery-1.8.3.min.js"></script>
    <script src="js/responsive-menu.js" type="text/javascript"></script>
    <script>
        jQuery(function ($) {
            var menu = $('.rm-nav').rMenu({
                minWidth: '960px',
            });
        });
    </script>
</head>
<body style="background-image: url(images/bg.png)">
<header>
    <div class="wrapper">
        <div class="brand">
            <p><a href="#" class="logo">明日科技 </a></p>
        </div>
        <div class="rm-container">
            <a class="rm-toggle rm-button rm-nojs" href="#"> 导航菜单 </a>
            <nav class="rm-nav rm-nojs rm-lighten">
                <ul>
                    <li><a href="#"> 课程 </a>
                        <ul>
                            <li><a href="#">Java 从入门到精通 </a></li>
                            <li><a href="#">Java 项目实战系列 </a></li>
                            <li><a href="#">Java 入门第一季 </a></li>
                        </ul>
                    </li>
                    <li><a href="#"> 读书 </a>
                        <ul>
                            <li><a href="#"> 后端开发 </a></li>
                            <li><a href="#"> 移动端开发 </a></li>
                            <li><a href="#"> 数据库开发 </a></li>
                            <li><a href="#"> 前端开发 </a></li>
                            <li><a href="#"> 其他 </a></li>
                        </ul>
                    </li>
                    <li><a href="#"> 社区 </a>
                        <ul>
                            <li><a href="#">Java 答疑区 </a></li>
                            <li><a href="#"> 官方公告 </a></li>
```

```
                                        <li><a href="#">Android 答疑区 </a></li>
                                        <li><a href="#">C++ 答疑区 </a></li>
                                        <li><a href="#">php 答疑区 </a></li>
                                    </ul>
                                </li>
                                <li><a href="#"> 服务中心 </a>
                                    <ul>
                                        <li><a href="#">VIP 权益 </a></li>
                                        <li><a href="#"> 课程需求 </a></li>
                                        <li><a href="#"> 意见反馈 </a></li>
                                        <li><a href="#"> 学分说明 </a></li>
                                        <li><a href="#"> 代金券 </a></li>
                                    </ul>
                                </li>
                            </ul>
                        </nav>
                    </div>
                </div>
            </header>
        </html>
```

运行效果如图 13.9（PC 端）和图 13.10（手机端）所示。

图 13.9　PC 端界面效果

图 13.10　手机端界面效果

13.4　响应式表格

表格也是网站必不可少的功能。淘宝中的"我的订单"页面，使用的就是表格技术。在响应式网站中，响应式表格的实现方法有很多，这里介绍 3 种：隐藏表格中的列、滚动表格中的列和转换表格中的列。

13.4.1　方法 1：隐藏表格中的列

隐藏表格中的列是指在移动端中，隐藏表格中不重要的列，从而达到适配移动端的布局效果。实现技术主要是应用 CSS 中媒体查询的 media 关键字，当检测为移动设备时，根据设备的宽度，将不重要的列设置为"display：none"。

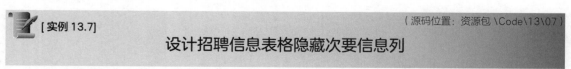

[实例 13.7] 　　　　　　　　　　　　　　　　　　　　（源码位置：资源包 \Code\13\07 ）

设计招聘信息表格隐藏次要信息列

本实例应用 CSS 中的 media 关键字，实现一个招聘信息表格的移动端适配。具体步骤如下：

① 新建 index.html 文件，在文件中编写 HTML 代码，完成 PC 端的表格内容。首先使

用 <table> 标签创建一个表格框架，然后利用 <tr> 标签和 <td> 标签完成表格的行和单元格的内容。具体代码如下：

```html
<body style="background: url(bg.png) no-repeat;background-size:cover">
<h1 align="center"> 招聘信息 </h1>
<table width="100%" cellspacing="1" cellpadding="5" border="1">
    <thead>
    <tr>
        <th> 序号 </th>
        <th> 职位名称 </th>
        <th> 招聘人数 </th>
        <th> 工作地点 </th>
        <th> 学历要求 </th>
        <th> 年龄要求 </th>
        <th> 薪资 </th>
    </tr>
    </thead>
    <tbody align="center">
    <tr>
        <td>1</td>
        <td>Java 高级工程师 </td>
        <td>1</td>
        <td> 北京 </td>
        <td> 本科 </td>
        <td>30 岁以上 </td>
        <td> 面议 </td>
    </tr>
    <tr>
        <td>2</td>
        <td>Java 初级工程师 </td>
        <td>3</td>
        <td> 长春 </td>
        <td> 本科 </td>
        <td>25 岁以上 </td>
        <td> 面议 </td>
    </tr>
    <!-- 省略部分代码 -->
    </tbody>
</table>
</body>
```

运行效果如图 13.11（PC 端）所示。

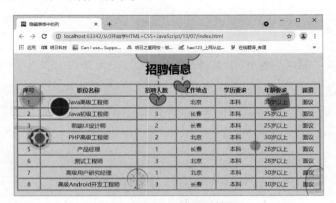

图 13.11　PC 端界面效果

② 添加 CSS 代码，改变移动端的表格样式。使用 media 关键字检测移动设备的宽度，当宽度大于 640px 且小于 800px 时，使用选择器 table td:nth-child(4)，表示表格中的第 4 列，

179

添加隐藏样式"display：none"便隐藏了第 4 信息列。当宽度小于 640px 时，采用同样的方法可以隐藏不重要的信息列。具体代码如下：

```
<style>
    @media only screen and (max-width: 800px) {
        table td:nth-child(4),
        table th:nth-child(4) {display: none;}
    }
    @media only screen and (max-width: 640px) {
        table td:nth-child(4),
        table th:nth-child(4),
        table td:nth-child(6),
        table th:nth-child(6),
        table td:nth-child(8),
        th:nth-child(8){display: none;}
    }
</style>
```

运行效果如图 13.12（移动端）所示。

图 13.12　移动端界面效果

13.4.2　方法 2：滚动表格中的列

滚动表格中的列是指采用滚动条的方式，将手机端看不到的信息列进行滚动查看。实现技术主要是应用 CSS 中媒体查询的 media 关键字检测屏幕的宽度，同时改变表格的样式，将表格的表头从横向排列变成纵向排列。

[实例 13.8]　　　　　　　　　　　　　　　　　　　　（源码位置：资源包 \Code\13\08）

设计招聘信息表格滚动查看信息列

本实例在实例 13.7 的基础上，不改变 HTML 代码，实现滚动查看信息列的移动端适配。首先，HTML 代码的部分不变，仅替换背景图像 bg.png 即可。然后改变 CSS 的样式代码，对选择器 table、thead 和 td 等重新进行样式调整。关键代码如下：

```
<style>
    @media only screen and (max-width: 800px) {
        *:first-child+html .cf { zoom: 1; }
        table { width: 100%; border-collapse: collapse; border-spacing: 0; }
        th,
        td { margin: 0; vertical-align: top; }
        th { text-align: left; }
        table { display: block; position: relative; width: 100%; }
        thead { display: block; float: left; }
        tbody { display: block; width: auto; position: relative;
                overflow-x: auto; white-space: nowrap; }
        thead tr { display: block; }
        th { display: block; text-align: right; }
        tbody tr { display: inline-block; vertical-align: top; }
        td { display: block; min-height: 1.25em; text-align: left; }
        th { border-bottom: 0; border-left: 0; }
        td { border-left: 0; border-right: 0; border-bottom: 0; }
        tbody tr { border-left: 1px solid #babcbf; }
        th:last-child,
        td:last-child { border-bottom: 1px solid #babcbf; }
    }
</style>
```

运行效果如图 13.13（PC 端）和图 13.14（移动端）所示。

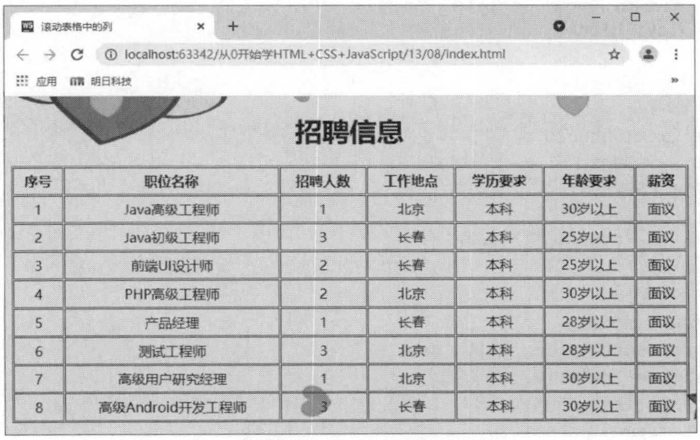

图 13.13　PC 端界面效果

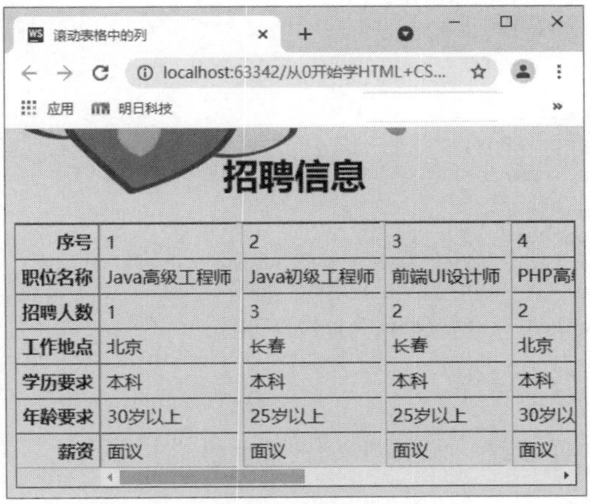

图 13.14　移动端界面效果

13.4.3　方法 3：转换表格中的列

转换表格中的列是指在移动端中，彻底改变表格的样式，使其不再有表格的形态，以列表的样式进行展示。实现技术仍是使用 CSS 媒体查询中的 media 关键字检测屏幕的宽度，然后利用 CSS 技术，重新改造，让表格变成列表。CSS 的神奇强大功能在这里得以体现。

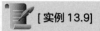 **[实例 13.9]**　　　　　　　　　　　　　　　　　　　　（源码位置：资源包 \Code\13\09 ）
将招聘信息的表格变为列表

本实例在实例 13.7 的基础上，不改变 HTML 代码，实现一个表格变成列表的招聘信息手机端适配。

首先，不改变 HTML 代码，可以替换一下背景图像 bg.png。然后，重新编写 CSS 代码，使用 media 关键字，将 CSS 中的标签选择器 table、tr 和 td 等重新改变成列表的样式。关键代码如下：

```
<style>
    @media only screen and (max-width: 800px) {
        /* 强制表格为块状布局 */
        table, thead, tbody, th, td, tr {
            display: block;
        }
        /* 隐藏表格头部信息 */
        thead tr {
            position: absolute;
            top: -9999px;
            left: -9999px;
        }
        tr { border: 1px solid #ccc; }
        td {
            /* 显示列 */
            border: none;
            border-bottom: 1px solid #eee;
            position: relative;
            padding-left: 50%;
            white-space: normal;
            text-align:left;
        }
        td:before {
            position: absolute;
            top: 6px;
            left: 6px;
            width: 45%;
            padding-right: 10px;
            white-space: nowrap;
            text-align:left;
            font-weight: bold;
        }
        /* 显示数据 */
        td:before { content: attr(data-title); }
    }
</style>
```

运行效果如图 13.15（PC 端）和图 13.16（手机端）所示。

图 13.15　PC 端界面效果

图 13.16　手机端界面效果

 本章知识思维导图

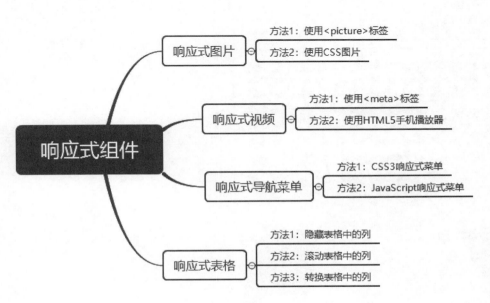

HTML5+CSS3+
JavaScript

从零开始学　HTML5+CSS3+JavaScript

第3篇
JavaScript
基础篇

第 14 章

JavaScript 概述

扫码领取
▶ 配套视频
▶ 配套素材
▶ 学习指导
▶ 交流社群

 本章学习目标

- 了解 JavaScript 的起源、特点及应用。
- 掌握 JavaScript 在 HTML 中的使用。
- 掌握 JavaScript 的基本语法。

14.1 JavaScript 简述

JavaScript 是 Web 页面中的一种脚本编程语言，也是一种通用的、跨平台的、基于对象和事件驱动并具有安全性的脚本语言。它不需要进行编译，而是直接嵌入在 HTML 页面中，把静态页面转变成支持用户交互并响应相应事件的动态页面。

（1）JavaScript 的起源

JavaScript 语言的前身是 LiveScript 语言，是由美国 Netscape（网景）公司的布瑞登·艾克（Brendan Eich）为在 1995 年发布的 Navigator 2.0 浏览器而开发的脚本语言。在与 Sun（升阳）公司联手及时完成了 LiveScript 语言的开发后，在 Navigator 2.0 即将正式发布前，Netscape 公司将其改名为 JavaScript，也就是最初的 JavaScript 1.0 版本。虽然当时 JavaScript 1.0 版本还有很多缺陷，但拥有着 JavaScript 1.0 版本的 Navigator 2.0 浏览器几乎主宰着浏览器市场。

因为 JavaScript 1.0 如此成功，Netscape 公司在 Navigator 3.0 中发布了 JavaScript 1.1 版本。同时，微软开始进军浏览器市场，发布了 Internet Explorer 3.0 并搭载了一个 JavaScript 的类似版本，其注册名称为 JScript，这成为 JavaScript 语言发展过程中的重要一步。

在微软进入浏览器市场后，此时有三种不同的 JavaScript 版本同时存在，Navigator 中的 JavaScript、IE 中的 JScript 以及 CEnvi 中的 ScriptEase。与其他编程语言不同的是，JavaScript 并没有一个标准来统一其语法或特性，而这 3 种不同的版本恰恰突出了这个问题。1997 年，JavaScript 1.1 版本作为一个草案提交给欧洲计算机制造商协会（ECMA），最终由来自 Netscape、Sun、微软、Borland 和其他一些对脚本编程感兴趣的公司的程序员组成了 TC39 委员会，该委员会被委派来标准化一个通用、跨平台、中立于厂商的脚本语言的语法和语义。TC39 委员会制定了"ECMAScript 程序语言的规范书"（又称为"ECMA-262 标准"），该标准被国际标准化组织（ISO）采纳，作为各种浏览器生产开发所使用的脚本程序的统一标准。

（2）JavaScript 的主要特点

JavaScript 脚本语言的主要特点如下。

● 解释性

JavaScript 不同于一些编译性的程序语言，例如 C、C++ 等，它是一种解释性的程序语言，它的源代码不需要经过编译，而是直接在浏览器中运行时被解释。

● 基于对象

JavaScript 是一种基于对象的语言，这意味着它能运用自己已经创建的对象。因此，许多功能可以来自于脚本环境中对象的方法与脚本的相互作用。

● 事件驱动

JavaScript 可以直接对用户或客户输入做出响应，无须经过 Web 服务程序。它对用户的响应，是以事件驱动的方式进行的。所谓事件驱动，就是指在主页中执行了某种操作所产生的动作，此动作称为"事件"。比如按下鼠标、移动窗口、选择菜单等都可以视为事件。当事件发生后，可能会引起相应的事件响应。

● 跨平台

JavaScript 依赖于浏览器本身，与操作环境无关，只要能运行浏览器的计算机支持

JavaScript 浏览器，就可以正确执行。

● 安全性

JavaScript 是一种安全性语言，它不允许访问本地的硬盘，且不能将数据存入服务器，不允许对网络文档进行修改和删除，只能通过浏览器实现信息浏览或动态交互。这样可有效地防止数据的丢失。

（3）JavaScript 的应用

使用 JavaScript 脚本实现的动态页面，在 Web 上随处可见。下面介绍几种 JavaScript 常见的应用。

● 验证用户输入的内容

使用 JavaScript 脚本语言可以在客户端对用户输入的数据进行验证。例如在制作用户注册信息页面时，要求用户确认密码，以确定用户输入密码是否准确。如果用户在"确认密码"文本框中输入的信息与"注册密码"文本框中输入的信息不同，将弹出相应的提示信息，如图 14.1 所示。

● 动画效果

在浏览网页时，经常会看到一些动画效果，使页面更加生动。使用 JavaScript 脚本语言也可以实现动画效果，例如在页面中实现下雪的效果，如图 14.2 所示。

图 14.1 验证两次密码是否相同

图 14.2 动画效果

● 窗口的应用

在打开网页时经常会看到一些浮动的广告窗口，这些广告窗口是某些网站的盈利手段之一。我们也可以通过 JavaScript 脚本语言来实现，例如如图 14.3 所示的广告窗口。

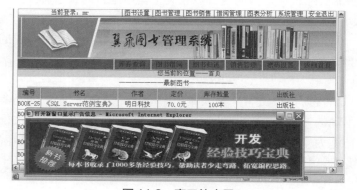

图 14.3 窗口的应用

● 文字特效

使用 JavaScript 脚本语言可以使文字实现多种特效，例如使文字旋转，如图 14.4 所示。

● 明日学院应用的 jQuery 效果

在明日学院的"读书"栏目中，应用 jQuery 实现了滑动显示和隐藏子菜单的效果。当鼠标单击某个主菜单时，将滑动显示相应的子菜单，而其他子菜单将会滑动隐藏，如图 14.5 所示。

图 14.4　文字特效　　　　　图 14.5　明日学院应用的 jQuery 效果

● 京东网上商城应用的 jQuery 效果

在京东网上商城的话费充值页面，应用 jQuery 实现了标签页的效果。当鼠标单击"话费快充"选项卡时，标签页中将显示话费快充的相关内容；如图 14.6 所示，当鼠标单击其他选项卡时，标签页中将显示相应的内容。

图 14.6　京东网上商城应用的 jQuery 效果

● 应用 Ajax 技术实现百度搜索提示

在百度首页的搜索文本框中输入要搜索的关键字时，下方会自动给出相关提示。如果给出的提示有符合要求的内容，可以直接选择，这样可以方便用户。例如，输入"明日科"后，在下面将显示如图 14.7 所示的提示信息。

图 14.7　百度搜索提示页面

14.2　WebStorm 简介

　　JavaScript 程序可以使用任何文本编辑器编辑，如 Windows 中的记事本、写字板等应用软件。由于 JavaScript 程序可以嵌入 HTML 文件中，因此，开发者可以使用编辑 HTML 文件的工具软件，如 WebStorm 和 Dreamweaver 等。由于本书使用的编写工具为 WebStorm，所以这里只对该工具做简单介绍。

　　WebStorm 是 JetBrains 公司旗下一款 JavaScript 开发工具。该软件支持不同浏览器的提示，还包括所有用户自定义的函数（项目中），代码补全包含了所有流行的库，比如 jQuery、YUI、Dojo、Prototype 等，被广大中国 JavaScript 开发者誉为 Web 前端开发神器、最强大的HTML5 编辑器、最智能的 JavaScript IDE 等。WebStorm 的主界面如图 14.8 所示。

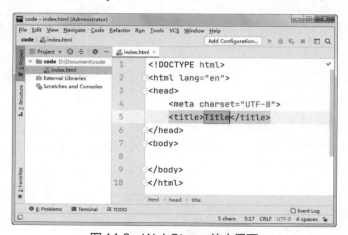

图 14.8　WebStorm 的主界面

14.3　JavaScript 在 HTML 中的使用

　　通常情况下，在 Web 页面中使用 JavaScript 有以下三种方法：一种是在页面中直接嵌入JavaScript 代码，另一种是链接外部 JavaScript 文件，还有一种是作为特定标签的属性值使用。下面分别对这三种方法进行介绍。

14.3.1　在页面中直接嵌入 JavaScript 代码

　　在 HTML 文档中可以使用 <script>...</script> 标签将 JavaScript 脚本嵌入到其中。在HTML 文档中可以使用多个 <script> 标签，每个 <script> 标签中可以包含多个 JavaScript 的代码集合，并且各个 <script> 标签中的 JavaScript 代码之间可以相互访问，等同于将所有代

码放在一对 <script>...</script> 标签之中的效果。<script> 标签常用的属性及说明如表 14.1 所示。

表 14.1　<script> 标签常用的属性及说明

属性	说明
language	设置所使用的脚本语言及版本
src	设置一个外部脚本文件的路径位置
type	设置所使用的脚本语言，此属性已代替 language 属性
defer	此属性表示当 HTML 文档加载完毕后再执行脚本语言

（1）language 属性

language 属性指定在 HTML 中使用的哪种脚本语言及版本。language 属性使用的格式如下。

```
<script language="JavaScript1.5">
```

👑 说明：

如果不定义 language 属性，浏览器默认脚本语言为 JavaScript 1.0 版本。

（2）src 属性

src 属性用来指定外部脚本文件的路径，外部脚本文件通常使用 JavaScript 脚本，其扩展名为 .js。src 属性使用的格式如下。

```
<script src="01.js">
```

（3）type 属性

type 属性用来指定 HTML 中使用的是哪种脚本语言及版本。自 HTML4.0 标准开始，推荐使用 type 属性来代替 language 属性。type 属性使用格式如下。

```
<script type="text/javascript">
```

（4）defer 属性

defer 属性的作用是当文档加载完毕后再执行脚本。当脚本语言不需要立即运行时，设置 defer 属性后，浏览器将不必等待脚本语言装载，这样页面加载会更快。但当有一些脚本需要在页面加载过程中或加载完成后立即执行时，就不需要使用 defer 属性。defer 属性使用格式如下。

```
<script defer>
```

 [实例 14.1]

（源码位置：资源包 \Code\14\01）

编写第一个 JavaScript 程序

在 WebStorm 工具中直接嵌入 JavaScript 代码，在页面中输出"我喜欢学习 JavaScript"。具体步骤如下：

① 启动 WebStorm，如果还未创建过任何项目，会弹出如图 14.9 所示的对话框。

图 14.9　WebStorm 欢迎界面

② 单击图 14.9 中的"Create New Project"选项弹出创建新项目对话框，如图 14.10 所示。在对话框中输入项目名称"Code"并选择项目存储路径，将项目文件夹存储在计算机中的 E 盘，然后单击"Create"按钮创建项目。

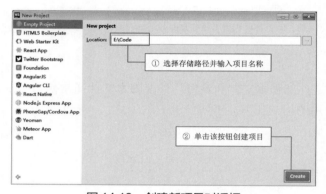

图 14.10　创建新项目对话框

③ 在项目名称"Code"上单击鼠标右键，然后依次选择"New"→"Directory"选项，如图 14.11 所示。

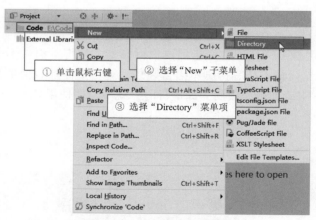

图 14.11　在项目中创建目录

④ 单击"Directory"选项，弹出新建目录对话框，如图 14.12 所示，在文本框中输入

新建目录的名称"SL"，然后单击"OK"按钮，完成文件夹 SL 的创建。

图 14.12　输入新建目录名称

⑤ 按照同样的方法，在文件夹 SL 下创建本章实例文件夹 01，在该文件夹下创建第一个实例文件夹 01。

⑥ 在第一个实例文件夹 01 上单击鼠标右键，然后依次选择"New"→"HTML File"选项，如图 14.13 所示。

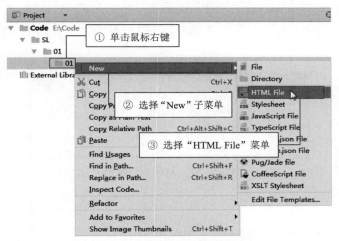

图 14.13　在文件夹下创建 HTML 文件

⑦ 单击"HTML File"选项，弹出新建 HTML 文件对话框，如图 14.14 所示，在文本框中输入新建文件的名称"index"，然后单击"OK"按钮，完成 index.html 文件的创建。此时，开发工具会自动打开刚刚创建的文件，结果如图 14.15 所示。

图 14.14　新建 HTML 文件对话框

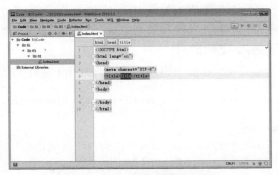

图 14.15　打开新创建的文件

⑧ 将实例背景图像 bg.gif 复制到"E:\Code\SL\01\01"目录下，背景图像的存储路径为"光盘 \Code\SL\01\01"。

⑨ 在 <title> 标签中将标题设置为"第一个 JavaScript 程序"，在 <body> 标签中编写

JavaScript 代码，如图 14.16 所示。

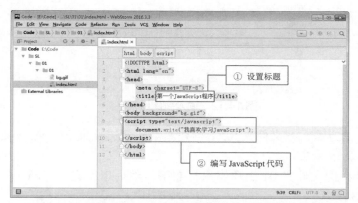

图 14.16　在 WebStorm 中编写的 JavaScript 代码

双击"E:\Code\SL\01\01"目录下的 index.html 文件，在浏览器中将会查看到运行结果，如图 14.17 所示。

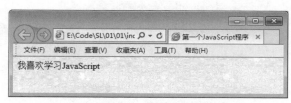

图 14.17　程序运行结果

👑 说明：

① <script> 标签可以放在 Web 页面的 <head>...</head> 标签中，也可以放在 <body>...</body> 标签中。

② 脚本中使用的 document.write 是 JavaScript 语句，其功能是直接在页面中输出括号中的内容。

14.3.2　链接外部 JavaScript 文件

在 Web 页面中引入 JavaScript 的另一种方法是采用链接外部 JavaScript 文件的形式。如果代码比较复杂或是同一段代码可以被多个页面所使用，则可以将这些代码放置在一个单独的文件中（保存文件的扩展名为 .js），然后在需要使用该代码的 Web 页面中链接该 JavaScript 文件即可。

在 Web 页面中链接外部 JavaScript 文件的语法格式如下：

```
<script type="text/javascript" src="javascript.js"></script>
```

👑 说明：

如果外部 JavaScript 文件保存在本机中，src 属性可以是绝对路径或是相对路径；如果外部 JavaScript 文件保存在其他服务器中，src 属性需要指定绝对路径。

[实例 14.2] 　　　　　　　　　　　　　　　　　　　　　（源码位置：资源包 \Code\14\02 ）

调用外部 JavaScript 文件

在 HTML 文件中调用外部 JavaScript 文件，运行时在页面中显示对话框，对话框中输出

"我喜欢学习 JavaScript"。

具体步骤如下：

① 在本章实例文件夹 01 下创建第二个实例文件夹 02。

② 在文件夹 02 上单击鼠标右键，然后依次选择 "New" → "JavaScript File" 选项，如图 14.18 所示。

图 14.18　在文件夹下创建 JavaScript 文件

③ 单击 "JavaScript File" 选项，弹出新建 JavaScript 文件对话框，如图 14.19 所示，在文本框中输入 JavaScript 文件的名称 "index"，然后单击 "OK" 按钮，完成 index.js 文件的创建。此时，开发工具会自动打开刚刚创建的文件。

图 14.19　新建 JavaScript 文件对话框

④ 在 index.js 文件中编写 JavaScript 代码，如图 14.20 所示。

图 14.20　index.js 文件中的代码

说明：

代码中使用的 alert 是 JavaScript 语句，其功能是在页面中弹出一个对话框，对话框中显示括号中的内容。

⑤ 在 02 文件夹下创建 index.html 文件，在该文件中调用外部 JavaScript 文件 index.js，

代码如图 14.21 所示。

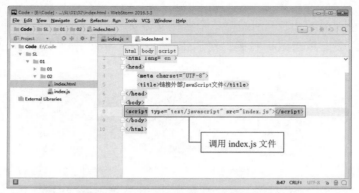

图 14.21　调用外部 JavaScript 文件

双击 index.html 文件，运行结果如图 14.22 所示。

👑 注意：

① 在外部 JavaScript 文件中，不能将代码用 <script> 和 </script> 标签括起来。

② 在使用 src 属性引用外部 JavaScript 文件时，<script>...</script> 标签中不能包含其他 JavaScript 代码。

③ 在 <script> 标签中使用 src 属性引用外部 JavaScript 文件时，</script> 结束标签不能省略。

图 14.22　程序运行结果

14.3.3　作为标签的属性值使用

在 JavaScript 脚本程序中，有些 JavaScript 代码可能需要立即执行，而有些 JavaScript 代码可能需要单击某个超链接或者触发了一些事件（如单击按钮）之后才会执行。下面介绍将 JavaScript 代码作为标签的属性值使用。

（1）通过"javascript:"调用

在 HTML 中，可以通过"javascript:"来调用 JavaScript 的函数或方法。示例代码如下：

```
<a href="javascript:alert(' 您单击了这个超链接 ')"> 请单击这里 </a>
```

在上述代码中通过使用"javascript:"来调用 alert() 方法，但该方法并不是在浏览器解析到"javascript:"时就立刻执行，而是在单击该超链接时才会执行。

（2）与事件结合调用

JavaScript 可以支持很多事件，事件可以影响用户的操作，比如单击鼠标左键、按下键盘或移动鼠标等。与事件结合可以调用执行 JavaScript 的方法或函数。示例代码如下：

```
<input type="button" value=" 单击按钮 " onclick="alert(' 您单击了这个按钮 ')" />
```

在上述代码中，onclick 是单击事件，意思是当单击对象时将会触发 JavaScript 的方法或函数。

14.4 JavaScript 基本语法

JavaScript 作为一种脚本语言，其语法规则和其他语言有相同之处也有不同之处。下面简单介绍 JavaScript 的一些基本语法。

（1）执行顺序

JavaScript 程序按照在 HTML 文件中出现的顺序逐行执行。如果需要在整个 HTML 文件中执行（如函数、全局变量等），最好将其放在 HTML 文件的 `<head>…</head>` 标记中。某些代码，比如函数体内的代码，不会被立即执行，只有当所在的函数被其他程序调用时，该代码才会被执行。

（2）大小写敏感

JavaScript 对字母大小写是敏感（严格区分字母大小写）的，也就是说，在输入语言的关键字、函数名、变量以及其他标识符时，都必须采用正确的大小写形式。例如，变量 username 与变量 userName 是两个不同的变量，这一点要特别注意，因为同属于与 JavaScript 紧密相关的 HTML 是不区分大小写的，所以很容易混淆。

> 👑 注意：
> HTML 不区分大小写。由于 JavaScript 和 HTML 紧密相连，这一点很容易混淆。许多 JavaScript 对象和属性都与其代表的 HTML 标签或属性同名，在 HTML 中，这些名称可以以任意的大小写方式输入而不会引起混乱，但在 JavaScript 中，这些名称通常都是小写的。例如，HTML 中的事件处理器属性 ONCLICK 通常被声明为 onClick 或 OnClick，而在 JavaScript 中只能使用 onclick。

（3）空格与换行

在 JavaScript 中会忽略程序中的空格、换行和制表符，除非这些符号是字符串或正则表达式中的一部分。因此，可以在程序中随意使用这些特殊符号来进行排版，让代码更加易于阅读和理解。

JavaScript 中的换行有"断句"的意思，即换行能判断一个语句是否已经结束。如以下代码表示两个不同的语句。

```
a = 100
return false
```

如果将第二行代码写成

```
return
false
```

此时，JavaScript 会认为这是两个不同的语句，这样会产生错误。

（4）每行结尾的分号可有可无

与 Java 语言不同，JavaScript 并不要求必须以分号（;）作为语句的结束标记。如果语句的结束处没有分号，JavaScript 会自动将该行代码的结尾作为语句的结尾。

例如，下面的两行代码都是正确的。

```
alert("您好！欢迎访问我公司网站！")
```

```
alert(" 您好！欢迎访问我公司网站！");
```

 注意：
最好的代码编写习惯是在每行代码的结尾处加上分号，这样可以保证每行代码的准确性。

（5）注释

为程序添加注释可以起到以下两种作用。

① 可以解释程序某些语句的作用和功能，使程序更易于理解，通常用于代码的解释说明。

② 可以用注释来暂时屏蔽某些语句，使浏览器对其暂时忽略，等需要时取消注释，这些语句就会发挥作用，通常用于代码的调试。

JavaScript 提供了两种注释符号："//"和"/*…*/"。其中，"//"用于单行注释，"/*…*/"用于多行注释。多行注释符号分为开始和结束两部分，即在需要注释的内容前输入"/*"，同时在注释内容结束后输入"*/"表示注释结束。下面是单行注释和多行注释的示例。

```
// 这是单行注释的例子
/* 这是多行注释的第一行
 这是多行注释的第二行
 …
*/
/* 这是多行注释在一行中应用的例子 */
```

本章知识思维导图

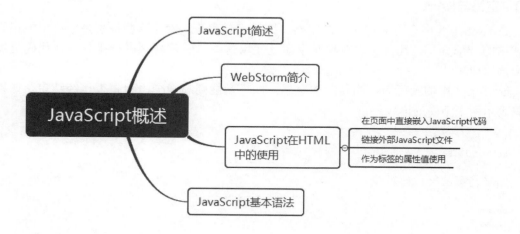

第 15 章

JavaScript 基础

扫码领取
➤ 配套视频
➤ 配套素材
➤ 学习指导
➤ 交流社群

 本章学习目标

- 掌握 JavaScript 中的数据类型。
- 掌握 JavaScript 中的常量和变量。
- 掌握 JavaScript 中的运算符。
- 掌握 JavaScript 中的表达式和数据类型的转换规则。

15.1 数据类型

JavaScript 的数据类型分为基本数据类型和复合数据类型。关于复合数据类型中的对象、数组和函数等，将在后面的章节进行介绍。在本节中，将详细介绍 JavaScript 的基本数据类型。JavaScript 的基本数据类型有数值型、字符串型、布尔型以及两个特殊的数据类型。

15.1.1 数值型

数值型（number）是 JavaScript 中最基本的数据类型。JavaScript 和其他程序设计语言（如 C 语言和 Java）的不同之处在于，它并不区别整型数值和浮点型数值。在 JavaScript 中，所有的数值都是由浮点型表示的。JavaScript 采用 IEEE 754 标准定义的 64 位浮点格式表示数字，这意味着它能表示的范围是：正浮点数 $1.0 \times 2^{-1022} \approx 2.2251 \times 10^{-308}$ 至 $(2-2^{-52}) \times 10^{1023} \approx 1.7977 \times 10^{308}$，负浮点数 $-(2-2^{-52}) \times 2^{1023} \approx -1.7977 \times 10^{308}$ 至 $-1.0 \times 2^{-1022} \approx -2.2250 \times 10^{-308}$。

当一个数字直接出现在 JavaScript 程序中时，我们称它为数值直接量（numericliteral）。JavaScript 支持数值直接量的形式有几种，下面将进行详细介绍。

> 👑 **注意：**
>
> 在任何数值直接量前加负号（–）可以构成它的负数。但是负号是一元求反运算符，它不是数值直接量语法的一部分。

（1）十进制

在 JavaScript 程序中，十进制的整数是一个由 0~9 组成的数字序列。例如：

```
0
6
-2
100
```

JavaScript 的数字格式允许精确地表示 -9007199254740992（-2^{53}）和 9007199254740992（2^{53}）之间的所有整数 [包括 -9007199254740992（-2^{53}）和 9007199254740992（2^{53}）]。但是使用超过这个范围的整数，就会失去尾数的精确性。需要注意的是，JavaScript 中的某些整数运算是对 32 位的整数执行的，它们的范围从 -2147483648（-2^{31}）到 2147483647（$2^{31}-1$）。

（2）八进制

尽管 ECMAScript 标准不支持八进制数据，但是 JavaScript 的某些实现却允许采用八进制（以 8 为基数）格式的整型数据。八进制数据以数字 0 开头，其后跟随一个数字序列，这个序列中的每个数字都在 0 和 7 之间（包括 0 和 7），例如：

```
07
0366
```

由于某些 JavaScript 的实现支持八进制数据，而有些则不支持，所以最好不要使用以 0 开头的整型数据，因为不知道某个 JavaScript 的实现是将其解释为十进制，还是解释为八进制。

（3）十六进制

JavaScript 不但能够处理十进制的整型数据，还能识别十六进制（以 16 为基数）的数据。所谓十六进制数据，是以"0X"或"0x"开头，其后跟随十六进制的数字序列。十六进制的数字可以是 0 到 9 中的某个数字，也可以是 a（A）到 f（F）中的某个字母，它们用来表示 0 到 15 之间（包括 0 和 15）的某个值。下面是十六进制整型数据的例子：

```
0xff
0X123
0xCAFE911
```

 [实例 15.1]

（源码位置：资源包 \Code\15\01）

输出红、绿、蓝三种颜色的色值

网页中的颜色 RGB 代码是以十六进制数字表示的。例如，在颜色代码 #6699FF 中，十六进制数字 66 表示红色部分的色值，十六进制数字 99 表示绿色部分的色值，十六进制数字 FF 表示蓝色部分的色值。在页面中分别输出 RGB 颜色 #87EBFF 的 3 种颜色的色值，代码如下：

```
<script type="text/javascript">
document.write("RGB 颜色 #87EBFF 的 3 种颜色的色值分别为： ");    // 输出字符串
document.write("<p>R: "+0x66);                                  // 输出红色色值
document.write("<br>G: "+0x99);                                 // 输出绿色色值
document.write("<br>B: "+0xFF);                                 // 输出蓝色色值
</script>
```

运行结果如图 15.1 所示。

（4）浮点型数据

浮点型数据可以具有小数点，它的表示方法有以下两种。

① 传统记数法　传统记数法是将一个浮点数分为整数部分、小数点和小数部分，如果整数部分为 0，可以省略整数部分。例如：

图 15.1　输出 RGB 颜色 #87EBFF 的 3 种颜色的色值

```
1.2
56.9963
.236
```

② 科学记数法　还可以使用科学记数法表示浮点型数据，即实数后跟随字母 e 或 E，后面加上一个带正号或负号的整数指数，其中正号可以省略。例如：

```
6e+3
3.12e11
1.234E-12
```

👑 说明：

在科学记数法中，e（或 E）后面的整数表示 10 的指数次幂，因此，这种记数法表示的数值等于前面的实数乘以 10 的指数次幂。

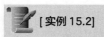 **[实例 15.2]**

（源码位置：资源包 \Code\15\02）

输出科学计数法表示的浮点数

输出"3e-2""3.5e4""1.236E-3"这 3 种不同形式的科学记数法表示的浮点数，代码如下：

```
<script type="text/javascript">
document.write(" 科学记数法表示的浮点数的输出结果: ");// 输出字符串
document.write("<p>");// 输出段落标记
document.write(3e-2);// 输出浮点数
document.write("<br>");// 输出换行标记
document.write(3.5e4);// 输出浮点数
document.write("<br>");// 输出换行标记
document.write(1.236E-3);// 输出浮点数
</script>
```

执行上面的代码，运行结果如图 15.2 所示。

（5）特殊值 Infinity

在 JavaScript 中有一个特殊的数值 Infinity（无穷大），如果一个数值超出了 JavaScript 所能表示的最大值的范围，JavaScript 就会输出 Infinity；如果一个数值超出了 JavaScript 所能表示的最小值的范围，JavaScript 就会输出 -Infinity。例如：

图 15.2 输出科学记数法表示的浮点数

```
document.write(1/0);                    // 输出 1 除以 0 的值
document.write("<br>");                 // 输出换行标记
document.write(-1/0);                   // 输出 -1 除以 0 的值
```

运行结果为：

```
Infinity
-Infinity
```

（6）特殊值 NaN

JavaScript 中还有一个特殊的数值 NaN（Not a Number 的简写），即"非数字"。在进行数学运算时产生了未知的结果或错误，JavaScript 就会返回 NaN，它表示该数学运算的结果是一个非数字。例如，用 0 除以 0 的输出结果就是 NaN，代码如下：

```
alert(0/0);                             // 输出 0 除以 0 的值
```

运行结果为：

```
NaN
```

15.1.2 字符串型

字符串（string）是由 0 个或多个字符组成的序列，它可以包含大小写字母、数字、标点符号或其他字符，也可以包含汉字，它是 JavaScript 用来表示文本的数据类型。程序中的字符串型数据是包含在单引号或双引号中的，由单引号定界的字符串中可以含有双引号，由双引号定界的字符串中也可以含有单引号。

👑 说明：

空字符串不包含任何字符，也不包含任何空格，用一对引号表示，即 "" 或 ''。

例如：

① 单引号括起来的字符串，代码如下：

```
' 你好 JavaScript'
'mingrisoft@mingrisoft.com'
```

② 双引号括起来的字符串，代码如下：

```
" "
" 你好 JavaScript"
```

③ 单引号定界的字符串中可以含有双引号，代码如下：

```
'abc"efg'
' 你好 "JavaScript"'
```

④ 双引号定界的字符串中可以含有单引号，代码如下：

```
"I'm legend"
"You can call me 'Tom'!"
```

👑 注意：

包含字符串的引号必须匹配，如果字符串前面使用的是双引号，那么在字符串后面也必须使用双引号，反之都使用单引号。

有的时候字符串中使用的引号会产生匹配混乱的问题。例如：

```
" 字符串是包含在单引号 ' 或双引号 " 中的 "
```

对于这种情况，必须使用转义字符。JavaScript 中的转义字符是 "\"，通过转义字符可以在字符串中添加不可显示的特殊字符，或者防止引号匹配混乱的问题。例如，字符串中的单引号可以使用 "\'" 来代替，双引号可以使用 "\" 来代替。因此，上面一行代码可以写成如下的形式：

```
" 字符串是包含在单引号 \' 或双引号 \" 中的 "
```

JavaScript 常用的转义字符如表 15.1 所示。

表 15.1　JavaScript 常用的转义字符

转义字符	描述	转义字符	描述
\b	退格	\v	垂直制表符
\n	换行符	\r	回车符
\t	水平制表符，Tab空格	\\	反斜杠
\f	换页	\OOO	八进制整数，范围000~777
\'	单引号	\xHH	十六进制整数，范围00~FF
\"	双引号	\uhhhh	十六进制编码的Unicode字符

例如，在 alert 语句中使用转义字符 "\n" 的代码如下：

```
alert(" 网页设计基础: \nHTML\nCSS\nJavaScript");          // 输出换行字符串
```

运行结果如图 15.3 所示。

由图 15.3 可知，转义字符 "\n" 在警告框中会产生换行，但是在 "document.write();" 语句中使用转义字符时，只有将其放在格式化文本块中才会起作用，所以脚本必须放在 <pre> 和 </pre> 标签内，例如应用转义字符使字符串换行程序代码如下：

图 15.3　换行输出字符串

```
document.write("<pre>");                        // 输出 <pre> 标签
document.write(" 轻松学习 \nJavaScript 语言! ");    // 换行输出字符串
document.write("</pre>");                        // 输出 </pre> 标签
```

运行结果如图 15.4 所示。

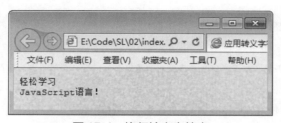

图 15.4　换行输出字符串

如果上述代码不使用 <pre> 和 </pre> 标签，则转义字符不起作用，代码如下：

```
document.write(" 轻松学习 \nJavaScript 语言! ");    // 输出字符串
```

运行结果为：

```
轻松学习 JavaScript 语言!
```

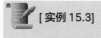 [实例 15.3]

（源码位置：资源包 \Code\15\03）

输出奥尼尔的中文名、英文名和别名

在 <pre> 和 </pre> 标签内使用转义字符，分别输出前 NBA 球星奥尼尔的中文名、英文名以及别名，关键代码如下：

```
<script type="text/javascript">
document.write('<pre>');                         // 输出 <pre> 标签
document.write(' 中文名: 沙奎尔·奥尼尔 ');           // 输出奥尼尔中文名
document.write('\n 英文名: Shaquille O\'Neal');    // 输出奥尼尔英文名
document.write('\n 别名: 大鲨鱼 ');                 // 输出奥尼尔别名
document.write('</pre>');                         // 输出 </pre> 标记
</script>
```

运行结果如图 15.5 所示。

图 15.5　输出奥尼尔的中文名、英文名和别名

由上面的实例可以看出，在单引号定义的字符串内出现单引号，必须进行转义才能正确输出。

15.1.3　布尔型

数值数据类型和字符串数据类型的值都无穷多，但是布尔数据类型只有两个值，一个是 true（真），一个是 false（假），它说明了某个事物是真还是假。

布尔值通常在 JavaScript 程序中用来作为比较所得的结果。例如：

```
n==1
```

这行代码测试了变量 n 的值是否和数值 1 相等。如果相等，比较的结果就是布尔值 true，否则结果就是 false。

布尔值通常用于 JavaScript 的控制结构。例如，JavaScript 的 if...else 语句就是在布尔值为 true 时执行一个动作，在布尔值为 false 时执行另一个动作。通常将创建布尔值与使用这个值比较的语句结合在一起。例如：

```
if (n==1)                                    // 如果 n 的值等于 1
    m=m+1;                                    //m 的值加 1
else
    n=n+1;                                    //n 的值加 1
```

本段代码检测 n 是否等于 1，如果等于，就给 m 的值加 1，否则给 n 的值加 1。

有时候可以把两个可能的布尔值看作是 "on（true）" 和 "off（false）"，或者看作是 "yes（true）" 和 "no（false）"，这样比将它们看作是 "true" 和 "false" 更为直观。有时候把它们看作是 1（true）和 0（false）会更加有用（实际上 JavaScript 确实是这样做的，在必要时会将 true 转换成 1，将 false 转换成 0）。

15.1.4　特殊数据类型

（1）未定义值

未定义值就是 undefined，表示变量还没有赋值（如 var a;）。

（2）空值（null）

JavaScript 中的关键字 null 是一个特殊的值，它表示空值，用于定义空的或不存在的引用。这里必须要注意的是：null 不等同于空的字符串（""）或 0。当使用对象进行编程时，可能会用到这个值。

由此可见，null 与 undefined 的区别是 null 表示一个变量被赋予了一个空值，而 undefined 则表示该变量尚未被赋值。

15.2　常量和变量

每一种计算机语言都有自己的数据结构。在 JavaScript 中，常量和变量是数据结构的重要组成部分。本节将介绍常量和变量的概念以及变量的使用方法。

15.2.1　常量

常量是指在程序运行过程中保持不变的数据。例如，123 是数值型常量，"JavaScript 脚本"是字符串型常量，true 或 false 是布尔型常量等。在 JavaScript 脚本编程中可直接输入这些值。

15.2.2　变量

变量是指程序中一个已经命名的存储单元，它的主要作用是为数据操作提供存放信息的容器。变量是相对常量而言的。常量是一个不会改变的固定值，而变量的值可能会随着程序的执行而改变。变量有两个基本特征，即变量名和变量值。为了便于理解，可以把变量看作是一个贴着标签的盒子，标签上的名字就是这个变量的名字（即变量名），而盒子里面的东西就相当于变量的值。对于变量的使用必须明确变量的命名、变量的声明、变量的赋值以及变量的类型。

（1）变量的命名

JavaScript 变量的命名规则如下：
- 必须以字母或下划线开头，其他字符可以是数字、字母或下划线。
- 变量名不能包含空格或加号、减号等符号。
- JavaScript 的变量名是严格区分大小写的，例如 UserName 与 username 代表两个不同的变量。
- 不能使用 JavaScript 中的关键字。JavaScript 中的关键字如表 15.2 所示。

👑 说明：

JavaScript 关键字（Reserved Words）是指在 JavaScript 语言中有特定含义，成为 JavaScript 语法中一部分的那些字。JavaScript 关键字是不能作为变量名和函数名使用的。使用 JavaScript 关键字作为变量名或函数名，会使 JavaScript 在载入过程中出现语法错误。

表 15.2　JavaScript 的关键字

abstract	continue	finally	instanceof	private	this
boolean	default	float	int	public	throw
break	do	for	interface	return	typeof
byte	double	function	long	short	true
case	else	goto	native	static	var
catch	extends	implements	new	super	void
char	false	import	null	switch	while
class	final	in	package	synchronized	with

👑 说明:

虽然 JavaScript 的变量可以任意命名，但是在进行编程的时候，最好还是使用便于记忆、且有意义的变量名称，以增加程序的可读性。

（2）变量的声明

在 JavaScript 中，JavaScript 变量由关键字 var 声明，语法格式如下:

```
var variablename;
```

variablename 是声明的变量名，例如声明一个变量 username，代码如下:

```
var username;                                        // 声明变量 username
```

另外，可以使用一个关键字 var 同时声明多个变量，例如:

```
var a,b,c;                                           // 同时声明 a、b 和 c 3 个变量
```

（3）变量的赋值

在声明变量的同时也可以使用等号（=）对变量进行初始化赋值，例如声明一个变量 lesson 并对其进行赋值，值为一个字符串 " 零基础学 JavaScript"，代码如下:

```
var lesson=" 零基础学 JavaScript";                     // 声明变量并进行初始化赋值
```

另外，还可以在声明变量之后再对变量进行赋值，例如:

```
var lesson;                                          // 声明变量
lesson=" 零基础学 JavaScript";                          // 对变量进行赋值
```

在 JavaScript 中，变量可以不先声明而直接对其进行赋值。例如，给一个未声明的变量赋值，然后输出这个变量的值，代码如下:

```
str = " 这是一个未声明的变量 ";                           // 给未声明的变量赋值
document.write(str);                                 // 输出变量的值
```

运行结果为:

```
这是一个未声明的变量
```

虽然在 JavaScript 中可以给一个未声明的变量直接进行赋值，但是建议在使用变量前就对其声明，因为声明变量的最大好处就是能及时发现代码中的错误。由于 JavaScript 是采用动态编译的，而动态编译是不易于发现代码中的错误的，特别是变量命名方面的错误。

👑 常见错误:

使用变量时忽略了字母的大小写。例如，下面的代码在运行时就会产生错误。

```
var name = " 张三 ";                                   // 声明变量并赋值
document.write(NAME);                                // 输出变量 NAME 的值
```

上述代码中，定义了一个变量 name，但是在使用 document.write 语句输出变量的值时忽略了字母的大小写，因此在运行结果中就会出现错误。

👑 说明:

① 如果只是声明了变量，并未对其赋值，则其值默认为 undefined。

② 可以使用 var 语句重复声明同一个变量，也可以在重复声明变量时为该变量赋一个新值。

例如，声明一个未赋值的变量 a 和一个进行重复声明的变量 b，并输出这两个变量的值，代码如下：

```
var a;                              // 声明变量 a
var b = " 你好 JavaScript";           // 声明变量 b 并初始化
var b = " 零基础学 JavaScript";        // 重复声明变量 b
document.write(a);                  // 输出变量 a 的值
document.write("<br>");             // 输出换行标记
document.write(b);                  // 输出变量 b 的值
```

运行结果为：

```
undefined
零基础学 JavaScript
```

👑 注意：

在 JavaScript 中的变量必须要先定义（用 var 关键字声明或给一个未声明的变量直接赋值）后使用，没有定义过的变量不能直接使用。

👑 常见错误：

直接输出一个未定义的变量。例如，下面的代码在运行时就会产生错误。

```
document.write(a);                  // 输出未定义的变量 a 的值
```

上述代码中，并没有定义变量 a，但是却使用 document.write 语句直接输出 a 的值，因此在运行结果中就会出现错误。

（4）变量的类型

变量的类型是指变量的值所属的数据类型，可以是数值型、字符串型和布尔型等，因为 JavaScript 是一种弱类型的程序语言，所以可以把任意类型的数据赋值给变量。

例如，先将一个数值型数据赋值给一个变量，在程序运行过程中，可以将一个字符串型数据赋值给同一个变量，代码如下：

```
var num=100;                        // 定义数值型变量
num=" 有一条路，走过了总会想起 " ;        // 定义字符串型变量
```

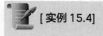

[实例 15.4]　　　　　　　　　　　　　　　　　　　（源码位置：资源包 \Code\15\04）

输出球员信息

科比·布莱恩特是前 NBA 最著名的篮球运动员之一。将科比的别名、身高、总得分、主要成就以及场上位置分别定义在不同的变量中，并输出这些信息，关键代码如下：

```
<script type="text/javascript">
var alias = " 小飞侠 ";                    // 定义别名变量
var height = 198;                        // 定义身高变量
var score = 33643;                       // 定义总得分变量
var achievement = " 五届 NBA 总冠军 ";       // 定义主要成就变量
var position = " 得分后卫 / 小前锋 ";         // 定义场上位置变量
document.write(" 别名: ");                 // 输出字符串
document.write(alias);                   // 输出变量 alias 的值
```

```
document.write("<br> 身高: ");                    // 输出换行标记和字符串
document.write(height);                           // 输出变量 height 的值
document.write(" 厘米 <br> 总得分: ");            // 输出换行标记和字符串
document.write(score);                            // 输出变量 score 的值
document.write(" 分 <br> 主要成就: ");            // 输出换行标记和字符串
document.write(achievement);                      // 输出变量 achievement 的值
document.write("<br> 场上位置: ");                // 输出换行标记和字符串
document.write(position);                         // 输出变量 position 的值
</script>
```

实例运行结果如图 15.6 所示。

图 15.6　输出球员信息

15.3　运算符

运算符也称为操作符，它是完成一系列操作的符号。运算符用于将一个或几个值进行计算而生成一个新的值，对其进行计算的值称为操作数，操作数可以是常量或变量。

JavaScript 的运算符按操作数的个数可以分为单目运算符、双目运算符和三目运算符；按运算符的功能可以分为算术运算符、字符串运算符、比较运算符、赋值运算符、逻辑运算符、条件运算符和其他运算符。

15.3.1　算术运算符

算术运算符用于在程序中进行加、减、乘、除等运算。在 JavaScript 中常用的算术运算符如表 15.3 所示。

表 15.3　JavaScript 中常用的算术运算符

运算符	描述	示例
+	加运算符	4+6　//返回值为 10
-	减运算符	7-2　//返回值为 5
*	乘运算符	7*3　//返回值为 21
/	除运算符	12/3　//返回值为 4

续表

运算符	描述	示例
%	求模运算符	7%4 //返回值为3

++	自增运算符。该运算符有两种情况：i++（在使用i之后，使i的值加1）；++i（在使用i之前，先使i的值加1）	i=1; j=i++ //j的值为1，i的值为2
		i=1; j=++i //j的值为2，i的值为2

−	自减运算符。该运算符有两种情况：i--（在使用i之后，使i的值减1）；--i（在使用i之前，先使i的值减1）	i=6; j=i-- //j的值为6，i的值为5
		i=6; j=--i //j的值为5，i的值为5

 [实例 15.5]　　（源码位置：资源包 \Code\15\05）

将华氏度转换为摄氏度

美国使用华氏度来作为计量温度的单位。将华氏度转换为摄氏度的公式为"摄氏度 = 5 / 9×（华氏度 −32)"。假设洛杉矶市的当前气温为 68 华氏度，分别输出该城市以华氏度和摄氏度表示的气温。关键代码如下：

```
<script type="text/javascript">
var degreeF=68;                                   // 定义表示华氏度的变量
var degreeC=0;                                     // 初始化表示摄氏度的变量
degreeC=5/9*(degreeF-32);                          // 将华氏度转换为摄氏度
document.write(" 华氏度: "+degreeF+"&deg;F");      // 输出华氏度表示的气温
document.write("<br> 摄氏度: "+degreeC+"&deg;C");  // 输出摄氏度表示的气温
</script>
```

本实例运行结果如图 15.7 所示。

图 15.7　输出以华氏度和摄氏度表示的气温

👑 注意：

在使用 "/" 运算符进行除法运算时，如果被除数不是 0，除数是 0，得到的结果为 Infinity；如果被除数和除数都是 0，得到的结果为 NaN。

👑 说明：

"+" 除了可以作为算术运算符之外，还可用于字符串连接的字符串运算符。

15.3.2　字符串运算符

字符串运算符是用于两个字符串型数据之间的运算符，它的作用是将两个字符串连接起来。在 JavaScript 中，可以使用 + 和 += 运算符对两个字符串进行连接运算。其中，+ 运算符用于连接两个字符串，+= 运算符则连接两个字符串并将结果赋给第一个字符串。表 15.4 给出了 JavaScript 中的字符串运算符。

表 15.4 JavaScript 中的字符串运算符

运算符	描述	示例
+	连接两个字符串	"零基础学 "+"JavaScript"
+=	连接两个字符串并将结果赋给第一个字符串	var name = "零基础学 " name += "JavaScript"/* 相当于 name = name+"JavaScript"*/

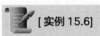 [实例 15.6]

（源码位置：资源包 \Code\15\06 ）

字符串运算符的使用

将电影《你好，李焕英》的影片名称、导演、类型和主演分别定义在变量中，应用字符串运算符对多个变量和字符串进行连接并输出。代码如下：

```html
<script type="text/javascript">
var movieName,director,type,actor,boxOffice;        // 声明变量
movieName = " 你好，李焕英 ";                          // 定义影片名称
director = " 贾玲 ";                                  // 定义影片导演
type = " 奇幻、喜剧、家庭 ";                            // 定义影片类型
actor = " 贾玲、张小斐、沈腾、陈赫 ";                    // 定义影片主演
alert(" 影片名称: "+movieName+"\n 导演: "+director+"\n 类型: "+type+"\n 主演: "+actor);   // 连接字符串并输出
</script>
```

运行代码结果如图 15.8 所示。

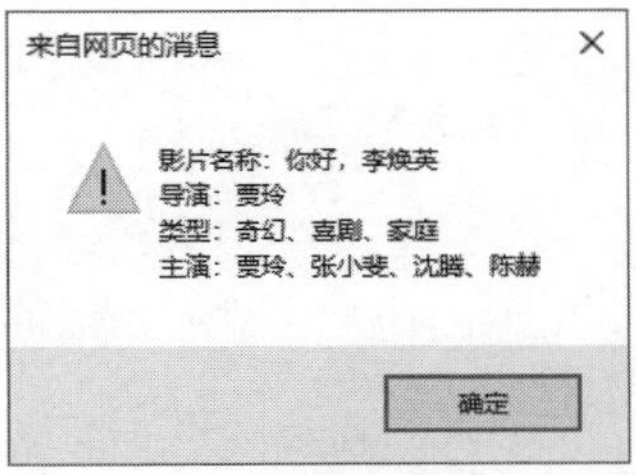

👑 说明：

　　JavaScript 脚本会根据操作数的数据类型来确定表达式中的"+"是算术运算符还是字符串运算符。在两个操作数中只要有一个是字符串型，那么这个"+"就是字符串运算符，而不是算术运算符。

👑 常见错误：

　　使用字符串运算符对字符串进行连接时，字符串变量未进行初始化。例如下面的代码：

来自网页的消息

⚠ 影片名称: 你好，李焕英
导演: 贾玲
类型: 奇幻、喜剧、家庭
主演: 贾玲、张小斐、沈腾、陈赫

确定

图 15.8 对多个字符串进行连接

```javascript
var str;                                 // 正确代码: var str="";
str+=" 零基础学 ";                         // 连接字符串
str+="JavaScript";                       // 连接字符串
document.write(str);                     // 输出变量的值
```

　　上述代码中，在声明变量 str 时并没有对变量初始化，这样在运行时会出现非预期的结果。

15.3.3 比较运算符

　　比较运算符的基本操作过程是：首先对操作数进行比较（这个操作数可以是数字也可以是字符串），然后返回一个布尔值 true 或 false。在 JavaScript 中常用的比较运算符如表 15.5 所示。

表 15.5 JavaScript 中的比较运算符

运算符	描述	示例
<	小于	1<6 //返回值为 true
>	大于	7>10 //返回值为 false

续表

运算符	描述	示例
<=	小于或等于	10<=10 //返回值为 true
>=	大于或等于	3>=6 //返回值为 false
==	等于。只根据表面值进行判断，不涉及数据类型	"17"==17 //返回值为 true
===	绝对等于。根据表面值和数据类型同时进行判断	"17"===17 //返回值为 false
!=	不等于。只根据表面值进行判断，不涉及数据类型	"17"!=17 //返回值为 false
!==	不绝对等于。根据表面值和数据类型同时进行判断	"17"!==17 //返回值为 true

👑 常见错误：

　　对操作数进行比较时，将比较运算符"=="写成"="。例如下面的代码：

```
var a=10;                          // 声明变量并初始化
document.write(a=10);              // 正确代码：document.write(a==10);
```

　　上述代码中，在对操作数进行比较时使用了赋值运算符"="，而正确的比较运算符应该是"=="。

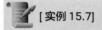 [实例 15.7]　　　　　　　　　　　　　　　　　　　（源码位置：资源包 \Code\15\07）

比较运算符的使用

　　应用比较运算符实现两个数值之间的大小比较。代码如下：

```
<script type="text/javascript">
var age = 25;                               // 定义变量
document.write("age 变量的值为: "+age);      // 输出字符串和变量的值
document.write("<p>");                      // 输出换行标记
document.write("age>20: ");                 // 输出字符串
document.write(age>20);                     // 输出比较结果
document.write("<br>");                     // 输出换行标记
document.write("age<20: ");                 // 输出字符串
document.write(age<20);                     // 输出比较结果
document.write("<br>");                     // 输出换行标记
document.write("age==20: ");                // 输出字符串
document.write(age==20);                    // 输出比较结果
</script>
```

　　运行结果如图 15.9 所示。

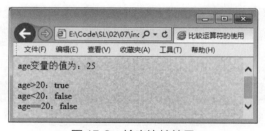

图 15.9　输出比较结果

比较运算符也可用于两个字符串之间的比较，返回结果同样是一个布尔值 true 或 false。当比较两个字符串 A 和 B 时，JavaScript 会首先比较 A 和 B 中的第一个字符，例如第一个字符的 ASCII 码值分别是 a 和 b，如果 a 大于 b，则字符串 A 大于字符串 B，否则字符串 A 小于字符串 B。如果第一个字符的 ASCII 码值相等，就比较 A 和 B 中的下一个字符，依此类推。如果每个字符的 ASCII 码值都相等，那么字符数多的字符串大于字符数少的字符串。

例如，在下面字符串的比较中，结果都是 true。

```
document.write("abc"=="abc");                   // 输出比较结果
document.write("ac"<"bc");                       // 输出比较结果
document.write("abcd">"abc");                    // 输出比较结果
```

15.3.4　赋值运算符

JavaScript 中的赋值运算可以分为简单赋值运算和复合赋值运算。简单赋值运算是将赋值运算符（=）右边表达式的值保存到左边的变量中；而复合赋值运算混合了其他操作（例如算术运算操作）和赋值操作。例如：

```
sum+=i;                                          // 等同于 sum=sum+i;
```

JavaScript 中的赋值运算符如表 15.6 所示。

表 15.6　JavaScript 中的赋值运算符

运算符	描述	示例
=	将右边表达式的值赋给左边的变量	userName="mr"
+=	将运算符左边的变量加上右边表达式的值赋给左边的变量	a+=b //相当于 a=a+b
-=	将运算符左边的变量减去右边表达式的值赋给左边的变量	a-=b //相当于 a=a-b
*=	将运算符左边的变量乘以右边表达式的值赋给左边的变量	a*=b //相当于 a=a*b
/=	将运算符左边的变量除以右边表达式的值赋给左边的变量	a/=b //相当于 a=a/b
%=	将运算符左边的变量用右边表达式的值求模，并将结果赋给左边的变量	a%=b //相当于 a=a%b

 **[实例 15.8]**　　　　　　　　　　　　　　　　　　（源码位置：资源包 \Code\15\08 ）

赋值运算符的使用

应用赋值运算符实现两个数值之间的运算并输出结果。代码如下：

```
<script type="text/javascript">
var a = 2;                                       // 定义变量
var b = 3;                                       // 定义变量
document.write("a=2,b=3");                        // 输出 a 和 b 的值
document.write("<p>");                            // 输出段落标记
document.write("a+=b 运算后: ");                  // 输出字符串
a+=b;                                            // 执行运算
document.write("a="+a);                           // 输出此时变量 a 的值
document.write("<br>");                           // 输出换行标记
document.write("a-=b 运算后: ");                  // 输出字符串
a-=b;                                            // 执行运算
document.write("a="+a);                           // 输出此时变量 a 的值
document.write("<br>");                           // 输出换行标记
```

```
document.write("a*=b 运算后: ");            // 输出字符串
a*=b;                                      // 执行运算
document.write("a="+a);                     // 输出此时变量 a 的值
document.write("<br>");                     // 输出换行标记
document.write("a/=b 运算后: ");            // 输出字符串
a/=b;                                      // 执行运算
document.write("a="+a);                     // 输出此时变量 a 的值
document.write("<br>");                     // 输出换行标记
document.write("a%=b 运算后: ");            // 输出字符串
a%=b;                                      // 执行运算
document.write("a="+a);                     // 输出此时变量 a 的值
</script>
```

运行结果如图 15.10 所示。

15.3.5　逻辑运算符

逻辑运算符用于对一个或多个布尔值进行逻辑运算。在 JavaScript 中有三个逻辑运算符，如表 15.7 所示。

图 15.10　输出赋值运算结果

表 15.7　逻辑运算符

运算符	描述	示例
&&	逻辑与	a && b //当a和b都为真时，结果为真，否则为假
||	逻辑或	a || b //当a为真或者b为真时，结果为真，否则为假
!	逻辑非	!a //当a为假时，结果为真，否则为假

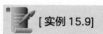 [实例 15.9]　　　　　　　　　　　　　　　　　（源码位置：资源包 \Code\15\09）

逻辑运算符的使用

应用逻辑运算符对逻辑表达式进行运算并输出结果。代码如下：

```
<script type="text/javascript">
var num = 20;                                  // 定义变量
document.write("num="+num);                    // 输出变量的值
document.write("<p>num>0 && num<10 的结果: ");  // 输出字符串
document.write(num>0 && num<10);               // 输出运算结果
document.write("<br>num>0 || num<10 的结果: "); // 输出字符串
document.write(num>0 || num<10);               // 输出运算结果
document.write("<br>!num<10 的结果: ");         // 输出字符串
document.write(!num<10);                        // 输出运算结果
</script>
```

本实例运行结果如图 15.11 所示。

图 15.11　输出逻辑运算结果

15.3.6 条件运算符

条件运算符是 JavaScript 支持的一种特殊的三目运算符，其语法格式如下：

> 表达式 ? 结果 1: 结果 2

如果"表达式"的值为 true，则整个表达式的结果为"结果 1"，否则为"结果 2"。

例如，定义两个变量，值都为 10，然后判断两个变量是否相等，如果相等则输出"相等"，否则输出"不相等"。代码如下：

```
var a=10;                              // 定义变量
var b=10;                              // 定义变量
alert(a==b?" 相等 ":" 不相等 ");          // 应用条件运算符进行判断并输出结果
```

运行结果如图 15.12 所示。

图 15.12　判断两个变量是否相等

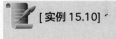 [实例 15.10]　　　　　　　　　　　　　　　　　　　　（源码位置：资源包 \Code\15\10）

条件运算符的使用

如果某年的年份值是 4 的倍数并且不是 100 的倍数，或者该年份值是 400 的倍数，那么这一年就是闰年。应用条件运算符判断 2021 年是否是闰年。代码如下：

```
<script type="text/javascript">
var year = 2021;                       // 定义年份变量
                                       // 应用条件运算符进行判断
result = (year%4 == 0 && year%100 != 0) || (year%400 == 0)?" 是闰年 ":" 不是闰年 ";
alert(year+" 年 "+result);             // 输出判断结果
</script>
```

本实例运行结果如图 15.13 所示。

图 15.13　判断 2021 年是否是闰年

15.3.7 其他运算符

（1）逗号运算符

逗号运算符用于将多个表达式排在一起，整个表达式的值为最后一个表达式的值。例如：

```
var a,b,c,d;                        // 声明变量
a=(b=3,c=5,d=6);                    // 使用逗号运算符为变量 a 赋值
alert("a 的值为 "+a);               // 输出变量 a 的值
```

运行结果如图 15.14 所示。

（2）typeof 运算符

typeof 运算符用于判断操作数的数据类型。它可以返回一个字符串，该字符串说明了操作数是什么数据类型，这对于判断一个变量是否已被定义特别有用。其语法格式如下：

图 15.14　输出变量 a 的值

```
typeof 操作数
```

不同类型的操作数使用 typeof 运算符的返回值如表 15.8 所示。

表 15.8　不同类型数据使用 typeof 运算符的返回值

数据类型	返回值	数据类型	返回值
数值	number	null	object
字符串	string	对象	object
布尔值	boolean	函数	function
undefined	undefined		

例如，应用 typeof 运算符分别判断 4 个变量的数据类型，代码如下：

```
var a,b,c,d;                        // 声明变量
a=3;                                // 为变量赋值
b="name";                           // 为变量赋值
c=true;                             // 为变量赋值
d=null;                             // 为变量赋值
alert("a 的类型为 "+(typeof a)+"\nb 的类型为 "+(typeof b)+"\nc 的类型为 "+(typeof c)+"\nd 的类型为
"+(typeof d));                      // 输出变量的类型
```

运行结果如图 15.15 所示。

（3）new 运算符

在 JavaScript 中有很多内置对象，如字符串对象、日期对象和数值对象等。通过 new 运算符可以创建新的内置对象实例。其语法格式如下：

图 15.15　输出不同的数据类型

```
对象实例名称 = new 对象类型（参数）
对象实例名称 = new 对象类型
```

当创建对象实例时，如果没有用到参数，则可以省略圆括号，这种省略方式只限于 new
运算符。

例如，应用 new 运算符来创建新的对象实例，代码如下：

```
Object1 = new Object;                            // 创建自定义对象
Array2 = new Array();                            // 创建数组对象
Date3 = new Date("August 8 2008");              // 创建日期对象
```

15.3.8 运算符优先级

JavaScript 运算符都有明确的优先级与结合性。优先级较高的运算符将先于优先级较低
的运算符进行运算。结合性则是指具有同等优先级的运算符将按照怎样的顺序进行运算。
JavaScript 运算符的优先级与结合性如表 15.9 所示。

表 15.9 JavaScript 运算符的优先级与结合性

方法	说明	运算符
最高	向左	.、[ ]、( )
		++、−−、−、!、delete、new、typeof、void
	向左	*、/、%
	向左	+、−
	向左	<<、>>、>>>
	向左	<、<=、>、>=、in、instanceof
	向左	==、!=、===、!===
	向左	&
由高到低依次排列	向左	^
	向左	|
	向左	&&
	向左	||
	向右	?:
	向右	=
	向右	*=、/=、%=、+=、−=、<<=、>>=、>>>=、&=、^=、|=
最低	向左	,

例如，下面的代码显示了运算符优先顺序的作用。

```
var a;                                           // 声明变量
a = 20-(5+6)<10&&2>1;                            // 为变量赋值
alert(a);                                        // 输出变量的值
```

运行结果如图 15.16 所示。

当在表达式中连续出现的几个运算符优先级相同时，其运算的优先顺序由其结合性决定。结合性有向左结合和向右结合，例如由于运算符"+"是左结合的，所以在计算表达式"a+b+c"的值时，会先计算"a+b"，即"(a+b)+c"；而赋值运算符"="是右结合的，所以在计算表达式"a=b=1"的值时，会先计算"b=1"。下面的代码说明了"="的右结合性。

图 15.16　输出结果

```
var a = 1;                // 声明变量并赋值
b=a=10;                   // 对变量 b 赋值
alert("b="+b);            // 输出变量 b 的值
```

运行结果如图 15.17 所示。

图 15.17　输出结果

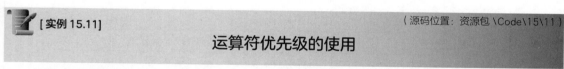

[实例 15.11]（源码位置：资源包 \Code\15\11）

运算符优先级的使用

假设手机原来的话费余额是 10 元，通话资费为 0.2 元 / 分钟，流量资费为 0.5 元 / 兆，在使用了 10 兆流量后，计算手机话费余额还可以进行多长时间的通话。代码如下：

```
<script type="text/javascript">
var balance = 10;                                          // 定义手机话费余额变量
var call = 0.2;                                            // 定义通话资费变量
var traffic = 0.5;                                         // 定义流量资费变量
var minutes = (balance-traffic*10)/call;                  // 计算余额可通话分钟数
document.write(" 手机话费余额还可以通话 "+minutes+" 分钟 ");   // 输出字符串
</script>
```

运行结果如图 15.18 所示。

图 15.18　输出手机话费余额可以进行通话的分钟数

15.4 表达式

表达式是运算符和操作数组合而成的式子，表达式的值就是对操作数进行运算后的结果。

由于表达式是以运算为基础的，因此表达式按其运算结果可以分为如下三种：

- 算术表达式：运算结果为数字的表达式称为算术表达式。
- 字符串表达式：运算结果为字符串的表达式称为字符串表达式。
- 逻辑表达式：运算结果为布尔值的表达式称为逻辑表达式。

👑 说明：

表达式是一个相对的概念，在表达式中可以含有若干个子表达式，而且表达式中的一个常量或变量都可以看作是一个表达式。

15.5 数据类型的转换规则

在对表达式进行求值时，通常的编程语言需要所有的操作数都属于某种特定的数据类型，例如进行算术运算要求操作数都是数值类型，进行字符串连接运算要求操作数都是字符串类型，而进行逻辑运算则要求操作数都是布尔类型。

然而，JavaScript 语言并没有对此进行限制，而且允许运算符对不匹配的操作数进行计算。在代码执行过程中，JavaScript 会根据需要进行自动类型转换，但是在转换时也遵循一定的规则。下面介绍几种数据类型之间的转换规则。

其他数据类型转换为数值型数据，如表 15.10 所示。

表 15.10　转换为数值型数据

类型	转换后的结果
undefined	NaN
null	0
逻辑型	若其值为 true，则结果为 1；若其值为 false，则结果为 0
字符串型	若内容为数字，则结果为相应的数字，否则为 NaN
其他对象	NaN

- 其他数据类型转换为逻辑型数据，如表 15.11 所示。

表 15.11　转换为逻辑型数据

类型	转换后的结果
undefined	false
null	false
数值型	若其值为 0 或 NaN，则结果为 false，否则为 true
字符串型	若其长度为 0，则结果为 false，否则为 true
其他对象	true

● 其他数据类型转换为字符串型数据，如表 15.12 所示。

表 15.12 转换为字符串型数据

类　型	转换后的结果
undefined	"undefined"
null	"null"
数值型	NaN、0或者与数值相对应的字符串
逻辑型	若其值 true，则结果为 "true"，若其值为 false，则结果为 "false"
其他对象	若存在，则为其结果为 toString() 方法的值，否则其结果为 "undefined"

例如，根据不同数据类型之间的转换规则输出以下表达式的结果：100+"200"、100-"200"、true+100、true+"100"、true+false 和 "a"-100。代码如下：

```
document.write(100+"200");                  // 输出表达式的结果
document.write("<br>");                      // 输出换行标记
document.write(100-"200");                  // 输出表达式的结果
document.write("<br>");                      // 输出换行标记
document.write(true+100);                    // 输出表达式的结果
document.write("<br>");                      // 输出换行标记
document.write(true+"100");                  // 输出表达式的结果
document.write("<br>");                      // 输出换行标记
document.write(true+false);                  // 输出表达式的结果
document.write("<br>");                      // 输出换行标记
document.write("a"-100);                     // 输出表达式的结果
```

运行结果为：

```
100200
-100
101
true100
1
NaN
```

 本章思维导图

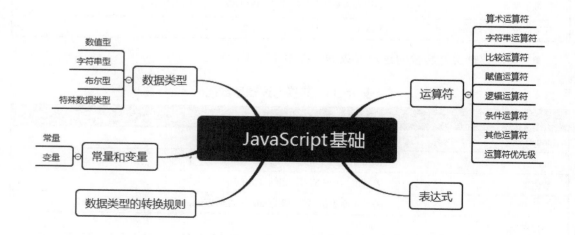

第 16 章

JavaScript 基本语句

扫码领取
- ▶ 配套视频
- ▶ 配套素材
- ▶ 学习指导
- ▶ 交流社群

 本章学习目标

- 掌握 JavaScript 中的条件判断语句。
- 掌握 JavaScript 中的循环语句。
- 掌握 JavaScript 中的跳转语句。
- 熟悉 JavaScript 中的异常处理语句。

16.1 条件判断语句

在日常生活中，人们可能会根据不同的条件做出不同的选择，例如根据路标选择走哪条路，根据第二天的天气情况选择做什么事情。在编写程序的过程中也经常会遇到这样的情况，这时就需要使用条件判断语句。所谓条件判断语句就是对语句中不同条件的值进行判断，进而根据不同的条件执行不同的语句。条件判断语句主要包括两类：一类是 if 语句，另一类是 switch 语句。下面对这两种类型的条件判断语句进行详细的讲解。

16.1.1 if 语句

if 语句是最基本、最常用的条件判断语句，通过判断条件表达式的值来确定是否执行一段语句，或者选择执行哪部分语句。

（1）简单 if 语句

在实际应用中，if 语句有多种表现形式。简单 if 语句的语法格式如下：

```
if( 表达式 ){
    语句
}
```

参数说明：

● 表达式：必有项，用于指定条件表达式，可以使用逻辑运算符。

● 语句：用于指定要执行的语句序列，可以是一个或多个语句。当表达式的值为 true 时，执行该语句序列。

简单 if 语句的执行流程如图 16.1 所示。

在简单 if 语句中，首先对表达式的值进行判断，如果它的值是 true，则执行相应的语句，否则就不执行。

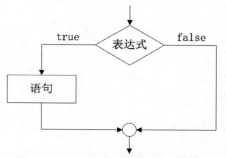

图 16.1　简单 if 语句的执行流程

例如，比较两个变量的值判断是否输出比较结果。代码如下：

```
var a=230;                              // 定义变量 a, 值为 230
var b=150;                              // 定义变量 b, 值为 150
if(a>b){                                // 判断变量 a 的值是否大于变量 b 的值
    document.write("a 大于 b");          // 输出 a 大于 b
}
if(a<b){                                // 判断变量 a 的值是否小于变量 b 的值
    document.write("a 小于 b");          // 输出 a 小于 b
}
```

运行结果为：

```
a 大于 b
```

👑 说明：

当要执行的语句为单一语句时，其两边的大括号可以省略。例如，下面的这段代码和上面代码的执行结果是一样的，都可以输出"a 大于 b"。

```
var a=200;                                     // 定义变量 a, 值为 200
var b=100;                                     // 定义变量 b, 值为 100
if(a>b)                                        // 判断变量 a 的值是否大于变量 b 的值
    document.write("a 大于 b");                // 输出 a 大于 b
if(a<b)                                        // 判断变量 a 的值是否小于变量 b 的值
    document.write("a 小于 b");                // 输出 a 小于 b
```

 常见错误:

在 if 语句的条件表达式中,应用比较运算符 "==" 对操作数进行比较时,将比较运算符 "==" 写成 "="。例如下面的代码:

```
var a=20;
if(a=10){                    // 正确代码: if(a==10)
    alert("a 的值是 10");
}
```

上述代码中,在对操作数进行比较时使用了赋值运算符 "=",而正确的比较运算符应该是 "=="。

[实例 16.1]　　　　　　　　　　　　　　　　　　（源码位置: 资源包 \Code\16\01）

获取 3 个数中的最大值

将 3 个数字 15、28、9 分别定义在变量中,应用简单 if 语句获取这 3 个数中的最大值。代码如下:

```
<script type="text/javascript">
var a,b,c,maxValue;                            // 声明变量
a=15;                                          // 为变量赋值
b=28;                                          // 为变量赋值
c=9;                                           // 为变量赋值
maxValue=a;                                    // 假设 a 的值最大, 定义 a 为最大值
if(maxValue<b){                                // 如果最大值小于 b
    maxValue=b;                                // 定义 b 为最大值
}
if(maxValue<c){                                // 如果最大值小于 c
    maxValue=c;                                // 定义 c 为最大值
}
alert(a+"、"+b+"、"+c+" 三个数的最大值为 "+maxValue); // 输出结果
</script>
```

运行结果如图 16.2 所示。

（2）if...else 语句

if...else 语句是 if 语句的标准形式,在 if 语句简单形式的基础之上增加了一个 else 从句,当表达式的值是 false 时执行else 从句中的内容。

语法:

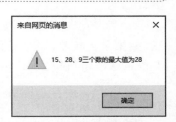

图 16.2　获取 3 个数的最大值

```
if( 表达式 ){
    语句 1
}else{
    语句 2
}
```

参数说明:

● 表达式：必有项，用于指定条件表达式，可以使用逻辑运算符。

● 语句 1：用于指定要执行的语句序列。当表达式的值为 true 时，执行该语句序列。

● 语句 2：用于指定要执行的语句序列。当表达式的值为 false 时，执行该语句序列。

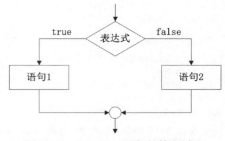

图 16.3　if…else 语句的执行流程

if…else 语句的执行流程如图 16.3 所示。

在 if 语句的标准形式中，首先对表达式的值进行判断，如果它的值是 true，则执行语句 1 中的内容，否则执行语句 2 中的内容。

例如，比较两个变量的值输出比较的结果，代码如下：

```javascript
var a=100;                       // 定义变量 a，值为 100
var b=200;                       // 定义变量 b，值为 200
if(a>b){                         // 判断变量 a 的值是否大于变量 b 的值
    document.write("a>b");       // 输出 a > b
}else{
    document.write("a<b");       // 输出 a < b
}
```

运行结果为：

```
a<b
```

👑 说明：

上述 if 语句是典型的二路分支结构。当语句 1、语句 2 为单一语句时，其两边的大括号可以省略。上面代码中的大括号也可以省略，程序的执行结果是不变的，代码如下：

```javascript
var a=100;                       // 定义变量 a，值为 100
var b=200;                       // 定义变量 b，值为 200
if(a>b)                          // 判断变量 a 的值是否大于变量 b 的值
    document.write("a>b");       // 输出 a > b
else
    document.write("a<b");       // 输出 a < b
```

 [实例 16.2]

（源码位置：资源包 \Code\16\02）

判断 2021 年 2 月份的天数

如果某一年是闰年，那么这一年的 2 月份有 29 天，否则这一年的 2 月份有 28 天。应用 if...else 语句判断 2010 年 2 月份的天数。代码如下：

```javascript
<script type="text/javascript">
var year=2010;                               // 定义变量
var month=0;                                 // 定义变量
if((year%4==0 && year%100!=0)||year%400==0){ // 判断指定年是否为闰年
    month=29;                                // 为变量赋值
}else{
    month=28;                                // 为变量赋值
}
alert("2010 年 2 月份的天数为 "+month+" 天 ");   // 输出结果
</script>
```

运行结果如图 16.4 所示。

（3）if...else if 语句

if 语句是一种使用很灵活的语句，除了可以使用 if...else 语句的形式，还可以使用 if...else if 语句的形式。这种形式可以进行更多的条件判断，不同的条件对应不同的语句。if...else if 语句的语法格式如下：

图 16.4　输出 2010 年 2 月份的天数

```
if ( 表达式 1){
    语句 1
}else if( 表达式 2){
    语句 2
}
…
else if( 表达式 n){
    语句 n
}else{
    语句 n+1
}
```

if...else if 语句的执行流程如图 16.5 所示。

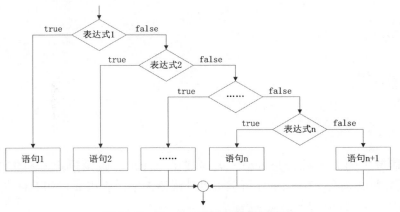

图 16.5　if...else if 语句的执行流程

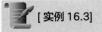 [实例 16.3]

（源码位置：资源包 \Code\16\03）

输出考试成绩对应的等级

将某学校的学生成绩转化为不同等级，划分标准如下：

① "优秀"，大于等于 90 分；

② "良好"，大于等于 75 分；

③ "及格"，大于等于 60 分；

④ "不及格"，小于 60 分。

假设周星星的考试成绩是 80 分，输出该成绩对应的等级。其关键代码如下：

```
<script type="text/javascript">
var grade = "";                          // 定义表示等级的变量
var score = 80;                          // 定义表示分数的变量 score 值为 80
if(score>=90){                           // 如果分数大于等于 90
```

```
        grade = " 优秀 ";                              // 将 " 优秀 " 赋值给变量 grade
    }else if(score>=75){                              // 如果分数大于等于 75
        grade = " 良好 ";                              // 将 " 良好 " 赋值给变量 grade
    }else if(score>=60){                              // 如果分数大于等于 60
        grade = " 及格 ";                              // 将 " 及格 " 赋值给变量 grade
    }else{                                            // 如果 score 的值不符合上述条件
        grade = " 不及格 ";                            // 将 " 不及格 " 赋值给变量 grade
    }
    alert(" 周星星的考试成绩 "+grade);                   // 输出考试成绩对应的等级
</script>
```

运行结果如图 16.6 所示。

（4）if 语句的嵌套

if 语句不但可以单独使用，而且可以嵌套使用，即在 if 语句的从句部分嵌套另外一个完整的 if 语句。基本语法格式如下：

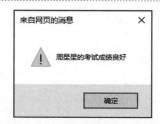

图 16.6　输出考试成绩对应的等级

```
if ( 表达式 1){
    if( 表达式 2){
        语句 1
    }else{
        语句 2
    }
}else{
    if( 表达式 3){
        语句 3
    }else{
        语句 4
    }
}
```

例如，某考生的高考总分是 620，英语成绩是 120。假设重点本科的录取分数线是 600，而英语分数必须在 130 以上才可以报考外国语大学，应用 if 语句的嵌套判断该考生能否报考外国语大学，代码如下：

```
var totalscore=620;                                     // 定义总分变量
var englishscore=120;                                   // 定义英语分数变量
if(totalscore>600){                                     // 如果总分大于 600
    if(englishscore>130){                               // 如果英语分数大于 130
        alert(" 该考生可以报考外国语大学 ");              // 输出字符串
    }else{
        alert(" 该考生可以报考重点本科, 但不能报考外国语大学 ");  // 输出字符串
    }
}else{
    if(totalscore>500){                                 // 如果总分大于 500
        alert(" 该考生可以报考普通本科 ");                // 输出字符串
    }else{
        alert(" 该考生只能报考专科 ");                    // 输出字符串
    }
}
```

运行结果如图 16.7 所示。

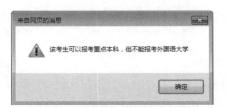

图 16.7　输出该考生能否报考外国语大学

👑 说明:

在使用嵌套的 if 语句时,最好使用大括号 {} 来确定相互之间的层次关系,大括号 {} 使用位置的不同,可能导致程序代码的含义完全不同,从而输出不同的内容。

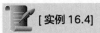 [实例 16.4]　　　　　　　　　　　　　　　　　　　　（源码位置: 资源包 \Code\16\04 ）

判断女职工是否已经退休

假设某工种的男职工 60 岁退休, 女职工 55 岁退休, 应用 if 语句的嵌套来判断一位 58 岁的女职工是否已经退休。代码如下:

```html
<script type="text/javascript">
var sex=" 女 ";                              // 定义表示性别的变量
var age=58;                                 // 定义表示年龄的变量
if(sex==" 男 "){                             // 如果是男职工就执行下面的内容
    if(age>=60){                            // 如果男职工在 60 岁以上
        alert(" 该男职工已经退休 "+(age-60)+" 年 ");   // 输出字符串
    }else{                                  // 如果男职工在 60 岁以下
        alert(" 该男职工并未退休 ");            // 输出字符串
    }
}else{                                      // 如果是女职工就执行下面的内容
    if(age>=55){                            // 如果女职工在 55 岁以上
        alert(" 该女职工已经退休 "+(age-55)+" 年 ");   // 输出字符串
    }else{                                  // 如果女职工在 55 岁以下
        alert(" 该女职工并未退休 ");            // 输出字符串
    }
}
</script>
```

运行结果如图 16.8 所示。

16.1.2　switch 语句

switch 是典型的多路分支语句, 其作用与 if...else if 语句基本相同, 但 switch 语句比 if...else if 语句更具可读性。它根据一个表达式的值选择不同的分支, 而且允许在找不到一个匹配条件的情况下执行默认的一组语句。switch 语句的语法格式如下:

图 16.8　输出该女职工是否已退休

```
switch ( 表达式 ){
    case 常量表达式 1:
        语句 1;
        break;
    case 常量表达式 2:
        语句 2;
```

```
            break;
        ...
    case  常量表达式 n:
        语句 n;
        break;
    default:
        语句 n+1;
        break;
}
```

参数说明：

● 表达式：任意的表达式或变量。

● 常量表达式：任意的常量或常量表达式。当表达式的值与某个常量表达式的值相等时，就执行此表达式后相应的语句；如果表达式的值与所有的常量表达式的值不相等，则执行 default 后面相应的语句。

● break：用于结束 switch 语句，从而使 JavaScript 只执行匹配的分支。如果没有 break 语句，则该匹配分支之后的所有分支都将被执行，switch 语句也就失去了使用的意义。

switch 语句的执行流程如图 16.9 所示。

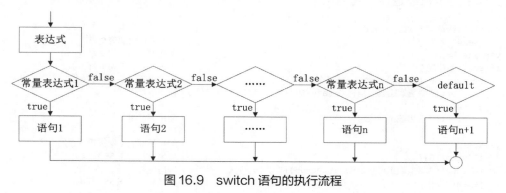

图 16.9　switch 语句的执行流程

👑 说明：

default 语句可以省略。在表达式的值不能与任何一个 case 语句中的值相匹配的情况下，JavaScript 会直接结束 switch 语句，不进行任何操作。

👑 注意：

case 后面常量表达式的数据类型必须与表达式的数据类型相同，否则 case 匹配会失败，而去执行 default 语句中的内容。

👑 常见错误：

在 switch 语句中漏写 break 语句。例如下面的代码：

```
var a=2;                                    // 定义变量值为 2
switch(a){
    case 1:                                 // 如果变量 a 的值为 1
        alert("a 的值是 1");                // 输出 a 的值
    case 2:                                 // 如果变量 a 的值为 2
        alert("a 的值是 2");                // 输出 a 的值
    case 3:                                 // 如果变量 a 的值为 3
        alert("a 的值是 3");                // 输出 a 的值
}
```

上述代码中，由于在每个 case 语句的最后都漏写了 break，因此程序在找到匹配分支之后仍然会向下执行。

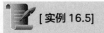 **[实例 16.5]**

（源码位置：资源包 \Code\16\05）

输出奖项级别及奖品

某公司年会举行抽奖活动，中奖号码及其对应的奖品设置如下：

① "1" 代表 "一等奖"，奖品是 "华为手机"；

② "2" 代表 "二等奖"，奖品是 "光波炉"；

③ "3" 代表 "三等奖"，奖品是 "电饭煲"；

④ 其他号码代表 "安慰奖"，奖品是 "16G-U 盘"。

假设某员工抽中的奖号为 3，输出该员工抽中的奖项级别以及所获得的奖品。代码如下：

```javascript
<script type="text/javascript">
var grade="";                                    // 定义表示奖项级别的变量
var prize="";                                    // 定义表示奖品的变量
var code=3;                                       // 定义表示中奖号码的变量值为 3
switch(code){
    case 1:                                       // 如果中奖号码为 1
        grade=" 一等奖 ";                          // 定义奖项级别
        prize=" 华为手机 ";                        // 定义获得的奖品
        break;                                    // 退出 switch 语句
    case 2:                                       // 如果中奖号码为 2
        grade=" 二等奖 ";                          // 定义奖项级别
        prize=" 光波炉 ";                          // 定义获得的奖品
        break;                                    // 退出 switch 语句
    case 3:                                       // 如果中奖号码为 3
        grade=" 三等奖 ";                          // 定义奖项级别
        prize=" 电饭煲 ";                          // 定义获得的奖品
        break;                                    // 退出 switch 语句
    default:                                      // 如果中奖号码为其他号码
        grade=" 安慰奖 ";                          // 定义奖项级别
        prize="16G-U 盘 ";                        // 定义获得的奖品
        break;                                    // 退出 switch 语句
}
document.write(" 该员工获得了 "+grade+"<br> 奖品是 "+prize);  // 输出奖项级别和获得的奖品
</script>
```

运行结果如图 16.10 所示。

👑 说明：

　　在程序开发的过程中，使用 if 语句还是使用 switch 语句可以根据实际情况而定，尽量做到物尽其用，不要因为 switch 语句的效率高就一味地使用，也不要因为 if 语句常用就不应用 switch 语句。要根据实际的情况，具体问题具体分析，使用最适合的条件判断语句。一般情况下，对于判断条件较少的可以使用 if 语句，但是在实现一些多条件的判断中，就应该使用 switch 语句。

图 16.10　输出奖项和奖品

16.2　循环语句

在日常生活中，有时需要反复地执行某些事物。例如，运动员要完成 10000 米的比赛，需要在跑道上跑 25 圈，这就是一个循环的过程。类似这样反复执行同一操作的情况，在程序设计中经常会遇到，为了满足这样的开发需求，JavaScript 提供了循环语句。所谓循环语句，就是在满足条件的情况下反复地执行某一个操作。循环语句主要包括：while 语句、

do…while 语句和 for 语句，下面分别进行讲解。

16.2.1 while 语句

while 语句也称为前测试循环语句，它是利用一个条件来控制是否要继续重复执行相应个语句。while 语句的语法格式如下：

```
while( 表达式 ){
    语句
}
```

参数说明：

● 表达式：一个包含比较运算符的条件表达式，用来指定循环条件。
● 语句：用来指定循环体，在循环条件的结果为 true 时，重复执行。

👑 说明：

　　while 语句之所以命名为前测试循环，是因为它要先判断循环的条件是否成立，然后才决定是否重复执行操作。也就是说，while 循环语句执行的过程是先判断条件表达式，如果条件表达式的值为 true，则执行循环体，并且在循环体执行完后，进入下一次循环，否则退出循环。

while 语句的执行流程如图 16.11 所示。

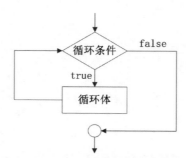

图 16.11　while 语句的执行流程

例如，应用 while 语句输出 1 ～ 10 这 10 个数字的代码如下：

```
var i = 1;                              // 声明变量
while(i<=10){                           // 定义 while 语句
    document.write(i+"\n");             // 输出变量 i 的值
    i++;                                // 变量 i 自加 1
}
```

运行结果为：

```
1 2 3 4 5 6 7 8 9 10
```

👑 注意：

　　在使用 while 语句时，一定要保证循环可以正常结束，即必须保证条件表达式的值存在为 false 的情况，否则将形成死循环。

👑 常见错误：

　　定义的循环条件永远为真，程序陷入死循环。例如，下面的循环语句就会造成死循环，原因是 i 永远都小于 2。

```
var i=1;                                // 声明变量
```

```
while(i<=2){                                    // 定义 while 语句
    alert(i);                                   // 输出 i 的值
}
```

上述代码中，为了防止程序陷入死循环，可以在循环体中加入"i++"这条语句，目的是使条件表达式的值存在为 false 的情况。

 **[实例 16.6]**

（源码位置：资源包 \Code\16\06）

计算 5000 米比赛的完整圈数

运动员参加 5000 米比赛，已知标准的体育场跑道一圈是 400 米，应用 while 语句计算出在标准的体育场跑道上完成比赛需要跑完整的多少圈。代码如下：

```
<script type="text/javascript">
var distance=400;                              // 定义表示距离的变量
var count=0;                                    // 定义表示圈数的变量
while(distance<=5000){
    count++;                                     // 圈数加 1
    distance=(count+1)*400;                      // 每跑一圈就重新计算距离
}
document.write("5000 米比赛需要跑完整的 "+count+" 圈 ");   // 输出最后的圈数
</script>
```

运行结果如图 16.12 所示。

16.2.2 do...while 语句

do...while 语句也称为后测试循环语句，它也是利用一个条件来控制是否要继续重复执行相应语句。与 while 语句不同的是，它先执行一次循环语句，然后再去判断是否继续执行。do...while 语句的语法格式如下：

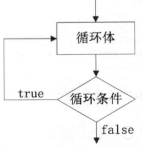

图 16.12 输出 5000 米比赛的完整圈数

```
do{
    语句
} while( 表达式 );
```

参数说明：

● 语句：用来指定循环体，循环开始时首先被执行一次，然后在循环条件的结果为 true 时，重复执行。

● 表达式：一个包含比较运算符的条件表达式，用来指定循环条件。

♛ 说明：

　　do...while 语句执行的过程是：先执行一次循环体，然后再判断条件表达式，如果条件表达式的值为 true，则继续执行，否则退出循环。也就是说，do...while 循环语句中的循环体至少被执行一次。

do...while 语句的执行流程如图 16.13 所示。

do...while 语句同 while 语句类似，常用于循环执行的次数不确定的情况。

循环体

true 循环条件

false

图 16.13 do...while 语句的执行流程

👑 注意：

do...while 语句结尾处的 while 语句括号后面有一个分号 ";"，为了养成良好的编程习惯，建议读者在书写的过程中不要将其遗漏。

例如，应用 do...while 语句输出 1~10 这 10 个数字的代码如下：

```
var i = 1;                              // 声明变量
do{                                     // 定义 do...while 语句
    document.write(i+"\n");             // 输出变量 i 的值
    i++;                                // 变量 i 自加 1
}while(i<=10);
```

运行结果为：

```
1 2 3 4 5 6 7 8 9 10
```

do...while 语句和 while 语句的执行流程很相似。由于 do...while 语句在对条件表达式进行判断之前就执行一次循环体，因此 do...while 语句中的循环体至少被执行一次，下面的代码说明了这两个语句的区别。

```
var i = 1;                              // 声明变量
while(i>1){                             // 定义 while 语句，指定循环条件
    document.write("i 的值是 "+i);        // 输出 i 的值
    i--;                                // 变量 i 自减 1
}
var j = 1;                              // 声明变量
do{                                     // 定义 do...while 语句
    document.write("j 的值是 "+j);        // 输出变量 j 的值
    j--;                                // 变量 j 自减 1
}while(j>1);
```

运行结果为：

```
j 的值是 1
```

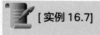 **[实例 16.7]** (源码位置：资源包 \Code\16\07)

计算 1+2+…+100 的和

使用 do...while 语句计算 1+2+…+100 的和，并在页面中输出计算后的结果。代码如下：

```
<script type="text/javascript">
var i = 1;                              // 声明变量并对变量初始化
var sum = 0;                            // 声明变量并对变量初始化
do{
    sum+=i;                             // 对变量 i 的值进行累加
    i++;                                // 变量 i 自加 1
}while(i<=100);                         // 指定循环条件
document.write("1+2+…+100="+sum);       // 输出计算结果
</script>
```

运行结果如图 16.14 所示。

16.2.3　for 语句

for 语句也称为计次循环语句，一般用于循环次数已知的情况，在 JavaScript 中应用比较广泛。for 语

图 16.14　计算 1+2+…+100 的和

句的语法格式如下：

```
for( 初始化表达式 ; 条件表达式 ; 迭代表达式 ){
    语句
}
```

参数说明：

● 初始化表达式：初始化语句，用来对循环变量进行初始化赋值。

● 条件表达式：循环条件，一个包含比较运算符的表达式，用来限定循环变量的边限。如果循环变量超过了该边限，则停止该循环语句的执行。

● 迭代表达式：用来改变循环变量的值，从而控制循环的次数，通常是对循环变量进行增大或减小的操作。

● 语句：用来指定循环体，在循环条件的结果为 true 时，重复执行。

👑 说明：

　　for 循环语句执行的过程是：先执行初始化语句，然后判断循环条件，如果循环条件的结果为 true，则执行一次循环体，否则直接退出循环，最后执行迭代语句，改变循环变量的值，至此完成一次循环；接下来进行下一次循环，直到循环条件的结果为 false，结束循环。

for 语句的执行流程如图 16.15 所示。

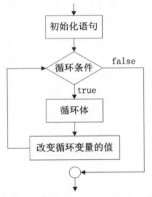

图 16.15　for 循环语句的执行流程

例如，应用 for 语句输出 1~10 这 10 个数字的代码如下：

```
for(var i=1;i<=10;i++){              // 定义 for 循环语句
    document.write(i+"\n");          // 输出变量 i 的值
}
```

运行结果为：

```
1 2 3 4 5 6 7 8 9 10
```

在 for 语句的初始化表达式中可以定义多个变量。例如，在 for 语句中定义多个循环变量的代码如下：

```
for(var i=1,j=6;i<=6,j>=1;i++,j--){
    document.write(i+"\n"+j);        // 输出变量 i 和 j 的值
    document.write("<br>");          // 输出换行标签
}
```

运行结果为：

```
1 6
2 5
3 4
4 3
5 2
6 1
```

 注意：

　　在使用 for 语句时，一定要保证循环可以正常结束，也就是必须保证循环条件的结果存在为 false 的情况，否则循环体将无休止地执行下去，从而形成死循环。例如，下面的循环语句就会造成死循环，原因是 i 永远大于等于 1。

```
for(i=1;i>=1;i++){                              // 定义 for 循环语句
    alert(i);                                   // 输出变量 i 的值
}
```

为使读者更好地了解 for 语句的使用，下面通过一个实例来介绍 for 语句的使用方法。

[实例 16.8]　　　　　　　　　　　　　　　　　　　　（源码位置：资源包 \Code\16\08）

计算 100 以内所有偶数的和

应用 for 语句计算 100 以内所有偶数的和，并在页面中输出计算后的结果。代码如下：

```
<script type="text/javascript">
var i,sum;                                      // 声明变量
sum = 0;                                        // 对变量初始化
for(i=0;i<100;i+=2){
    sum=sum+i;                                  // 计算 100 以内各偶数之和
}
alert("100 以内所有偶数的和为: "+sum);            // 输出计算结果
</script>
```

运行程序，在对话框中会显示计算结果，如图 16.16 所示。

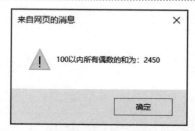

图 16.16　输出 100 以内所有偶数的和

16.2.4　循环语句的嵌套

在一个循环语句的循环体中也可以包含其他的循环语句，这称为循环语句的嵌套。上述三种循环语句（while 语句、do...while 语句和 for 语句）都是可以互相嵌套的。

如果循环语句 A 的循环体中包含循环语句 B，而循环语句 B 中不包含其他循环语句，那么就把循环语句 A 叫做外层循环，把循环语句 B 叫做内层循环。

例如，在 while 语句中包含 for 语句的代码如下：

```
var i,j;                                        // 声明变量
i = 1;                                          // 对变量赋初值
while(i<4){                                     // 定义外层循环
    document.write(" 第 "+i+" 次循环: ");         // 输出循环变量 i 的值
    for(j=1;j<=10;j++){                         // 定义内层循环
        document.write(j+"\n");                 // 输出循环变量 j 的值
    }
    document.write("<br>");                     // 输出换行标签
```

```
        i++;                                          // 对变量 i 自加 1
    }
```

运行结果为:

```
第 1 次循环: 1 2 3 4 5 6 7 8 9 10
第 2 次循环: 1 2 3 4 5 6 7 8 9 10
第 3 次循环: 1 2 3 4 5 6 7 8 9 10
```

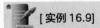 **[实例 16.9]**　　　　　　　　　　　　　　　　　　（源码位置: 资源包 \Code\16\09）

输出乘法口诀表

用嵌套的 for 语句输出乘法口诀表。代码如下:

```
<script type="text/javascript">
var i,j;                                          // 声明变量
document.write("<pre>");                          // 输出 <pre> 标签
for(i=1;i<10;i++){                                // 定义外层循环
    for(j=1;j<=i;j++){                            // 定义内层循环
        if(j>1) document.write("\t");             // 如果 j 大于 1 就输出一个 Tab 空格
        document.write(j+"x"+i+"="+j*i);          // 输出乘法算式
    }
    document.write("<br>");                        // 输出换行标签
}
document.write("</pre>");                          // 输出 </pre> 标签
</script>
```

运行结果如图 16.17 所示。

图 16.17　输出乘法口诀表

16.3　跳转语句

假设在一个书架中寻找一本《新华字典》,如果在第二排第三个位置找到了这本书,那么就不需要去看第三排、第四排的书了。同样,在编写一个循环语句时,当循环还未结束就已经处理完了所有的任务,就没有必要让循环继续执行下去,继续执行下去既浪费时间又浪费内存资源。在 JavaScript 中提供了两种用来控制循环的跳转语句: continue 语句和 break 语句。

16.3.1　continue 语句

continue 语句用于跳过本次循环,并开始下一次循环。其语法格式如下:

```
        continue;
```

👑 注意：

continue 语句只能应用在 while、for、do...while 语句中。

例如，在 for 语句中通过 continue 语句输出 10 以内不包括 5 的自然数的代码如下：

```
for(i=1;i<=10;i++){
    if(i==5) continue;                              // 如果 i 等于 5 就跳过本次循环
    document.write(i+"\n");                          // 输出变量 i 的值
}
```

运行结果为：

```
1 2 3 4 6 7 8 9 10
```

👑 说明：

当使用 continue 语句跳过本次循环后，如果循环条件的结果为 false，则退出循环，否则继续下一次循环。

📝 [实例 16.10]   （源码位置：资源包 \Code\16\10）

输出影厅座位图

影城 7 号影厅的观众席有 4 排，每排有 10 个座位。其中，1 排 6 座和 3 排 9 座已经出售，在页面中输出该影厅当前的座位图。关键代码如下：

```
<script type="text/javascript">
document.write("<table align='center'>");           // 输出表格标签
for(var i = 1; i <= 4; i++){                         // 定义外层循环语句
   document.write("<tr height=70>");                 // 输出表格行标签
   for(var j = 1; j <= 10; j++){                     // 定义内层循环语句
      if(i == 1 && j == 6){                           // 如果当前是 1 排 6 座
         // 将座位标记为 " 已售 "
         document.write("<td align='center' width=80 background=yes.png> 已售 </td>");
         continue;                                    // 应用 continue 语句跳过本次循环
      }
      if(i == 3 && j == 9){                           // 如果当前是 3 排 9 座
         // 将座位标记为 " 已售 "
         document.write("<td align='center' width=80 background=yes.png> 已售 </td>");
         continue;                                    // 应用 continue 语句跳过本次循环
      }
      // 输出排号和座位号
   document.write("<td align='center' width=80 background=no.png>"+i+" 排 "+j+" 座 "+"</td>");
   }
   document.write("</tr>");                           // 输出表格行结束标签
}
document.write("</table>");                           // 输出表格结束标签
</script>
```

运行结果如图 16.18 所示。

16.3.2 break 语句

在上一章的 switch 语句中已经用到了 break 语句，当程序执行到 break 语句时就会跳出 switch 语句。除了 switch 语句之外，在循环语句中也经常会用到 break 语句。

在循环语句中，break 语句用于跳出循环。break 语句的语法格式如下：

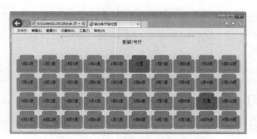

图 16.18　输出影厅当前座位图

```
break;
```

👑 说明：

break 语句通常用在 for、while、do...while 或 switch 语句中。

例如，在 for 语句中通过 break 语句跳出循环的代码如下：

```
for(i=1;i<=10;i++){
    if(i==5) break;                         // 如果 i 等于 5 就跳出整个循环
    document.write(i+"\n");                  // 输出变量 i 的值
}
```

运行结果为：

```
1 2 3 4
```

👑 注意：

在嵌套的循环语句中，break 语句只能跳出当前这一层的循环语句，而不是跳出所有的循环语句。例如，应用 break 语句跳出当前循环的代码如下：

```
var i,j;                                    // 声明变量
for(i=1;i<=3;i++){                          // 定义外层循环语句
    document.write(i+"\n");                 // 输出变量 i 的值
    for(j=1;j<=3;j++){                      // 定义内层循环语句
        if(j==2)                            // 如果变量 j 的值等于 2
            break;                          // 跳出内层循环
        document.write(j);                  // 输出变量 j 的值
    }
    document.write("<br>");                 // 输出换行标记
}
```

运行结果为：

```
1 1
2 1
3 1
```

由运行结果可以看出，外层循环语句一共执行了 3 次（输出 1、2、3），而内层循环语句在每次外层循环里只执行了一次（只输出 1）。

16.4　异常处理语句

早期的 JavaScript 总会出现一些令人困惑的错误信息。为了避免这样的问题，在

JavaScript3.0 中添加了异常处理机制，可以采用从 Java 中移植过来的模型，使用 try...catch...finally、throw 等语句处理代码中的异常。下面介绍 JavaScript 中的几个异常处理语句。

16.4.1 try...catch...finally 语句

JavaScript 从 Java 中引入了 try...catch...finally 语句，具体语法如下：

```
try{
    somestatements;
}catch(exception){
    somestatements;
}finally{
    somestatements;
}
```

参数说明：

● try：尝试执行代码的关键字。

● catch：捕捉异常的关键字。

● finally：最终一定会被处理的区域的关键字，该关键字和后面大括号中的语句可以省略。

👑 说明：

JavaScript 与 Java 不同，try...catch 语句只能有一个 catch 语句，这是由于在 JavaScript 中无法指定出现异常的类型。

例如，当在程序中输入了不正确的方法名 charat 时，将弹出在 catch 区域中设置的异常提示信息，并且最终弹出 finally 区域中的信息提示。程序代码如下。

```
var str = "I like JavaScript";                    // 定义字符串变量
try{
    document.write(str.charat(5));                 // 应用错误的方法名 charat
}catch(exception){
    alert(" 运行时有异常发生 ");                     // 弹出异常提示信息
}finally{
    alert(" 结束 try...catch...finally 语句 ");      // 弹出提示信息
}
```

由于在使用 charAt() 方法时将方法的大小写输入错误，所以在 try 区域中获取字符串中指定位置的字符将发生异常，这时将执行 catch 区域中的语句，弹出相应异常提示信息的对话框。运行结果如图 16.19、图 16.20 所示。

图 16.19　弹出异常提示对话框

图 16.20　弹出结束语句对话框

16.4.2　Error 对象

try...catch...finally 语句中 catch 通常捕捉到的对象为 Error 对象，当运行 JavaScript 代码时，如果产生了错误或异常，JavaScript 就会生成一个 Error 对象的实例来描述错误，该实例中包含了一些特定的错误信息。

Error 对象有以下两个属性：

● name：表示异常类型的字符串。

● message：实际的异常信息。

例如，将异常提示信息放置在弹出的提示对话框中，其中包括异常的具体信息以及异常类型的字符串。程序代码如下：

```javascript
var str = "I like JavaScript";                    // 定义字符串变量
try{
    document.write(str.charat(5));                 // 应用错误的方法名 charat
}catch(exception){
    // 弹出实际异常信息以及异常类型的字符串
    alert(" 实际的错误消息为: "+exception.message+"\n 错误类型字符串为: "+exception.name);
}
```

运行结果如图 16.21 所示。

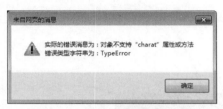

图 16.21　异常信息提示对话框

16.4.3　使用 throw 语句抛出异常

有些 JavaScript 代码并没有语法上的错误，但存在逻辑错误。对于这种错误，JavaScript 是不会抛出异常的，这时就需要创建一个 Error 对象的实例，并使用 throw 语句来抛出异常。在程序中使用 throw 语句可以有目的的抛出异常。语法如下：

```javascript
throw new Error("somestatements");
```

参数说明：

throw：抛出异常关键字。

例如，定义一个变量，值为 1 与 0 的商，此变量的结果为无穷大，即 Infinity，如果希望自行检验除数为零的异常，可以使用 throw 语句抛出异常。程序代码如下：

```javascript
try{
    var num=1/0;                                    // 定义变量并赋值
    if(num=="Infinity"){                            // 如果变量 num 的值为 Infinity
        throw new Error(" 除数不可以为 0");          // 使用 throw 语句抛出异常
    }
}catch(exception){
    alert(exception.message);                       // 弹出实际异常信息
}
```

从程序中可以看出，当变量 num 为无穷大时，使用 throw 语句抛出异常。运行结果如图 16.22 所示。

图 16.22　使用 throw 语句抛出的异常

 ## 本章知识思维导图

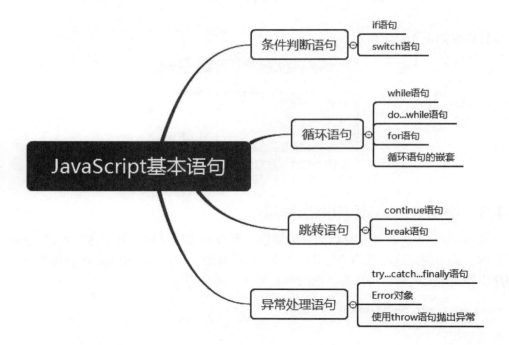

第 17 章

JavaScript 中的函数

扫码领取
- 配套视频
- 配套素材
- 学习指导
- 交流社群

 本章学习目标

- 掌握如何定义和调用函数。
- 掌握如何嵌套函数。
- 熟练使用递归函数。
- 熟悉变量的作用。
- 理解内置函数。
- 理解并能够熟练使用匿名函数。

HTML5+
CSS3+
JavaScript

17.1 函数的定义和调用

在程序中要使用自己定义的函数，必须首先对函数进行定义。在定义函数的时候，函数本身是不会执行的，只有在调用函数时才会执行。下面介绍函数的定义和调用的方法。

17.1.1 函数的定义

在 JavaScript 中，可以使用 function 语句来定义一个函数。这种形式是由关键字 function、函数名加一组参数以及置于大括号中需要执行的一段代码构成的。使用 function 语句定义函数的基本语法如下：

```
function 函数名 ([ 参数 1，参数 2,...]){
    语句
    [return 返回值 ]
}
```

参数说明：

● 函数名：必选，用于指定函数名。在同一个页面中，函数名必须是唯一的，并且区分大小写。

● 参数：可选，用于指定参数列表。当使用多个参数时，参数间使用逗号进行分隔。一个函数最多可以有 255 个参数。

● 语句：必选，是函数体，用于实现函数功能的语句。

● 返回值：可选，用于返回函数值。返回值可以是任意的表达式、变量或常量。

例如，定义一个不带参数的函数 hello()，在函数体中输出"你好"字符串。具体代码如下：

```
function hello(){                          // 定义函数名称为 hello
    document.write(" 你好 ");               // 定义函数体
}
```

例如，定义一个用于计算商品金额的函数 account()，该函数有两个参数，用于指定单价和数量，返回值为计算后的金额。具体代码如下：

```
function account(price,number){            // 定义含有两个参数的函数
    var sum=price*number;                   // 计算金额
    return sum;                             // 返回计算后的金额
}
```

👑 常见错误：

在同一页面中定义了两个名称相同的函数。例如，下面的代码中定义了两个同名的函数 hello()。

```
function hello(){                  // 定义函数名称为 hello
    document.write(" 你好 ");       // 定义函数体
}
function hello(){                  // 定义同名的函数
    alert(" 你好 ");                // 定义函数体
}
```

上述代码中，由于两个函数的名称相同，第一个函数被第二个函数所覆盖，所以第一个函数不会执行，因此在同一页面中定义的函数名称必须唯一。

17.1.2 函数的调用

函数定义后并不会自动执行，要执行一个函数需要在特定的位置将其调用。调用函数的过程就像启动机器一样，机器本身是不会自动工作的，只有按下开关启动机器，它才会执行相应的操作。调用函数需要创建调用语句，调用语句包含函数名和参数具体值。

（1）函数的简单调用

函数调用的语法如下：

```
函数名 ( 传递给函数的参数 1, 传递给函数的参数 2, ...);
```

函数的定义语句通常被放在 HTML 文件的 <head> 段中，而函数的调用语句可以放在 HTML 文件中的任何位置。

例如，定义一个函数 outputImage()，这个函数的功能是在页面中输出一张图像，然后通过调用这个函数实现图像的输出，代码如下：

```html
<html>
<head>
    <meta charset="UTF-8">
    <title> 函数的简单调用 </title>
    <script type="text/javascript">
        function outputImage(){                          // 定义函数
            document.write("<img src='rabbit.jpg'>"); // 定义函数体
        }
    </script>
</head>
<body>
<script type="text/javascript">
    outputImage();                                       // 调用函数
</script>
</body>
</html>
```

运行结果如图 17.1 所示。

（2）在事件响应中调用函数

当用户单击某个按钮或某个复选框时都将触发事件，通过编写的程序对事件做出反应的行为称为响应事件。在 JavaScript 中，将函数与事件相关联就完成了响应事件的过程。例如，按下开关按钮打开电灯就可以看作是一个响应事件的过程，按下开关相当于触发了单击事件，而电灯亮起就相当于执行了相应的函数。

图 17.1　调用函数输出图像

例如，当用户单击某个按钮时执行相应的函数，可以使用如下代码实现该功能。

```html
<script type="text/javascript">
    function test(){                              // 定义函数
        alert(" 我喜欢 JavaScript ");             // 定义函数体
    }
</script>
<form action="" method="post" name="form1">
  <input type="button" value=" 提交 " onClick="test();"><!-- 在事件触发时调用自定义函数 -->
</form>
```

243

从上述代码中可以看出，首先定义一个名为 test() 的函数，函数体比较简单，使用 alert() 语句输出一个字符串，最后在按钮 onClick 事件中调用 test() 函数。当用户单击"提交"按钮时弹出相应的对话框。运行结果如图 17.2 所示。

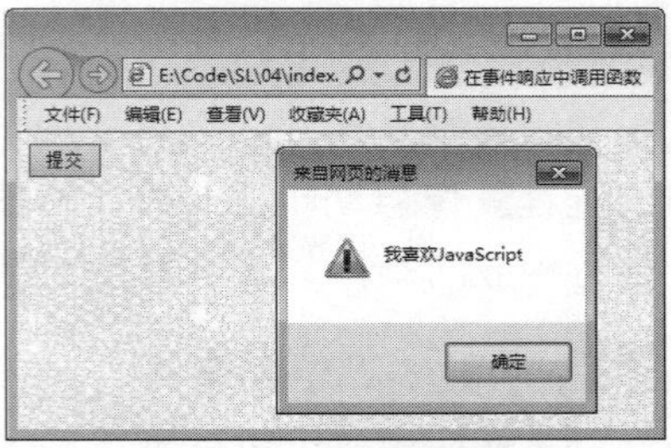

图 17.2　在事件响应中调用函数

（3）通过链接调用函数

函数除了可以在响应事件中被调用之外，还可以在链接中被调用。在 <a> 标签中的 href 属性中使用"javascript: 函数名 ()"格式来调用函数，当用户单击这个链接时，相关函数将被执行。下面的代码实现了通过链接调用函数。

```
<script type="text/javascript">
    function test(){                            // 定义函数
        alert(" 我喜欢 JavaScript");             // 定义函数体
    }
</script>
<a href="javascript:test();"> 单击链接 </a>         <!-- 在链接中调用自定义函数 -->
```

运行程序，当用户单击"单击链接"时弹出相应的对话框。运行结果如图 17.3 所示。

图 17.3　通过"单击链接"调用函数

17.2　函数的参数

定义函数时指定的参数称为形式参数，简称形参；把调用函数时实际传递的值称为实际参数，简称实参。如果把函数比喻成一台生产的机器，那么运输原材料的通道就可以看作形参，而实际运输的原材料就可以看作是实参。

在 JavaScript 中定义函数参数的格式如下：

```
function 函数名 ( 形参 1, 形参 2, ...){
    函数体
}
```

定义函数时，在函数名后面的圆括号内可以指定一个或多个形参（形参之间用逗号","分隔）。指定形参的作用在于，当调用函数时，可以为被调用的函数传递一个或多个值。

如果定义的函数有形参，那么调用该函数的语法格式如下：

```
函数名 ( 实参 1, 实参 2, ……)
```

通常，在定义函数时使用了多少个形参，在函数调用时也会给出多少个实参。这里需要注意的是，实参之间也必须用逗号 ","分隔。

例如，定义一个带有两个形参的函数，这两个形参用于指定姓名和年龄，然后对它们进行输出，代码如下：

```javascript
function userInfo(name,age){                          // 定义含有两个形参的函数
    alert(" 诗人: "+name+" 朝代: "+age);              // 输出字符串和形参的值
}
userInfo(" 李白 "," 唐代 ");                          // 调用函数并传递参数
```

运行结果如图 17.4 所示。

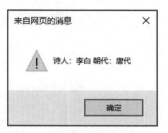

图 17.4　输出函数的参数

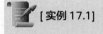

[实例 17.1]

（源码位置：资源包 \Code\17\01 ）

输出图书名称和图书作者

定义一个用于输出图书名称和图书作者的函数，在调用函数时将图书名称和图书作者作为参数进行传递。代码如下：

```javascript
<script type="text/javascript">
    function show(bookname,author){                   // 定义函数
        alert(" 图书名称: "+bookname+"\n 图书作者: "+author);   // 在页面中弹出对话框
    }
    show(" 从零开始学 HTML+CSS+JavaScript"," 明日科技 ");      // 调用函数并传递参数
</script>
```

运行结果如图 17.5 所示。

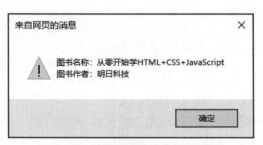

图 17.5　输出图书名称和图书作者

17.3　函数的返回值

对于函数调用，可以通过参数向函数传递数据然后获取，也可以直接从函数获取数据，

也就是说函数可以返回值。在 JavaScript 的函数中，可以使用 return 语句为函数返回一个值。语法如下：

```
return 表达式;
```

这个语句的作用是结束函数，并把其后表达式的值作为函数的返回值。例如，定义一个计算两个数的积的函数，并将计算结果作为函数的返回值，代码如下：

```
<script type="text/javascript">
function sum(x,y){                        // 定义含有两个参数的函数
    var z=x*y;                            // 获取两个参数的积
    return z;                             // 将变量 z 的值作为函数的返回值
}
alert("24*25="+sum(24,25));              // 调用函数并输出结果
</script>
```

运行结果如图 17.6 所示。

图 17.6　计算并输出两个数的积

函数返回值可以直接赋给变量或用于表达式中，也就是说函数调用可以出现在表达式中。例如，将上面示例中函数的返回值赋给变量 result，然后再进行输出，代码如下：

```
function sum(x,y){                        // 定义含有两个参数的函数
    var z=x*y;                            // 获取两个参数的积
    return z;                             // 将变量 z 的值作为函数的返回值
}
var result=sum(24,25);                   // 将函数的返回值赋给变量 result
alert(result);                           // 输出结果
```

 **[实例 17.2]**　　　　　　　　　　　　　　　　　　　（源码位置：资源包 \Code\17\02）

计算购物车中商品总价

模拟淘宝网计算购物车中商品总价的功能。假设购物车中有如下商品信息：

①苹果手机：单价 5000 元，购买数量 2 部。

②联想笔记本电脑：单价 4000 元，购买数量 10 台。

定义一个带有两个参数的函数 price()，将商品单价和商品数量作为参数进行传递。通过调用函数并传递不同的参数分别计算苹果手机和联想笔记本电脑的总价，最后计算购物车中所有商品的总价并输出。代码如下：

```
<script type="text/javascript">
    function price(unitPrice,number){     // 定义函数，将商品单价和商品数量作为参数传递
        var totalPrice=unitPrice*number;  // 计算单个商品总价
        return totalPrice;                // 返回单个商品总价
```

```
    }
    var phone = price(5000,2);                    // 调用函数，计算手机总价
    var computer = price(4000,10);                // 调用函数，计算笔记本电脑总价
    var total=phone+computer;                     // 计算所有商品总价
    alert(" 购物车中商品总价: "+total+" 元 ");      // 输出所有商品总价
</script>
```

运行结果如图 17.7 所示。

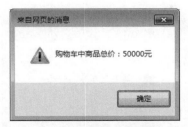

图 17.7　输出购物车中的商品总价

17.4　嵌套函数

在 JavaScript 中允许使用嵌套函数，嵌套函数就是在一个函数的函数体中使用了其他的函数。嵌套函数的使用包括函数的嵌套定义和函数的嵌套调用，下面分别进行介绍。

17.4.1　函数的嵌套定义

函数的嵌套定义就是在函数内部再定义其他的函数。例如，在一个函数内部嵌套定义另一个函数的代码如下：

```
function outFun(){                   // 定义外部函数
    function inFun(x,y){             // 定义内部函数
        alert(x+y);                 // 输出两个参数的和
    }
    inFun(1,5);                     // 调用内部函数并传递参数
}
outFun();                           // 调用外部函数
```

运行结果如图 17.8 所示。

在上述代码中定义了一个外部函数 outFun()，在该函数的内部又嵌套定义了一个函数 inFun()，它的作用是输出两个参数的和，最后在外部函数中调用了内部函数。

图 17.8　输出两个参数的和

👑 注意：

> 虽然在 JavaScript 中允许函数的嵌套定义，但它会使程序的可读性降低，因此，尽量避免使用这种定义嵌套函数的方式。

17.4.2　函数的嵌套调用

在 JavaScript 中，允许在一个函数的函数体中对另一个函数进行调用，这就是函数的嵌套调用。例如，在函数 b() 中对函数 a() 进行调用，代码如下：

```
function a(){                              // 定义函数 a()
    alert(" 零基础学 JavaScript");          // 输出字符串
}
function b(){                              // 定义函数 b()
    a();                                   // 在函数 b() 中调用函数 a()
}
b();                                       // 调用函数 b()
```

运行结果如图 17.9 所示。

图 17.9　函数的嵌套调用并输出结果

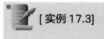 [实例 17.3]

（源码位置：资源包 \Code\17\03）

获得选手的平均分

《我是歌王》的比赛中有三位评委，在选手演唱完毕后，三位评委分别给出分数，将三个分数的平均分作为该选手的最后得分。周星星在演唱完毕后，三位评委给出的分数分别为 87、90、93，通过函数的嵌套调用获取周星星的最后得分。代码如下：

```
<script type="text/javascript">
function getAverage(score1,score2,score3){          // 定义含有 3 个参数的函数
    var average=(score1+score2+score3)/3;           // 获取 3 个参数的平均值
    return average;                                  // 返回 average 变量的值
}
function getResult(score1,score2,score3){           // 定义含有 3 个参数的函数
    // 输出传递的 3 个参数值
    document.write("3 个评委给出的分数分别为: "+score1+" 分、"+score2+" 分、"+score3+" 分 <br>");
    var result=getAverage(score1,score2,score3);    // 调用 getAverage() 函数
    document.write(" 周星星的最后得分为: "+result+" 分 ");   // 输出函数的返回值
}
getResult(87,90,93);                                 // 调用 getResult() 函数
</script>
```

运行结果如图 17.10 所示。

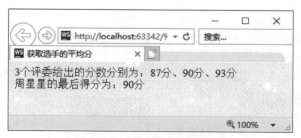

图 17.10　输出选手最后得分

17.5 递归函数

所谓递归函数就是函数在自身的函数体内调用自身。使用递归函数时一定要当心，处理不当会使程序进入死循环，递归函数只在特定的情况下使用，比如处理阶乘问题。语法如下：

```
function 函数名 ( 参数1){
    函数名 ( 参数2);
}
```

例如，使用递归函数取得 10! 的值，其中 10!=10*9!，9!=9*8!，以此类推，最后 1!=1，这样的数学公式在 JavaScript 中很容易使用函数进行描述。可以使用 f(n) 表示 n! 的值，当 1<n<10 时，f(n)=n*f(n-1)，当 n<=1 时，f(n)=1。代码如下：

```
function f(num){                              // 定义递归函数
    if(num<=1){                               // 如果参数 num 的值小于等于 1
        return 1;                             // 返回 1
    }else{
        return f(num-1)*num;                  // 调用递归函数
    }
}
alert("10! 的结果为: "+f(10));               // 调用函数输出 10 的阶乘
```

本实例运行结果如图 17.11 所示。

在定义递归函数时需要两个必要条件：

① 包括一个结束递归的条件。如实例中的 "if(num<=1)" 语句，如果满足条件则执行 "return 1"; 语句，不再递归。

② 包括一个递归调用语句。如实例中的 return f(num-1)*num ; 语句，用于实现调用递归函数。

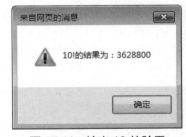

图 17.11　输出 10 的阶乘

17.6 变量的作用域

变量的作用域是指变量在程序中的有效范围，在有效范围内可以使用该变量。变量的作用域取决于该变量是哪一种变量。

17.6.1 全局变量和局部变量

在 JavaScript 中，变量根据作用域可以分为两种：全局变量和局部变量。全局变量是定义在所有函数之外的变量，作用范围是该变量定义后的所有代码；局部变量是定义在函数体内的变量，只有在该函数中且在该变量定义后的代码中才可以使用这个变量。函数的参数也是局部性的，只在函数内部起作用。如果把函数比作一台机器，那么在机器外摆放的原材料就相当于全局变量，这些原材料可以为所有机器使用，而机器内部所使用的原材料就相当于局部变量。

例如，下面的程序代码说明了变量的作用域的有效范围：

```
var a=" 这是全局变量 ";                        // 该变量在函数外声明，作用于整个脚本
function send(){                              // 定义函数
```

```
        var b=" 这是局部变量 ";              // 该变量在函数内声明，只作用于该函数体
        document.write(a+"<br>");            // 输出全局变量的值
        document.write(b);                   // 输出局部变量的值
    }
    send();                                  // 调用函数
```

运行结果为：

```
这是全局变量
这是局部变量
```

上述代码中，局部变量 b 只作用于函数体，如果在函数之外输出局部变量 b 的值将会出现错误。错误代码如下：

```
var a=" 这是全局变量 ";                   // 该变量在函数外声明，作用于整个脚本
function send(){                          // 定义函数
    var b=" 这是局部变量 ";              // 该变量在函数内声明，只作用于该函数体
    document.write(a+"<br>");            // 输出全局变量的值
}
send();                                  // 调用函数
document.write(b);                       // 错误代码，不允许在函数外输出局部变量的值
```

17.6.2 变量的优先级

如果在函数体中定义了一个与全局变量同名的局部变量，那么该全局变量在函数体中将不起作用。例如，下面的程序代码将输出局部变量的值：

```
var a=" 这是全局变量 ";                   // 声明一个全局变量 a
function send(){                          // 定义函数
    var a=" 这是局部变量 ";              // 声明一个和全局变量同名的局部变量 a
    document.write(a);                   // 输出局部变量 a 的值
}
send();                                  // 调用函数
```

运行结果为：

```
这是局部变量
```

上述代码中，定义了一个和全局变量同名的局部变量 a，此时在函数中输出变量 a 的值为局部变量的值。

17.7 内置函数

在使用 JavaScript 时，除了可以自定义函数之外，还可以使用 JavaScript 的内置函数，这些内置函数是由 JavaScript 自身提供的函数。JavaScript 中的一些主要内置函数如表 17.1 所示。

表 17.1　JavaScript 中的一些主要内置函数

函数	说明
parseInt()	将首位为数字的字符串中的数字转换为整型
parseFloat()	将首位为数字的字符串中的数字转换为浮点型
isNaN()	判断一个数值是否为 NaN

函数	说明
isFinite()	判断一个数值是否有限
eval()	求字符串中表达式的值
encodeURI()	将 URI 字符串进行编码
decodeURI()	对已编码的 URI 字符串进行解码

下面将对这些内置函数做详细介绍。

17.7.1 数值处理函数

（1）parseInt() 函数

该函数主要将首位为数字的字符串中的数字转换成整形数字，如果字符串不是以数字开头，那么将返回 NaN。语法如下：

```
parseInt(string,[n])
```

参数说明：

● string：需要将数字转换为整型数字的字符串。

● n：用于指出字符串中的数字是几进制的数字。这个参数在函数中不是必需的。

例如，将字符串中的数字转换成整型数字的示例代码如下：

```
var str1="123abc";                              // 定义字符串变量
var str2="abc123";                              // 定义字符串变量
document.write(parseInt(str1)+"<br>");          // 将字符串 str1 转换成整型数字并输出
document.write(parseInt(str1,8)+"<br>");         // 将字符串 str1 中的八进制数字进行输出
document.write(parseInt(str2));                  // 将字符串 str2 转换成数字并输出
```

运行结果为：

```
123
83
NaN
```

（2）parseFloat() 函数

该函数主要将首位为数字的字符串中的数字转换成浮点型数字，如果字符串不是以数字开头，那么将返回 NaN。语法如下：

```
parseFloat(string)
```

参数说明：

string：需要将数字转换为浮点型数字的字符串。

例如，将字符串转换成浮点型数字的示例代码如下：

```
var str1="123.456abc";                          // 定义字符串变量
var str2="abc123.456";                          // 定义字符串变量
document.write(parseFloat(str1)+"<br>");        // 将字符串 str1 转换成浮点型数字并输出
document.write(parseFloat(str2));               // 将字符串 str2 转换成浮点型数字并输出
```

运行结果为:

```
123.456
NaN
```

（3）isNaN() 函数

该函数主要用于检验某个数值是否为 NaN。语法如下：

```
isNaN(num)
```

参数说明：

num：需要验证的数字。

👑 说明：

如果参数 num 为 NaN，函数返回值为 true，如果参数 num 不是 NaN，函数返回值为 false。

例如，判断参数是否为 NaN 的示例代码如下：

```
var num1=123;                              // 定义数值型变量
var num2="123abc";                         // 定义字符串变量
document.write(isNaN(num1)+"<br>");        // 判断变量 num1 的值是否为 NaN 并输出结果
document.write(isNaN(num2));               // 判断变量 num2 的值是否为 NaN 并输出结果
```

运行结果为：

```
false
true
```

（4）isFinite() 函数

该函数主要用于检验其参数是否有限。语法如下：

```
isFinite(num)
```

参数说明：

num：需要验证的数字。

👑 说明：

如果参数 num 是有限数字（或可转换为有限数字），函数返回值为 true，如果参数 num 是 NaN 或无穷大，函数返回值为 false。

例如，判断参数是否为有限的示例代码如下：

```
document.write(isFinite(123)+"<br>");      // 判断数值 123 是否为有限并输出结果
document.write(isFinite("123abc")+"<br>"); // 判断字符串 "123abc" 是否为有限并输出结果
document.write(isFinite(1/0));             // 判断 1/0 的结果是否为有限并输出结果
```

运行结果为：

```
true
false
false
```

17.7.2 字符串处理函数

（1）eval() 函数

该函数的功能是计算字符串表达式的值，并执行其中的 JavaScript 代码。语法如下：

```
eval(string)
```

参数说明：

string：需要计算的字符串，其中含有要计算的表达式或要执行的语句。

例如，应用 eval() 函数计算字符串的示例代码如下：

```
document.write(eval("2+7"));                    // 计算表达式的值并输出结果
document.write("<br>");                         // 输出换行标签
eval("x=2;y=7;document.write(x*y)");            // 执行代码并输出结果
```

运行结果为：

```
9
14
```

（2）encodeURI() 函数

该函数主要用于将 URI 字符串进行编码。语法如下：

```
encodeURI(url)
```

参数说明：

url：需要编码的 URI 字符串。

👑 说明：

URI 与 URL 都可以表示网络资源地址，URI 比 URL 表示的范围更加广泛，但在一般情况下，URI 与 URL 可以是等同的。encodeURI() 函数只对字符串中有意义的字符进行转义，例如将字符串中的空格转换为 "%20"。

例如，应用 encodeURI() 函数对 URI 字符串进行编码的示例代码如下：

```
var URI="http://127.0.0.1/save.html?name= 测试 ";    // 定义 URI 字符串
document.write(encodeURI(URI));                       // 对 URI 字符串进行编码并输出
```

运行结果为：

```
http://127.0.0.1/save.html?name=%E6%B5%8B%E8%AF%95
```

（3）decodeURI() 函数

该函数主要用于对已编码的 URI 字符串进行解码。语法如下：

```
decodeURI(url)
```

参数说明：

url：需要解码的 URI 字符串。

👑 说明：

此函数可以将使用 encodeURI() 编码的网络资源地址转换为字符串并返回，也就是说 decodeURI() 函数是 encodeURI() 函数的逆向操作。

第3篇 JavaScript 基础篇

例如，应用 decodeURI() 函数对 URI 字符串进行解码的示例代码如下：

```
var URI=encodeURI("http://127.0.0.1/save.html?name= 测试 ");   // 对 URI 字符串进行编码
document.write(decodeURI(URI));                                // 对编码后的 URI 字符串进行解码并输出
```

运行结果为：

```
http://127.0.0.1/save.html?name= 测试
```

17.8　定义匿名函数

除了使用基本的 function 语句之外，还可使用另外两种方式来定义函数，即在表达式中定义函数和使用 Function() 构造函数来定义函数。因为在使用这两种方式定义函数的时候并未指定函数名，所以被定义的函数称为匿名函数。下面分别对这两种方式进行介绍。

17.8.1　在表达式中定义函数

在 JavaScript 中提供了一种定义匿名函数的方法，就是在表达式中直接定义函数，它的语法和 function 语句非常相似。其语法格式如下：

```
var 变量名 = function( 参数 1, 参数 2,...) {
    函数体
};
```

这种定义函数的方法不需要指定函数名，把定义的函数赋值给一个变量，后面的程序就可以通过这个变量来调用这个函数。这种定义函数的方法有很好的可读性。

例如，在表达式中直接定义一个返回两个数字和的匿名函数，代码如下：

```
<script type="text/javascript">
var sum = function(x,y){                    // 定义匿名函数
    return x+y;                             // 返回两个参数的和
};
alert("10+20="+sum(10,20));                 // 调用函数并输出结果
</script>
```

运行结果如图 17.12 所示。

图 17.12　输出两个数字的和

在以上代码中定义了一个匿名函数，并把对它的引用存储在变量 sum 中。该函数有两个参数，分别为 x 和 y。该函数的函数体为 "return x+y"，即返回参数 x 与参数 y 的和。

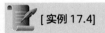

（源码位置：资源包 \Code\17\04）

[实例 17.4]

输出 6 以内的乘法表

编写一个带有一个参数的匿名函数，该参数用于指定显示多少以内的乘法表，通过传递的参数在页面中输出 6 以内的乘法表。代码如下：

```
<script type="text/javascript">
    var star = function (n) {                              // 定义匿名函数
        for (var i = 1; i <= n; i++) {                     // 定义外层 for 循环语句
            for (var j = 1; j <= i; j++) {                 // 定义内层 for 循环语句
                document.write(j + "*" + i + "=" + j * i + "   ");   // 输出乘法表
            }
            document.write("<br>");                         // 输出换行标记
        }
    }
    star(6);                                                // 调用函数并传递参数
</script>
```

运行结果如图 17.13 所示。

图 17.13　输出 6 以内的乘法表

17.8.2　使用 Function() 构造函数

除了在表达式中定义函数之外，还有一种定义匿名函数的方式——使用 Function() 构造函数来定义函数。这种方式可以动态地创建函数。Function() 构造函数的语法格式如下：

```
var 变量名 = new Function(" 参数 1"," 参数 2",...," 函数体 ");
```

使用 Function() 构造函数可以接收一个或多个参数作为函数的参数，也可以一个参数也不使用。Function() 构造函数的最后一个参数为函数体的内容。

👑 **注意：**
　Function() 构造函数中的所有参数和函数体都必须是字符串类型，因此一定要用双引号或单引号引起来。

例如，使用 Function() 构造函数定义一个计算两个数字和的函数代码如下：

```
var sum = new Function("x","y","alert(x+y);");    // 使用 Function() 构造函数定义函数
sum(10,20);                                        // 调用函数
```

运行结果如图 17.14 所示。

上述代码中，sum 并不是一个函数名，而是一个指向函数的变量，因此，使用 Function() 构造函数创建的函数也是匿名函数。在创建的这个构造函数中有两个参数，分别为 x 和 y。该函数的函数体为 "alert(x+y)"，即输出 x 与 y 的和。

图 17.14 输出两个数字的和

 本章知识思维导图

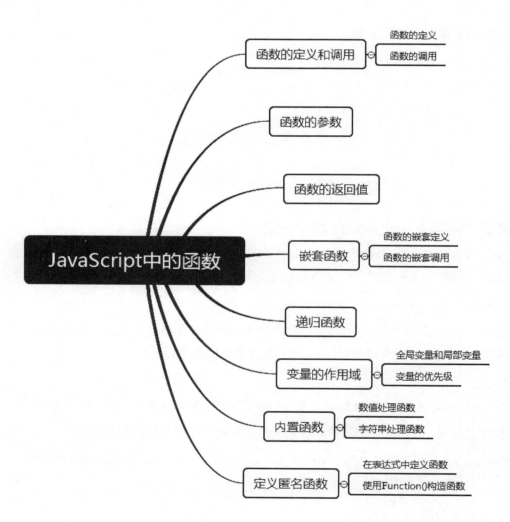

第 18 章

JavaScript 中的对象

扫码领取
- ➤ 配套视频
- ➤ 配套素材
- ➤ 学习指导
- ➤ 交流社群

 本章学习目标

- 理解对象的概念。
- 掌握如何创建对象。
- 掌握常用的内部对象。

18.1 对象简介

对象是 JavaScript 中的数据类型之一，是一种复合的数据类型，它将多种类型的数据集中在一个数据单元中，并允许通过对象来存取这些数据的值。

18.1.1 什么是对象

对象的概念首先来自于对客观世界的认识，它用于描述客观世界存在的特定实体。比如，"人"就是一个典型的对象，"人"包括身高、体重等特性，同时又包含吃饭、睡觉等动作。"人"对象示意图如图 18.1 所示。

在计算机的世界里，不仅存在来自于客观世界的对象，也包含为解决问题而引入的比较抽象的对象。例如，一个用户可以被看作一个对象，它包含用户名、密码等特性，也包含注册、登录等动作。其中，用户名和密码等特性可以用变量来描述；注册、登录等动作可以用函数来定义。因此，对象实际上就是一些变量和函数的集合。"用户"对象示意图如图 18.2 所示。

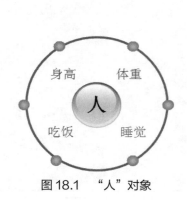

图 18.1　"人"对象

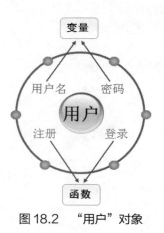

图 18.2　"用户"对象

18.1.2 对象的属性和方法

在 JavaScript 中，对象包含两个要素：属性和方法。通过访问或设置对象的属性并且调用对象的方法，就可以对对象进行各种操作，从而实现需要的功能。

（1）对象的属性

包含在对象内部的变量称为对象的属性，它是用来描述对象特性的一组数据。

在程序中使用对象的一个属性类似于使用一个变量，就是在属性名前加上对象名和一个句点"."。获取或设置对象的属性值的语法格式如下：

```
对象名.属性名
```

以"用户"对象为例，该对象有用户名和密码两个属性，以下代码可以分别获取该对象的这两个属性值：

```
var name = 用户.用户名;
```

```
var pwd = 用户.密码;
```

也可以通过以下代码来设置"用户"对象的这两个属性值：

```
用户.用户名 = "mr";
用户.密码 = "mrsoft";
```

（2）对象的方法

包含在对象内部的函数称为对象的方法，它可以用来实现某个功能。

在程序中调用对象的方法类似于调用函数，就是在方法名前加上对象名和一个句点
"."，语法格式如下：

```
对象名.方法名(参数)
```

与函数一样，在对象的方法中可以使用一个或多个参数，也可不使用参数。同样以"用户"对象为例，该对象有注册和登录两个方法，以下代码可以分别调用该对象的这两个方法：

```
用户.注册();
用户.登录();
```

👑 说明：

在 JavaScript 中，对象就是属性和方法的集合，这些属性和方法也叫作对象的成员。方法作为对象成员的函数，表明对象所具有的行为；属性作为对象成员的变量，表明对象的状态。

18.1.3 JavaScript 对象的种类

在 JavaScript 中可以使用 3 种对象，即自定义对象、内置对象和浏览器对象。内置对象和浏览器对象又称为预定义对象。

在 JavaScript 中将一些常用的功能预先定义成对象，用户可以直接使用这些对象，这种对象就是内置对象。内置对象可以帮助用户在编写程序时实现一些最常用、最基本的功能，例如 Math、Date、String、Array、Number、Boolean、Global、Object 和 RegExp 对象等。

浏览器对象是浏览器根据系统当前的配置和所装载的页面为 JavaScript 提供的一些对象。例如 document、window 对象等。

自定义对象是指用户根据需要自己定义的新对象。

18.2 自定义对象的创建

创建自定义对象主要有 3 种方法：一种是直接创建自定义对象，另一种是通过自定义构造函数来创建，还有一种是通过系统内置的 Object 对象创建。

18.2.1 直接创建自定义对象

直接创建自定义对象的语法格式如下：

```
var 对象名 = { 属性名 1: 属性值 1, 属性名 2: 属性值 2, 属性名 3: 属性值 3, ...}
```

由语法格式可以看出，直接创建自定义对象时，所有属性都放在大括号中，属性之间

用逗号分隔，每个属性都由属性名和属性值两部分组成，属性名和属性值之间用冒号隔开。

例如，创建一个学生对象 student 并设置 3 个属性，分别为 name、sex 和 age，然后输出这 3 个属性的值，代码如下：

```
var student = {                                    // 创建 student 对象
    name:" 张三 ",
    sex:" 男 ",
    age:25
}
document.write(" 姓名: "+student.name+"<br>");        // 输出 name 属性值
document.write(" 性别: "+student.sex+"<br>");         // 输出 sex 属性值
document.write(" 年龄: "+student.age+"<br>");         // 输出 age 属性值
```

运行结果如图 18.3 所示。

图 18.3　创建学生对象并输出属性值

另外，还可以使用数组的方式对属性值进行输出，代码如下：

```
var student = {                                    // 创建 student 对象
    name:" 张三 ",
    sex:" 男 ",
    age:25
}
document.write(" 姓名: "+student['name']+"<br>");     // 输出 name 属性值
document.write(" 性别: "+student['sex']+"<br>");      // 输出 sex 属性值
document.write(" 年龄: "+student['age']+"<br>");      // 输出 age 属性值
```

18.2.2　通过自定义构造函数创建对象

虽然直接创建自定义对象很方便也很直观，但是如果要创建多个相同的对象，使用这种方法就很烦琐了。在 JavaScript 中可以自定义构造函数，通过调用自定义的构造函数可以创建并初始化新的对象。与普通函数不同，调用构造函数必须使用 new 运算符。构造函数也可以和普通函数一样使用参数，其参数通常用于初始化新对象。在构造函数的函数体内通过 this 关键字初始化对象的属性与方法。

例如，要创建一个学生对象 Student，可以定义一个名称为 Student 的构造函数，代码如下：

```
function Student(name,sex,age){                     // 定义构造函数
    this.name = name;                              // 初始化对象的 name 属性
    this.sex = sex;                                // 初始化对象的 sex 属性
    this.age = age;                                // 初始化对象的 age 属性
}
```

上述代码中，在构造函数内部对 3 个属性 name、sex 和 age 进行了初始化，其中，this 关键字表示对对象自己的属性、方法的引用。

利用该函数，可以用 new 运算符创建新对象，代码如下：

```
var student1 = new Student(" 张三 "," 男 ",25);          // 创建对象实例
```

上述代码创建了一个名为 student1 的新对象，新对象 student1 称为对象 student 的实例。使用 new 运算符创建对象实例后，JavaScript 会接着自动调用所使用的构造函数，执行构造函数中的程序。

另外，还可以创建多个 Student 对象的实例，每个实例都是独立的。代码如下：

```
var student2 = new Student(" 李四 "," 女 ",23);          // 创建其他对象实例
var student3 = new Student(" 王五 "," 男 ",28);          // 创建其他对象实例
```

[实例 18.1]   （源码位置：资源包 \Code\18\01 ）

创建一个球员对象

应用构造函数创建一个球员对象。定义构造函数 Player()，在函数中应用 this 关键字初始化对象的属性，然后创建一个对象实例，最后输出该对象的属性值，即输出球员身高、球员体重、运动项目、所属球队和专业特点。程序代码如下：

```
<h1 style="font-size:24px;">梅西 </h1>
<script type="text/javascript">
function Player(height,weight,sport,team,character){
    this.height = height;                            // 对象的 height 属性
    this.weight = weight;                            // 对象的 weight 属性
    this.sport = sport;                              // 对象的 sport 属性
    this.team = team;                                // 对象的 team 属性
    this.character = character;                      // 对象的 character 属性
}
// 创建一个新对象 player1
var player1 = new Player("170cm","67kg"," 足球 "," 巴塞罗那 "," 技术出色，意识好 ");
document.write(" 球员身高: "+player1.height+"<br>");    // 输出 height 属性值
document.write(" 球员体重: "+player1.weight+"<br>");    // 输出 weight 属性值
document.write(" 运动项目: "+player1.sport+"<br>");     // 输出 sport 属性值
document.write(" 所属球队: "+player1.team+"<br>");      // 输出 team 属性值
document.write(" 专业特点: "+player1.character+"<br>"); // 输出 character 属性值
</script>
```

运行结果如图 18.4 所示。

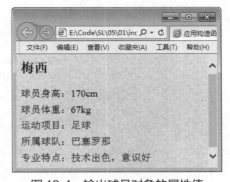

图 18.4　输出球员对象的属性值

对象不但可以拥有属性，还可以拥有方法。在定义构造函数时，也可以定义对象的方法。与对象的属性一样，在构造函数里也需要使用 this 关键字来初始化对象的方法。例如，在 Student 对象中定义 3 个方法 showName()、showAge() 和 showSex()，代码如下：

第3篇　JavaScript 基础篇

```
function Student(name,sex,age){                    // 定义构造函数
    this.name = name;                              // 初始化对象的属性
    this.sex = sex;                                // 初始化对象的属性
    this.age = age;                                // 初始化对象的属性
    this.showName = showName;                      // 初始化对象的方法
    this.showSex = showSex;                        // 初始化对象的方法
    this.showAge = showAge;                        // 初始化对象的方法
}
function showName(){                               // 定义 showName() 方法
    alert(this.name);                             // 输出 name 属性值
}
function showSex(){                                // 定义 showSex() 方法
    alert(this.sex);                              // 输出 sex 属性值
}
function showAge(){                                // 定义 showAge() 方法
    alert(this.age);                              // 输出 age 属性值
}
```

另外，也可以在构造函数中直接使用表达式来定义方法，代码如下：

```
function Student(name,sex,age){                    // 定义构造函数
    this.name = name;                              // 初始化对象的属性
    this.sex = sex;                                // 初始化对象的属性
    this.age = age;                                // 初始化对象的属性
    this.showName=function(){                      // 应用表达式定义 showName() 方法
        alert(this.name);                         // 输出 name 属性值
    };
    this.showSex=function(){                       // 应用表达式定义 showSex() 方法
        alert(this.sex);                          // 输出 sex 属性值
    };
    this.showAge=function(){                       // 应用表达式定义 showAge() 方法
        alert(this.age);                          // 输出 age 属性值
    };
}
```

[实例 18.2]　　　　　　　　　　　　　　　　　　　　　（源码位置：资源包 \Code\18\02 ）

输出电影信息

应用构造函数创建一个电影对象 Actor，在构造函数中定义对象的属性和方法，通过创建的对象实例调用对象中的方法，输出电影名、英文名、主演以及片长。程序代码如下：

```
this.name = name;                              // 对象的 name 属性
this.name1 = name1;
this.player = player;                          // 对象的 player 属性
this.timer = timer;                            // 对象的 timer 属性
function film(name, name1, player, timer) {
    this.introduction = function () {// 定义 introduction() 方法
        document.write(" 电影名: " + this.name);      // 输出 name 属性值
        document.write("<br> 英文名: " + this.name1);  // 输出 name| 属性值
        document.write("<br> 主演: " + this.player);   // 输出 player 属性值
        document.write("<br> 片长: " + this.timer);    // 输出 timer 属性值
    }
}
var film1 = new Actor(" 你好，李焕英 ", "Hi,Mom", " 贾玲、张小斐、沈腾、陈赫 ", "128 分钟 ");    // 创建
对象 Actor1
film1.introduction();// 调用 introduction() 方法
```

运行结果如图 18.5 所示。

调用构造函数创建对象需要注意一个问题：如果构造函数中定义了多个属性和方法，那么在每次创建对象实例时都会为该对象分配相同的属性和方法，这样会增加对内存的需求。这时可以通过 prototype 属性来解决这个问题。

prototype 属性是 JavaScript 中所有函数都有的一个属性。该属性可以向对象中添加属性或方法。语法如下：

图 18.5　调用对象中的方法输出电影信息

```
object.prototype.name=value
```

参数说明：

● object：构造函数名。

● name：要添加的属性名或方法名。

● value：添加属性的值或执行方法的函数。

例如，在 Student 对象中应用 prototype 属性向对象添加一个 show() 方法，通过调用 show() 方法输出对象中 3 个属性的值。代码如下：

```
function Student(name,sex,age){                          // 定义构造函数
    this.name = name;                                   // 初始化对象的属性
    this.sex = sex;                                     // 初始化对象的属性
    this.age = age;                                     // 初始化对象的属性
}
Student.prototype.show=function(){                      // 添加 show() 方法
    alert(" 姓名: "+this.name+"\n 性别: "+this.sex+"\n 年龄: "+this.age);
}
var student1=new Student(" 张三 "," 男 ",25);           // 创建对象实例
student1.show();
                                                        // 调用对象的 show() 方法
```

运行结果如图 18.6 所示。

图 18.6　输出 3 个属性值

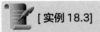 [实例 18.3]

（源码位置：资源包 \Code\18\03）

创建一个圆的对象

应用构造函数创建一个圆的对象 Circle。定义构造函数 Circle()，然后应用 prototype 属性向对象中添加属性和方法，通过调用方法实现计算圆的周长和面积的功能。程序代码如下：

```
function Circle(r){
    this.r=r;                                       // 初始化对象的属性
}
Circle.prototype.pi=3.14;                           // 添加对象的 pi 属性
Circle.prototype.circumference=function(){          // 添加计算圆周长的 circumference() 方法
    return 2*this.pi*this.r;                        // 返回圆的周长
}
Circle.prototype.area=function(){                   // 添加计算圆面积的 area() 方法
    return this.pi*this.r*this.r;                   // 返回圆的面积
}
var c=new Circle(20);                               // 创建一个新对象 c
document.write(" 圆的半径为 "+c.r+"<br>");            // 输出圆的半径
document.write(" 圆的周长为 "+parseInt(c.circumference())+"<br>"); // 输出圆的周长
document.write(" 圆的面积为 "+parseInt(c.area()));    // 输出圆的面积
```

运行结果如图 18.7 所示。

图 18.7　计算圆的周长和面积

18.2.3　通过 Object 对象创建自定义对象

Object 对象是 JavaScript 中的内部对象，它提供了对象的最基本功能，这些功能构成了所有其他对象的基础。Object 对象提供了创建自定义对象的简单方式，使用这种方式不需要再定义构造函数。可以在程序运行时为 JavaScript 对象随意添加属性，因此使用 Object 对象能很容易地创建自定义对象。创建 Object 对象的语法如下：

```
obj = new Object([value])
```

参数说明：

● obj：必选项，要赋值为 Object 对象的变量名。

● value：可选项，任意一种基本数据类型（Number、Boolean 或 String）。如果 value 为一个对象，返回不做改动的该对象。如果 value 为 null、undefined，或者没有给出，则产生没有内容的对象。

使用 Object 对象可以创建一个没有任何属性的空对象。如果要设置对象的属性，只需要将一个值赋给对象的新属性即可。例如，使用 Object 对象创建一个自定义对象 student，并设置对象的属性，然后对属性值进行输出，代码如下：

```
var student = new Object();                         // 创建一个空对象
student.name = " 王五 ";                             // 设置对象的 name 属性
student.sex = " 男 ";                                // 设置对象的 sex 属性
student.age = 28;                                   // 设置对象的 age 属性
document.write(" 姓名: "+student.name+"<br>");        // 输出对象的 name 属性值
document.write(" 性别: "+student.sex+"<br>");         // 输出对象的 sex 属性值
document.write(" 年龄: "+student.age+"<br>");         // 输出对象的 age 属性值
```

运行结果如图 18.8 所示。

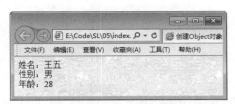

图 18.8　创建 Object 对象并输出属性值

👑 说明:

一旦通过给属性赋值创建了该属性,就可以在任何时候修改这个属性的值,只需要赋给它新值即可。

在使用 Object 对象创建自定义对象时,也可以定义对象的方法。例如,在 student 对象中定义方法 show(),然后对方法进行调用,代码如下:

```
var student = new Object();                               // 创建一个空对象
student.name = " 张三 ";                                   // 设置对象的 name 属性
student.sex = " 男 ";                                      // 设置对象的 sex 属性
student.age = 25;                                         // 设置对象的 age 属性
student.show = function(){                                // 定义对象的方法
                                                          // 输出属性的值
    alert(" 姓名: "+student.name+"\n 性别: "+student.sex+"\n 年龄: "+student.age);
};
student.show();                                          // 调用对象的方法
```

运行结果如图 18.9 所示。

如果在创建 Object 对象时没有指定参数,JavaScript 将会创建一个 Object 实例,但该实例并没有具体指定为哪种对象类型,这种方法多用于创建自定义对象。如果在创建 Object 对象时指定了参数,可以直接将 value 参数的值转换为相应的对象。如以下代码就是通过 Object 对象创建了一个字符串对象:

图 18.9　调用对象的方法

```
var myObj = new Object(" 你好 JavaScript");               // 创建一个字符串对象
```

[实例 18.4]

（源码位置: 资源包 \Code\18\04)

创建一个图书对象

使用 Object 对象创建自定义对象 book,在 book 对象中定义方法 getBookInfo(),在方法中传递 3 个参数,然后对这个方法进行调用,输出图书信息。程序代码如下:

```
var book = new Object();                                 // 创建一个空对象
book.getBookInfo = getBookInfo;                          // 定义对象的方法
function getBookInfo(name,type,price){
                                                          // 输出图书的书名、类型及价格
    document.write(" 书名: "+name+"<br> 类型: "+type+"<br> 价格: "+price);
}
book.getBookInfo(" 零基础学 HTML5+CSS+JavaScript"," 编程图书 ","79.8");    // 调用对象的方法
```

运行结果如图 18.10 所示。

第3篇　JavaScript 基础篇

图 18.10　创建图书对象并调用对象中的方法

18.3　对象访问语句

在 JavaScript 中，for...in 语句和 with 语句都是专门应用于对象的语句。下面对这两个语句分别进行介绍。

18.3.1　for...in 语句

for...in 语句和 for 语句十分相似，for...in 语句用来遍历对象的每一个属性，每次都将属性名作为字符串保存在变量里。语法如下：

```
for ( 变量 in 对象 ) {
    语句
}
```

参数说明：
- 变量：用于存储某个对象的所有属性名。
- 对象：用于指定要遍历属性的对象。
- 语句：用于指定循环体。

for...in 语句用于对某个对象的所有属性进行循环操作，将某个对象的所有属性名依次赋值给同一个变量，而不需要事先知道对象属性的个数。

👑 注意：

应用 for...in 语句遍历对象的属性，在输出属性值时一定要使用数组的形式（对象名 [属性名]）进行输出，而不能使用"对象名 . 属性名"这种形式。

下面应用 for...in 语句输出对象中的属性名和值。首先创建一个对象，并且指定对象的属性，然后应用 for...in 语句输出对象的所有属性名和值。程序代码如下：

```
var object={user:" 小月 ",sex:" 女 ",age:23,interest:" 运动、唱歌 "};    // 创建自定义对象
for (var example in object){                                        // 应用 for...in 语句
    document.write (" 属性: "+example+"="+object[example]+"<br>");    // 输出各属性名及属性值
}
```

运行结果如图 18.11 所示。

18.3.2　with 语句

with 语句用于在访问一个对象的属性或方法时避免重复指定对象名称。使用 with 语句可以简化对象属性调用的层次。

图 18.11　输出对象中的属性名及属性值

语法如下：

```
with( 对象名称 ){
    语句
}
```

- 对象名称：用于指定要操作的对象名称。
- 语句：要执行的语句，可直接引用对象的属性名或方法名。

在一段连续的程序代码中，如果多次使用某个对象的多个属性或方法，那么只要在 with 关键字后的括号（）中写出该对象实例的名称，就可以在随后大括号 {} 中的程序语句中直接引用该对象的属性名或方法名，不必再在每个属性名或方法名前都加上对象实例名和 "."。

例如，应用 with 语句实现 student 对象的多次引用，代码如下：

```
function Student(name,sex,age){
    this.name = name;                                    // 设置对象的 name 属性
    this.sex = sex;                                      // 设置对象的 sex 属性
    this.age = age;                                      // 设置对象的 age 属性
}
var student=new Student(" 殷晓晓 "," 女 ",14);            // 创建新对象
with(student){                                           // 应用 with 语句
    alert(" 姓名: "+name+"\n 性别: "+sex+"\n 年龄: "+age);  // 输出多个属性的值
}
```

运行结果如图 18.12 所示。

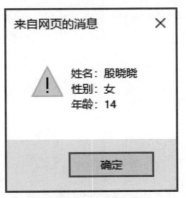

图 18.12　with 语句的应用

18.4　常用内部对象

JavaScript 的内部对象也叫内置对象，它将一些常用功能预先定义成对象，用户可以直接使用，这些内部对象可以帮助用户实现一些最常用、最基本的功能。

JavaScript 中的内部对象按照使用方式分为动态对象和静态对象。在引用动态对象的属性和方法时，必须使用 new 关键字来创建一个对象实例，然后才能使用"对象实例名 . 成员"的方式来访问其属性和方法，如 Date 对象；引用静态对象的属性和方法时，不需要用 new 关键字创建对象实例，直接使用"对象名 . 成员"的方式来访问其属性和方法，如 Math 对象。下面对 JavaScript 中的 Math 对象以及 Date 对象进行详细介绍。

第3篇　JavaScript 基础篇

18.4.1 Math 对象

Math 对象提供了大量的数学常量和数学函数。在使用 Math 对象时，不能使用 new 关键字创建对象实例，而应直接使用"对象名 . 成员"的方式来访问其属性或方法。下面将对 Math 对象的属性和方法进行介绍。

（1）Math 对象的属性

Math 对象的属性是数学中常用的常量，如表 18.1 所示。

表 18.1　Math 对象的属性

属性	描述	属性	描述
E	自然常数（2.718281828459045）	LOG2E	以 2 为底数的 e 的对数（1.4426950408889633）
LN2	2 的自然对数（0.6931471805599453）	LOG10E	以 10 为底数的 e 的对数（0.4342944819032518）
LN10	10 的自然对数（2.302585092994046）	PI	圆周率常数 π（3.141592653589793）
SQRT2	2 的平方根（1.4142135623730951）	SQRT1_2	0.5 的平方根（0.7071067811865476）

例如，已知一个圆的半径是 5，计算这个圆的周长和面积。代码如下：

```
var r = 5;                                                    // 定义圆的半径
var circumference = 2*Math.PI*r;                             // 定义圆的周长
var area = Math.PI*r*r;                                       // 定义圆的面积
document.write(" 圆的半径为 "+r+"<br>");                     // 输出圆的半径
document.write(" 圆的周长为 "+parseInt(circumference)+"<br>"); // 输出圆的周长
document.write(" 圆的面积为 "+parseInt(area));                // 输出圆的面积
```

运行结果为：

```
圆的半径为 5
圆的周长为 31
圆的面积为 78
```

（2）Math 对象的方法

Math 对象的方法是数学中常用的函数，如表 18.2 所示。

表 18.2　Math 对象的方法

方法	说明	举例
abs(x)	返回 x 的绝对值	Math.abs(-10);　//返回值为 10
acos(x)	返回 x 弧度的反余弦值	Math.acos(1);　//返回值为 0
asin(x)	返回 x 弧度的反正弦值	Math.asin(1);　//返回值为 1.5707963267948965
atan(x)	返回 x 弧度的反正切值	Math.atan(1);　//返回值为 0.7853981633974483
atan2(x,y)	返回从 x 轴到点（x,y）的角度，其值在 –PI 与 PI 之间	Math.atan2(10,5);　//返回值为 1.1071487177940904
ceil(x)	返回大于或等于 x 的最小整数	Math.ceil(1.05);　　//返回值为 2 Math.ceil(-1.05);　//返回值为 –1
cos(x)	返回 x 的余弦值	Math.cos(0);　//返回值为 1
exp(x)	返回 e 的 x 乘方	Math.exp(4);　//返回值为 54.598150033144236

方法	说明	举例
floor(x)	返回小于或等于 x 的最大整数	Math.floor(1.05);　//返回值为 1 Math.floor(-1.05);　//返回值为 -2
log(x)	返回 x 的自然对数	Math.log(1);　//返回值为 0
max(n1,n2, ...)	返回参数列表中的最大值	Math.max(2,4);　//返回值为 4
min(n1,n2, ...)	返回参数列表中的最小值	Math.min(2,4);　//返回值为 2
pow(x,y)	返回 x 的 y 次方	Math.pow(2,4);　//返回值为 16
random()	返回 0 和 1 之间的随机数	Math.random();//返回值为类似 0.8867056997839715 的随机数
round(x)	返回最接近 x 的整数，即四舍五入函数	Math.round(1.05);　//返回值为 1 Math.round(-1.05);　//返回值为 -1
sin(x)	返回 x 的正弦值	Math.sin(0);　//返回值为 0
sqrt(x)	返回 x 的平方根	Math.sqrt(2);　//返回值为 1.4142135623730951
tan(x)	返回 x 的正切值	Math.tan(90);　//返回值为 -1.995200412208242

例如，计算两个数值中的较大值，可以通过 Math 对象的 max() 函数。代码如下：

```
var larger = Math.max(value1,value2);      // 获取变量 value1 和 value2 的最大值
```

或者计算一个数的 10 次方，代码如下：

```
var result = Math.pow(value1,10);          // 获取变量 value1 的 10 次方
```

或者使用四舍五入函数计算最相近的整数值，代码如下：

```
var result = Math.round(value);            // 对变量 value 的值进行四舍五入
```

[实例 18.5]

（源码位置：资源包 \Code\18\05 ）

生成指定位数的随机数

应用 Math 对象中的方法实现生成指定位数的随机数的功能。实现步骤如下：

① 在页面中创建表单，在表单中添加一个用于输入随机数位数的文本框和一个"生成"按钮，代码如下：

```
请输入要生成随机数的位数:
<form name="form">
    <input type="text" name="digit"/>
    <input type="button" value=" 生成 " onclick="ran(form.digit.value)"/>
    <p id="text"></p>
</form>
```

② 编写生成指定位数的随机数的函数 ran()，该函数只有一个参数 digit，用于指定生成的随机数的位数，代码如下：

```
var text = ""
function ran(digit) {
    var result = "";                                    // 声明变量并初始化
    for (i = 0; i < digit; i++) {
```

```
        result = result + (Math.floor(Math.random() * 10));   // 将生成的单个随机数连接起来
    }
    text += "<span>生成的随机数为:" + result + "<br>"
    document.getElementById("text").innerHTML = text;
}
```

运行程序，然后在文本框中输入 4，然后单击 3 次"生成"按钮，结果如图 18.13 所示。

图 18.13　生成指定位数的随机数

18.4.2　Date 对象

在 Web 开发过程中，可以使用 JavaScript 的 Date 对象（日期对象）来实现对日期和时间的控制。如果想在网页中显示计时时钟，就得重复生成新的 Date 对象来获取当前计算机的时间。用户可以使用 Date 对象执行各种使用日期和时间的过程。

（1）创建 Date 对象

日期对象是对一个对象的数据求值，该对象主要负责处理与日期和时间有关的数据信息。在使用 Date 对象前，首先要创建该对象，其创建语法如下：

```
dateObj = new Date()
dateObj = new Date(dateVal)
dateObj = new Date(year, month, date[, hours[, minutes[, seconds[,ms]]]])
```

Date 对象创建语法中各参数的说明如表 18.3 所示。

表 18.3　Date 对象的参数说明

方法	说明
dateObj	必选项。要赋值为 Date 对象的变量名
dateVal	必选项。如果是数字值，dateVal 表示指定日期与 1970 年 1 月 1 日午夜间全球标准时间的毫秒数。如果是字符串，常用的格式为"月 日 年 小时:分钟:秒"，其中，月份用英文表示，其余用数字表示，时间部分可以省略；另外，还可以使用"年/月/日 小时:分钟:秒"的格式
year	必选项。完整的年份，比如 1976（而不是 76）
month	必选项。表示的月份，是从 0 到 11 之间的整数（1 ~ 12 月）
date	必选项。表示日期，是从 1 到 31 之间的整数
hours	可选项。如果提供了 minutes 则必须给出。表示小时，是从 0 到 23 的整数（午夜到 11pm）
minutes	可选项。如果提供了 seconds 则必须给出。表示分，是从 0 到 59 的整数
seconds	可选项。如果提供了 ms 则必须给出。表示秒，是从 0 到 59 的整数
ms	可选项。表示毫秒，是从 0 到 999 的整数

下面以示例的形式来介绍如何创建日期对象。

例如，输出当前的日期和时间，代码如下：

```
var newDate=new Date();               // 创建当前日期对象
document.write(newDate);              // 输出当前日期和时间
```

运行结果为：

```
Sat May 22 2021 15:47:15 GMT+0800（中国标准时间）
```

例如，用年、月、日（2021-6-20）来创建日期对象，代码如下：

```
var newDate=new Date(2021,6,20);      // 创建指定年月日的日期对象
document.write(newDate);              // 输出指定日期和时间
```

运行结果为：

```
Sun Jun 20 2021 00:00:00 GMT+0800（中国标准时间）
```

例如，用年、月、日、小时、分钟、秒（2021-6-20 13:12:56）来创建日期对象，代码
如下：

```
var newDate=new Date(2021,6,20,13,12,56);   // 创建指定时间的日期对象
document.write(newDate);                     // 输出指定日期和时间
```

运行结果为：

```
Sun Jun 20 2021 13:12:56 GMT+0800（中国标准时间）
```

例如，以字符串形式创建日期对象（2021-6-20 20:30:56），代码如下：

```
var newDate=new Date("Jun 20,2021 20:30:56");   // 以字符串形式创建日期对象
document.write(newDate);                          // 输出指定日期和时间
```

运行结果为：

```
Sun Jun 20 2021 20:30:56 GMT+0800（中国标准时间）
```

例如，以另一种字符串的形式创建日期对象（2021-04-19 16:42:56），代码如下：

```
var newDate=new Date("2021/04/19 16:42:56");    // 以字符串形式创建日期对象
document.write(newDate);                          // 输出指定日期和时间
```

运行结果为：

```
Mon Apr 19 2021 16:42:56 GMT+0800（中国标准时间）
```

（2）Date 对象的属性

Date 对象的属性有 constructor 和 prototype，在这里介绍这两个属性的用法。

① constructor 属性　该属性可以判断一个对象的类型，该属性引用的是对象的构造函数，语法如下：

```
object.constructor
```

必选项 object 是对象实例的名称。

例如，判断当前对象是否为日期对象，代码如下：

```
var newDate=new Date();                              // 创建当前日期对象
if (newDate.constructor==Date)                       // 如果当前对象是日期对象
    document.write(" 日期型对象 ");                    // 输出字符串
```

运行结果为：

```
日期型对象
```

② prototype 属性　该属性可以为 Date 对象添加自定义的属性或方法，语法如下：

```
Date.prototype.name=value
```

参数说明：

● name：要添加的属性名或方法名。

● value：添加属性的值或执行方法的函数。

例如，用自定义属性来记录当前的年份，代码如下：

```
var newDate=new Date();                              // 创建当前日期对象
Date.prototype.mark=newDate.getFullYear();           // 向日期对象中添加属性
document.write(newDate.mark);                         // 输出新添加的属性的值
```

运行结果为：

```
2021
```

（3）Date 对象的方法

Date 对象是 JavaScript 的一种内部对象，该对象没有可以直接读写的属性，所有对日期和时间的操作都是通过方法完成的。Date 对象的方法如表 18.4 所示。

表 18.4　Date 对象的方法

方法	说明
getDate()	从 Date 对象返回一个月中的某一天 (1~31)
getDay()	从 Date 对象返回一周中的某一天 (0~6)
getMonth()	从 Date 对象返回月份 (0~11)
getFullYear()	从 Date 对象以 4 位数字返回年份
getYear()	从 Date 对象以 2 位或 4 位数字返回年份
getHours()	返回 Date 对象的小时 (0~23)
getMinutes()	返回 Date 对象的分钟 (0~59)
getSeconds()	返回 Date 对象的秒 (0~59)
getMilliseconds()	返回 Date 对象的毫秒 (0~999)
getTime()	返回 1970 年 1 月 1 日至今的毫秒数
setDate()	设置 Date 对象中月的某一天 (1~31)
setMonth()	设置 Date 对象中月份 (0~11)
setFullYear()	设置 Date 对象中的年份 (4 位数字)
setYear()	设置 Date 对象中的年份 (2 位或 4 位数字)

方法	说明
setHours()	设置 Date 对象中的小时 (0~23)
setMinutes()	设置 Date 对象中的分钟 (0~59)
setSeconds()	设置 Date 对象中的秒 (0~59)
setMilliseconds()	设置 Date 对象中的毫秒 (0~999)
setTime()	通过从 1970 年 1 月 1 日午夜添加或减去指定数目的毫秒来计算日期和时间
toString()	把 Date 对象转换为字符串
toTimeString()	把 Date 对象的时间部分转换为字符串
toDateString()	把 Date 对象的日期部分转换为字符串
toGMTString()	根据格林威治时间,把 Date 对象转换为字符串
toUTCString()	根据协调世界时间,把 Date 对象转换为字符串
toLocaleString()	根据本地时间格式,把 Date 对象转换为字符串
toLocaleTimeString()	根据本地时间格式,把 Date 对象的时间部分转换为字符串
toLocaleDateString()	根据本地时间格式,把 Date 对象的日期部分转换为字符串

👑 说明:

UTC 是协调世界时间 (Coordinated Universal Time) 的简称,GMT 是格林威治时间 (Greenwich Mean Time) 的简称。

👑 注意:

应用 Date 对象中的 getMonth() 方法获取的值要比系统中实际月份的值小 1。

👑 常见错误:

在获取系统当前月份的值时出现错误。错误代码如下:

```
var date = new Date();                          // 创建当前日期对象
alert(" 现在是: "+date.getMonth()+"月 ");        // 输出现在的月份
```

运行上述代码,在输出结果中月份的值比系统实际月份的值小 1。由此可见,在使用 getMonth() 方法获取当前月份的值时要加上 1。正确代码如下:

```
var date = new Date();                          // 创建当前日期对象
alert(" 现在是: "+(date.getMonth()+1)+"月 ");    // 输出现在的月份
```

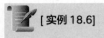

[实例 18.6]

（源码位置: 资源包 \Code\18\06 ）

输出当前日期和时间

应用 Date 对象中的方法获取当前的完整年份、月份、日期、星期、小时、分钟和秒,将当前的日期和时间分别连接在一起并输出。程序代码如下:

```
var now=new Date();                             // 创建日期对象
var year=now.getFullYear();                     // 获取当前年份
var month=now.getMonth()+1;                     // 获取当前月份
var date=now.getDate();                         // 获取当前日期
var day=now.getDay();                           // 获取当前星期
var week="";                                    // 初始化变量
```

```
switch(day){
    case 1:                                                   // 如果变量 day 的值为 1
        week=" 星期一 ";                                        // 为变量赋值
        break;                                                // 退出 switch 语句
    case 2:                                                   // 如果变量 day 的值为 2
        week=" 星期二 ";                                        // 为变量赋值
        break;                                                // 退出 switch 语句
    case 3:                                                   // 如果变量 day 的值为 3
        week=" 星期三 ";                                        // 为变量赋值
        break;                                                // 退出 switch 语句
    case 4:                                                   // 如果变量 day 的值为 4
        week=" 星期四 ";                                        // 为变量赋值
        break;                                                // 退出 switch 语句
    case 5:                                                   // 如果变量 day 的值为 5
        week=" 星期五 ";                                        // 为变量赋值
        break;                                                // 退出 switch 语句
    case 6:                                                   // 如果变量 day 的值为 6
        week=" 星期六 ";                                        // 为变量赋值
        break;                                                // 退出 switch 语句
    default:                                                  // 默认值
        week=" 星期日 ";                                        // 为变量赋值
        break;                                                // 退出 switch 语句
}
var hour=now.getHours();                                      // 获取当前小时
var minute=now.getMinutes();                                  // 获取当前分钟
var second=now.getSeconds();                                  // 获取当前秒
// 为字体设置样式
document.write("<span style='font-size:24px;font-family: 楷体 ;color:#FF9900'>");
document.write(" 今天是: "+year+" 年 "+month+" 月 "+date+" 日 "+week);   // 输出当前的日期和星期
document.write("<br> 现在是: "+hour+":"+minute+":"+second);    // 输出当前的时间
document.write("</span>");                                    // 输出 </span> 结束标记
```

运行结果如图 18.14 所示。

图 18.14　输出当前的日期和时间

应用 Date 对象的方法除了可以获取日期和时间之外，还可以设置日期和时间。在 JavaScript 中只要定义了一个日期对象，就可以针对该日期对象的日期部分或时间部分进行设置。示例代码如下：

```
var myDate=new Date();                                        // 创建当前日期对象
myDate.setFullYear(2021);                                     // 设置完整的年份
myDate.setMonth(5);                                           // 设置月份
myDate.setDate(12);                                           // 设置日期
myDate.setHours(10);                                          // 设置小时
myDate.setMinutes(10);                                        // 设置分钟
myDate.setSeconds(10);                                        // 设置秒
document.write(myDate);                                       // 输出日期对象
```

运行结果为：

```
Tue Jun 15 10:10:10 UTC+0800 2021
```

在脚本编程中可能需要处理许多关于日期的计算，例如计算经过固定天数之后的日期或计算两个日期之间的天数。在这些计算中，JavaScript 的日期值都是以毫秒为单位的。

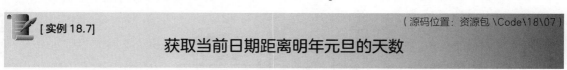

[实例 18.7]

（源码位置：资源包 \Code\18\07）

获取当前日期距离明年元旦的天数

应用 Date 对象中的方法获取当前日期距离明年元旦的天数。程序代码如下：

```javascript
var date1=new Date();                          // 创建当前的日期对象
var theNextYear=date1.getFullYear()+1;         // 获取明年的年份
date1.setFullYear(theNextYear);                // 设置日期对象 date1 中的年份
date1.setMonth(0);                             // 设置日期对象 date1 中的月份
date1.setDate(1);                              // 设置日期对象 date1 中的日期
var date2=new Date();                          // 创建当前的日期对象
var date3=date1.getTime()-date2.getTime();     // 获取两个日期相差的毫秒
var days=Math.ceil(date3/(24*60*60*1000));     // 将毫秒数转换成天数
alert(" 今天距离明年元旦还有 "+days+" 天 ");     // 输出结果
```

运行结果如图 18.15 所示。

图 18.15　输出当前日期距离明年元旦的天数

在 Date 对象中还提供了一些以 "to" 开头的方法，这些方法可以将 Date 对象转换为不同形式的字符串，示例代码如下：

```html
<h3> 将 Date 对象转换为不同形式的字符串 </h3>
<script type="text/javascript">
var newDate=new Date();                             // 创建当前日期对象
document.write(newDate.toString()+"<br>");          // 将 Date 对象转换为字符串
document.write(newDate.toTimeString()+"<br>");      // 将 Date 对象的时间部分转换为字符串
document.write(newDate.toDateString()+"<br>");      // 将 Date 对象的日期部分转换为字符串
document.write(newDate.toLocaleString()+"<br>");    // 将 Date 对象转换为本地时间格式的字符串
// 将 Date 对象的时间部分转换为本地时间格式的字符串
document.write(newDate.toLocaleTimeString()+"<br>");
// 将 Date 对象的日期部分转换为本地时间格式的字符串
document.write(newDate.toLocaleDateString());
</script>
```

运行结果如图 18.16 所示。

图 18.16　将日期对象转换为不同形式的字符串

本章知识思维导图

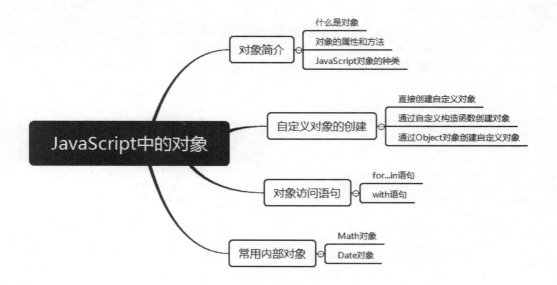

第 19 章

JavaScript 中的数组

扫码领取
➤ 配套视频
➤ 配套素材
➤ 学习指导
➤ 交流社群

本章学习目标

- 熟悉数组的概念。
- 掌握数组的常规操作。
- 掌握数组的相关属性和方法。

19.1 数组介绍

数组是 JavaScript 中的一种复合数据类型。变量中保存单个数据，而数组中保存的是多个数据的集合。数组与变量的比较效果如图 19.1 所示。

图 19.1 数组与变量的比较效果

（1）数组概念

数组（Array）就是一组数据的集合，是 JavaScript 中用来存储和操作有序数据集的数据结构。可以把数组看作一个单行表格，该表格的每一个单元格中都可以存储一个数据，即一个数组中可以包含多个元素，如图 19.2 所示。

图 19.2 数组示意图

由于 JavaScript 是一种弱类型的语言，所以在数组中的每个元素的类型可以是不同的。数组中的元素类型可以是数值型、字符串型和布尔型等，甚至也可以是一个数组。

（2）数组元素

数组是数组元素的集合，在图 19.2 中，每个单元格里存放的就是数组元素。例如，一个班级的所有学生就可以看作是一个数组，每一位学生都是数组中的一个元素；一个酒店的所有房间就相当于一个数组，每一个房间都是这个数组中的一个元素。

每个数组元素都有一个索引号（数组的下标），通过索引号可以方便地引用数组元素。数组的下标从 0 开始编号，例如，第一个数组元素的下标是 0，第二个数组元素的下标是 1，以此类推。

19.2 定义数组

在 JavaScript 中数组也是一种对象，被称为数组对象，因此在定义数组时，也可以使用构造函数。JavaScript 中定义数组的方法主要有 4 种。

19.2.1 定义空数组

使用不带参数的构造函数可以定义一个空数组。顾名思义，空数组中是没有数组元素的，可以在定义空数组后再向数组中添加数组元素。语法如下：

```
arrayObject = new Array()
```

参数说明：

arrayObject：必选项，新创建的数组对象名。

例如，创建一个空数组，然后向该数组中添加数组元素，代码如下：

```
var arr = new Array();                    // 定义一个空数组
arr[0] = " 苹果 ";                        // 向数组中添加第一个数组元素
arr[1] = " 香蕉 ";                        // 向数组中添加第二个数组元素
arr[2] = " 橘子 ";                        // 向数组中添加第三个数组元素
```

在上述代码中，定义了一个空数组，此时数组中元素的个数为 0。在为数组的元素赋值后，数组中才有了数组元素。

👑 **常见错误：**

定义的数组对象名和已存在的变量重名，例如，在开发工具中编写如下代码：

```
var user = " 明日科技 ";                   // 定义变量 user
var user = new Array();                   // 定义一个空数组 user
user[0] = " 张三 ";                       // 向数组中添加数组元素
user[1] = " 李四 ";                       // 向数组中添加数组元素
document.write(user);                     // 输出 user 的值
```

虽然上述代码在运行的时候不会报错，但是由于定义的数组对象名和已存在的变量重名，变量的值被数组的值所覆盖，所以在输出 user 变量的时候只能输出数组的值。

19.2.2　指定数组长度

在定义数组的同时可以指定数组元素的个数。此时并没有为数组元素赋值，所有数组元素的值都是 undefined。语法如下：

```
arrayObject = new Array(size)
```

参数说明：
- arrayObject：必选项，新创建的数组对象名。
- size：设置数组的长度。由于数组的下标是从零开始，创建元素的下标将从 0 到 size-1。

例如，创建一个数组元素个数为 3 的数组，并向该数组中存入数据，代码如下：

```
var arr = new Array(3);                   // 定义一个元素个数为 3 的数组
arr[0] = 1;                               // 为第一个数组元素赋值
arr[1] = 2;                               // 为第二个数组元素赋值
arr[2] = 3;                               // 为第三个数组元素赋值
```

在上述代码中，定义了一个元素个数为 3 的数组，在为数组元素赋值之前，这 3 个数组元素的值都是 undefined。

19.2.3　指定数组元素

在定义数组的同时可以直接给出数组元素的值。此时数组的长度就是在括号中给出的数组元素的个数。语法如下：

```
arrayObject = new Array(element1, element2, element3, ...)
```

参数说明：
- arrayObject：必选项，新创建的数组对象名。

● element：存入数组中的元素。使用该语法时必须有 1 个以上元素。

例如，创建数组对象的同时，向该对象中存入数组元素，代码如下：

```
var arr = new Array(123, "JavaScript", true);          // 定义一个包含 3 个元素的数组
```

19.2.4　直接定义数组

在 JavaScript 中还有一种定义数组的方式，这种方式不需要使用构造函数，直接将数组元素放在一个中括号中，元素与元素之间用逗号分隔。语法如下：

```
arrayObject = [element1, element2, element3, ...]
```

参数说明：

● arrayObject：必选项，新创建的数组对象名。

● element：存入数组中的元素。使用该语法时必须有 1 个以上元素。

例如，直接定义一个含有 3 个元素的数组，代码如下：

```
var arr = [123, "JavaScript", true];                   // 直接定义一个包含 3 个元素的数组
```

19.3　操作数组元素

数组是数组元素的集合，在对数组进行操作时，实际上是对数组元素进行输入或输出、添加或删除的操作。

19.3.1　数组元素的输入和输出

数组元素的输入即为数组中的元素进行赋值，数组元素的输出即获取数组中元素的值并输出，下面分别进行介绍。

（1）数组元素的输入

向数组对象中输入数组元素有以下三种方法。

① 在定义数组对象时直接输入数组元素。

这种方法只能在数组元素确定的情况下才可以使用。

例如，在创建数组对象的同时存入字符串数组，代码如下：

```
var arr = new Array("a","b","c","d");                  // 定义一个包含 4 个元素的数组
```

② 利用数组对象的元素下标向其输入数组元素。

该方法可以随意地向数组对象中的各元素赋值，或是修改数组中的任意元素值。

例如，在创建一个长度为 7 的数组对象后，向下标为 2 和 3 的元素中赋值，代码如下：

```
var arr = new Array(7);                                // 定义一个长度为 7 的数组
arr[2] = "1";                                          // 为下标为 2 的数组元素赋值
arr[3] = "2";                                          // 为下标为 3 的数组元素赋值
```

③ 利用 for 语句向数组对象输入数组元素。

该方法主要用于批量向数组对象输入数组元素，一般用于向数组对象赋初值。

例如，可以通过改变变量 n 的值（必须是数值型）给数组对象赋指定个数的数组元素，

代码如下：

```
var n=7;                              // 定义变量并对其赋值
var arr = new Array();                // 定义一个空数组
for (var i=0;i<n;i++){                // 应用 for 语句为数组元素赋值
    arr[i]=i;
}
```

（2）数组元素的输出

将数组对象中的元素值进行输出有以下三种方法。

① 用下标获取指定的元素值。

该方法通过数组对象的下标获取指定的元素值。

例如，获取数组对象中第 2 个元素的值，代码如下：

```
var arr = new Array("a","b","c","d");  // 定义数组
var second= arr[1];                    // 获取下标为 1 的数组元素值
document.write(second);                // 输出变量的值
```

运行结果为：

```
b
```

👑 注意：

数组对象的元素下标是从 0 开始的。

👑 常见错误：

输出数组元素时数组的下标不正确，例如，在开发工具中编写如下代码：

```
var arr= new Array("a","b");          // 定义包含 2 个元素的数组
document.write(arr[2]);               // 输出下标为 2 的元素的值
```

上述代码在运行的时候并不会报错，但是定义的数组中只有 2 个元素，这 2 个元素对应的数组下标分别为 0 和 1，而输出的数组元素的下标超过了数组的范围，所以输出结果是 undefined。

② 用 for 语句获取数组中的元素值。

该方法是利用 for 语句获取数组对象中的所有元素值。

例如，获取数组对象中的所有元素值，代码如下：

```
var str = "";                                      // 定义变量并进行初始化
var arr = new Array("HTML+","CSS+","JavaScript");  // 定义数组
for (var i=0;i<3;i++){                             // 定义 for 语句
    str=str+arr[i];                                // 将各个数组元素连接在一起
}
document.write(str);                               // 输出变量的值
```

运行结果为：

```
HTML+CSS+JavaScript
```

③ 用数组对象名输出所有元素值。

该方法是用创建的数组对象本身显示数组中的所有元素值。

例如，显示数组中的所有元素值，代码如下：

```
var arr = new Array("HTML","CSS","JavaScript");          // 定义数组
document.write(arr);                                      // 输出数组中所有元素值
```

运行结果为：

```
HTML,CSS,JavaScript
```

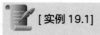 **[实例 19.1]**　　　　　　　　　　　　　　　　　　　（源码位置：资源包 \Code\19\01）

输出 3 个学霸的姓名

某班级里有 3 个学霸，创建一个存储 3 个学霸姓名（张三、李四、王五）的数组，然后输出这 3 个数组元素。首先创建一个包含 3 个元素的数组，并为每个数组元素赋值，然后使用 for 语句依次输出数组中的所有元素。代码如下：

```
<script type="text/javascript">
var students = new Array(3);                              // 定义数组
students[0] = " 张三 ";                                   // 为下标为 0 的数组元素赋值
students[1] = " 李四 ";                                   // 为下标为 1 的数组元素赋值
students[2] = " 王五 ";                                   // 为下标为 2 的数组元素赋值
for(var i=0;i<3;i++){
    document.write(" 第 "+(i+1)+" 个学霸姓名是: "+students[i]+"<br>"); // 循环输出数组元素
}
</script>
```

运行结果如图 19.3 所示。

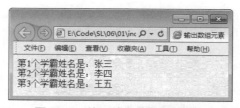

图 19.3　使用数组存储学霸姓名

19.3.2　数组元素的添加

在定义数组时虽然已经设置了数组元素的个数，但是该数组的元素个数并不是固定的，可以通过添加数组元素的方法来增加数组元素的个数。添加数组元素的方法非常简单，只要对新的数组元素进行赋值就可以了。

例如，定义一个包含 2 个元素的数组，然后为数组添加 3 个元素，最后输出数组中的所有元素值，代码如下：

```
var arr = new Array("JavaScript","PHP");                 // 定义数组
arr[2] = "Java";                                         // 添加新的数组元素
arr[3] = "C#";                                           // 添加新的数组元素
arr[4] = "Oracle";                                       // 添加新的数组元素
document.write(arr);                                     // 输出添加元素后的数组
```

运行结果为：

```
JavaScript,PHP,Java,C#,Oracle
```

另外，还可以对已经存在的数组元素进行重新赋值。例如，定义一个包含 2 个元素的数组，将第二个数组元素进行重新赋值并输出数组中的所有元素值，代码如下：

```
var arr = new Array("JavaScript","PHP");          // 定义数组
arr[1] = "Java";                                   // 为下标为 1 的数组元素重新赋值
document.write(arr);                                // 输出重新赋值后的新数组
```

运行结果为：

```
JavaScript,Java
```

19.3.3 数组元素的删除

使用 delete 运算符可以删除数组元素的值，但是只能将该元素恢复为未赋值的状态，即 undefined，而不能真正地删除 1 个数组元素，数组中的元素个数也不会减少。

例如，定义一个包含 3 个元素的数组，然后应用 delete 运算符删除下标为 1 的数组元素，最后输出数组中的所有元素值。代码如下：

```
var arr = new Array("JavaScript","PHP","Java");   // 定义数组
delete arr[1];                                      // 删除下标为 1 的数组元素
document.write(arr);                                // 输出删除元素后的数组
```

运行结果为：

```
JavaScript,,Java
```

👑 注意：
应用 delete 运算符删除数组元素之前和删除数组元素之后，元素个数并没有改变，改变的只是被删除的数组元素的值，该值变为 undefined。

19.4 数组的属性

在数组对象中有 length 和 prototype 两个属性，下面分别对这两个属性进行详细介绍。

19.4.1 length 属性

该属性用于返回数组的长度。语法如下：

```
arrayObject.length
```

参数说明：

```
arrayObject: 数组名称。
```

例如，获取已创建的数组对象的长度，代码如下：

```
var arr=new Array("a","b","c","d","e","f","g");   // 定义数组
document.write(arr.length);                         // 输出数组的长度
```

运行结果为：

```
7
```

例如，增加已有数组的长度，代码如下：

```
var arr=new Array("a","b","c","d","e","f","g");          // 定义数组
arr[arr.length]="h";                                     // 为新的数组元素赋值
document.write(arr.length);                              // 输出数组的新长度
```

运行结果为：

```
8
```

👑 注意：

① 当用 new Array() 创建数组时，并不对其进行赋值，length 属性的返回值为 0。

② 数组的长度是由数组的最大下标决定的。

例如，用不同的方法创建数组并输出数组的长度，代码如下：

```
var arr1 = new Array();                                          // 定义数组 arr1
document.write(" 数组 arr1 的长度为: "+arr1.length+"<p>");        // 输出数组 arr1 的长度
var arr2 = new Array(3);                                         // 定义数组 arr2
document.write(" 数组 arr2 的长度为: "+arr2.length+"<p>");        // 输出数组 arr2 的长度
var arr3 = new Array(1,2,3,4,5);                                 // 定义数组 arr3
document.write(" 数组 arr3 的长度为: "+arr3.length+"<p>");        // 输出数组 arr3 的长度
var arr4 = [5,6];                                               // 定义数组 arr4
document.write(" 数组 arr4 的长度为: "+arr4.length+"<p>");        // 输出数组 arr4 的长度
var arr5 = new Array();                                          // 定义数组 arr5
arr5[9] = 100;                                                   // 为下标为 9 的元素赋值
document.write(" 数组 arr5 的长度为: "+arr5.length+"<p>");        // 输出数组 arr5 的长度
```

运行结果如图 19.4 所示。

图 19.4　输出数组的长度

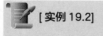 [实例 19.2]　　　　　　　　　　　　　　　　　　　　（源码位置：资源包 \Code\19\02）

输出省份、省会以及旅游景点

将东北三省的省份名称、省会城市名称以及 3 座城市的旅游景点分别定义在数组中，应用 for 语句和数组的 length 属性，将省份、省会以及旅游景点循环输出在表格中。代码如下：

```
<table cellspacing="1" bgcolor="#CC00FF">
  <tr height="30" bgcolor="#FFFFFF">
    <td align="center" width="50"> 序号 </td>
    <td align="center" width="100"> 省份 </td>
    <td align="center" width="100"> 省会 </td>
    <td align="center" width="260"> 旅游景点 </td>
  </tr>
<script type="text/javascript">
```

```
var province=new Array(" 黑龙江省 "," 吉林省 "," 辽宁省 ");          // 定义省份数组
var city=new Array(" 哈尔滨市 "," 长春市 "," 沈阳市 ");             // 定义省会数组
var tourist=new Array(" 太阳岛 圣索菲亚教堂 中央大街 "," 净月潭 长影世纪城 动植物公园 ",
" 沈阳故宫 沈阳北陵 张氏帅府 ");                                   // 定义旅游景点数组
for(var i=0; i<province.length; i++){                        // 定义 for 语句
    document.write("<tr height=26 bgcolor='#FFFFFF'>");      // 输出 <tr> 开始标签
    document.write("<td align='center'>"+(i+1)+"</td>");     // 输出序号
    document.write("<td align='center'>"+province[i]+"</td>"); // 输出省份名称
    document.write("<td align='center'>"+city[i]+"</td>");   // 输出省会名称
    document.write("<td align='center'>"+tourist[i]+"</td>"); // 输出旅游景点
    document.write("</tr>");                                 // 输出 </tr> 结束标记
}
</script>
</table>
```

运行结果如图 19.5 所示。

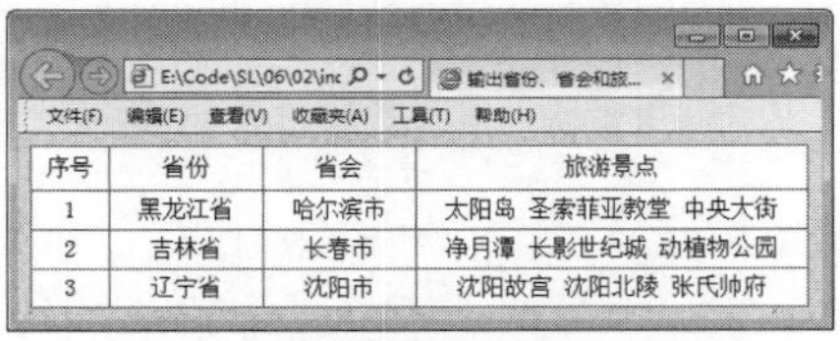

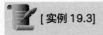

图 19.5　输出省份、省会和旅游景点

19.4.2　prototype 属性

该属性可以为数组对象添加自定义的属性或方法。语法如下：

```
Array.prototype.name=value
```

参数说明：
● name：要添加的属性名或方法名。
● value：添加的属性的值或执行方法的函数。

例如，利用 prototype 属性自定义一个方法，用于显示数组中的最后一个元素，代码如下：

```
Array.prototype.outLast=function(){              // 自定义 outLast() 方法
    document.write(this[this.length-1]);         // 输出数组中最后一个元素
}
var arr=new Array(1,2,3,4,5,6,7,8);              // 定义数组
arr.outLast();                                   // 调用自定义方法
```

运行结果为：

```
8
```

该属性的用法与 String 对象的 prototype 属性类似，下面以实例的形式对该属性的应用进行说明。

[实例 19.3]　（源码位置：资源包 \Code\19\03 ）

应用自定义方法输出数组

应用数组对象的 prototype 属性自定义一个方法，用于显示数组中的全部数据。程序代

码如下：

```
<script type="text/javascript">
Array.prototype.outAll=function(ar){                     // 自定义 outAll() 方法
    for(var i=0;i<this.length;i++){                      // 定义 for 语句
        document.write(this[i]);                         // 输出数组元素
        document.write(ar);                              // 输出数组元素之间的分隔符
    }
}
var arr=new Array("Java","PHP","Python","C++","C#");     // 定义数组
arr.outAll(" ");                                         // 调用自定义的 outAll() 方法
</script>
```

运行结果如图 19.6 所示。

图 19.6　应用自定义方法输出数组中的所有数组元素

19.5　数组的方法

数组是 JavaScript 中的一个内置对象，使用数组对象的方法可以更加方便地操作数组中的数据。数组对象中的方法如表 19.1 所示。

表 19.1　数组对象的方法

方法	说明
concat()	连接两个或更多的数组，并返回结果
push()	向数组的末尾添加一个或多个元素，并返回新的长度
unshift()	向数组的开头添加一个或多个元素，并返回新的长度
pop()	删除并返回数组的最后一个元素
shift()	删除并返回数组的第一个元素
splice()	删除元素，还可以向数组添加新元素
reverse()	颠倒数组中元素的顺序
sort()	对数组的元素进行排序
slice()	从某个已有的数组返回选定的元素
toString()	把数组转换为字符串，并返回结果
toLocaleString()	把数组转换为本地字符串，并返回结果
join()	把数组的所有元素放入一个字符串，元素通过指定的分隔符进行分隔

19.5.1　数组的添加和删除

数组的添加和删除可以使用 concat()、push()、unshift()、pop()、shift() 和 splice() 方法实现。

（1）concat() 方法

该方法用于将其他数组连接到当前数组的末尾。语法如下：

```
arrayObject.concat(arrayX,arrayX,...,arrayX)
```

参数说明：
- arrayObject：必选项，数组名称。
- arrayX：必选项，该参数可以是具体的值，也可以是数组对象。

返回值：返回一个新的数组，而原数组中的元素和数组长度不变。

例如，在数组的尾部添加数组元素，代码如下：

```
var arr=new Array(1,2,3,4,5,6,7,8);          // 定义数组
document.write(arr.concat(9,10));            // 输出添加元素后的新数组
```

运行结果为：

```
1,2,3,4,5,6,7,8,9,10
```

例如，在数组的尾部添加其他数组，代码如下：

```
var arr1=new Array('a','b','c');             // 定义数组 arr1
var arr2=new Array('d','e');                 // 定义数组 arr2
document.write(arr1.concat(arr2));           // 输出连接后的数组
```

运行结果为：

```
a,b,c,d,e
```

（2）push() 方法

该方法向数组的末尾添加一个或多个元素，并返回添加后的数组长度。语法如下：

```
arrayObject.push(newelement1,newelement2,...,newelementX)
```

参数说明：
- arrayObject：必选项，数组名称。
- newelement1：必选项，要添加到数组的第一个元素。
- newelement2：可选项，要添加到数组的第二个元素。
- newelementX：可选项，可添加的多个元素。

返回值：返回把指定的值添加到数组后的新长度。

例如，向数组的末尾添加两个数组元素，并输出原数组、添加元素后的数组长度和新数组，代码如下：

```
var arr=new Array("JavaScript","HTML","CSS");      // 定义数组
document.write(' 原数组: '+arr+'<br>');            // 输出原数组
// 向数组末尾添加两个元素并输出数组长度
document.write(' 添加元素后的数组长度: '+arr.push("PHP","Java")+'<br>');
```

```
document.write(' 新数组: '+arr);                          // 输出添加元素后的新数组
```

运行结果如图 19.7 所示。

图 19.7　向数组的末尾添加元素

（3）unshift() 方法

该方法向数组的开头添加一个或多个元素，并返回新数组的长度。语法如下：

```
arrayObject.unshift(newelement1,newelement2,...,newelementX)
```

参数说明：

● arrayObject：必选项，数组名称。

● newelement1：必选项，向数组添加的第一个元素。

● newelement2：可选项，向数组添加的第二个元素。

● newelementX：可选项，可添加的多个元素。

返回值：返回把指定的值添加到数组后的新长度。

例如，向数组的开头添加两个数组元素，并输出原数组、添加元素后的数组长度和新
数组，代码如下：

```
var arr=new Array("JavaScript","HTML","CSS");             // 定义数组
document.write(' 原数组: '+arr+'<br>');                   // 输出原数组
// 向数组开头添加两个元素并输出数组长度
document.write(' 添加元素后的数组长度: '+arr.unshift("PHP","Java")+'<br>');
document.write(' 新数组: '+arr);                          // 输出添加元素后的新数组
```

运行程序，将原数组和新数组中的内容显示在页面中，如图 19.8 所示。

图 19.8　向数组的开头添加元素

（4）pop() 方法

该方法用于把数组中的最后一个元素从数组中删除，并返回删除元素的值。语法如下：

```
arrayObject.pop()
```

参数说明：

arrayObject：必选项，数组名称。

返回值：返回在数组中删除的最后一个元素的值。

例如，删除数组中的最后一个元素，并输出原数组、删除的元素和删除元素后的数组，代码如下：

```
var arr=new Array(1,2,3,4,5,6,7,8);              // 定义数组
document.write(' 原数组: '+arr+'<br>');          // 输出原数组
var del=arr.pop();                               // 删除数组中最后一个元素
document.write(' 删除元素为: '+del+'<br>');      // 输出删除的元素
document.write(' 删除后的数组为: '+arr);         // 输出删除后的数组
```

运行结果如图 19.9 所示。

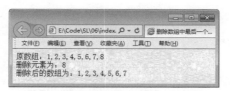

图 19.9　删除数组中最后一个元素

（5）shift() 方法

该方法用于把数组中的第一个元素从数组中删除，并返回删除元素的值。语法如下：

```
arrayObject.shift()
```

参数说明：

arrayObject：必选项，数组名称。

返回值：返回在数组中删除的第一个元素的值。

例如，删除数组中的第一个元素，并输出原数组、删除的元素和删除元素后的数组，代码如下：

```
var arr=new Array(1,2,3,4,5,6,7,8);              // 定义数组
document.write(' 原数组: '+arr+'<br>');          // 输出原数组
var del=arr.shift();                             // 删除数组中第一个元素
document.write(' 删除元素为: '+del+'<br>');      // 输出删除的元素
document.write(' 删除后的数组为: '+arr);         // 输出删除后的数组
```

运行结果如图 19.10 所示。

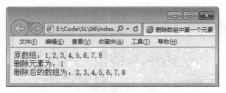

图 19.10　删除数组中第一个元素

（6）splice() 方法

pop() 方法的作用是删除数组的最后一个元素，shift() 方法的作用是删除数组的第一个元素，而要想更灵活地删除数组中的元素，可以使用 splice() 方法。通过 splice() 方法可以删除数组中指定位置的元素，还可以向数组中的指定位置添加新元素。语法如下：

```
arrayObject.splice(start,length,element1,element2,…)
```

参数说明:

- arrayObject: 必选项,数组名称。
- start: 必选项,指定要删除和添加数组元素的开始位置,即数组的下标。
- length: 可选项,指定删除和添加数组元素的个数。如果未设置该参数,则删除从 start 开始到原数组末尾的所有元素。
- element: 可选项,要添加到数组的新元素。

例如,在 splice() 方法中应用不同的参数,对内容相同的数组中的元素进行操作,代码如下:

```
<script>
    var arr1 = new Array("A","B","C","D");          // 定义数组
    document.write(" 原数组为: "+arr1)
    arr1.splice(1);                                  // 删除第二个元素和之后的所有元素
    document.write(", 新数组为 "+arr1+"<br>");        // 输出删除后的数组
    var arr2 = new Array("A","B","C","D");           // 定义数组
    document.write(" 原数组为: "+arr2)
    arr2.splice(1,2);                                // 删除数组中的第二个和第三个元素
    document.write(", 新数组为 "+arr2+"<br>");        // 输出删除后的数组
    var arr3 = new Array("A","B","C","D");           // 定义数组
    document.write(" 原数组为: "+arr3)
    arr3.splice(1,2,"E","F");                        // 删除数组中的第二个和第三个元素,并添加新元素
    document.write(", 新数组为 "+arr3+"<br>");        // 输出操作后数组
    var arr4 = new Array("A","B","C","D");           // 定义数组
    document.write(" 原数组为: "+arr4)
    arr4.splice(1,0,"E","F");                        // 在第二个元素前添加新元素
    document.write(", 新数组为 "+arr4+"<br>");        // 输出操作后的数组
</script>
```

运行结果如图 19.11 所示。

图 19.11   删除数组中指定位置的元素

19.5.2   设置数组的排列顺序

将数组中的元素按照指定的顺序进行排列可以通过 reverse() 和 sort() 方法实现。

(1) reverse() 方法

该方法用于颠倒数组中元素的顺序。语法如下:

```
arrayObject.reverse()
```

参数说明:

arrayObject: 必选项,数组名称。

👑 注意:

该方法会改变原来的数组,而不创建新数组。

例如，将数组中的元素顺序颠倒后显示，代码如下：

```
var arr=new Array("JavaScript","HTML","CSS");          // 定义数组
document.write(' 原数组: '+arr+'<br>');                  // 输出原数组
arr.reverse();                                          // 对数组元素顺序进行颠倒
document.write(' 颠倒后的数组: '+arr);                    // 输出颠倒后的数组
```

运行结果如图 19.12 所示。

图 19.12　将数组颠倒输出

（2）sort() 方法

该方法用于对数组的元素进行排序。语法如下：

```
arrayObject.sort(sortby)
```

参数说明：

● arrayObject：必选项，数组名称。
● sortby：可选项，规定排序的顺序，必须是函数。

👑 说明：

如果调用该方法时没有使用参数，将按字母顺序对数组中的元素进行排序，也就是按照字符的编码顺序进行排序。如果想按照其他标准进行排序，就需要提供比较函数。

例如，将数组中的元素按字符的编码顺序进行显示，代码如下：

```
var arr=new Array("PHP","HTML","JavaScript");          // 定义数组
document.write(' 原数组 :'+arr+'<br>');                  // 输出原数组
arr.sort();                                            // 对数组进行排序
document.write(' 排序后的数组 :'+arr);                    // 输出排序后的数组
```

运行程序，将原数组和排序后的数组输出，结果如图 19.13 所示。

图 19.13　输出排序前与排序后的数组

如果想要将数组元素按照其他方法进行排序，就需要指定 sort() 方法的参数。该参数通常是一个比较函数，该函数应该有两个参数（假设为 a 和 b）。在对元素进行排序时，每次比较两个元素都会执行比较函数，并将这两个元素作为参数传递给比较函数。其返回值有以下两种情况：

● 如果返回值大于 0，则交换两个元素的位置；
● 如果返回值小于等于 0，则不进行任何操作。

例如，定义一个包含 4 个元素的数组，将数组中的元素按从小到大的顺序进行输出，代码如下：

```
var arr=new Array(9,6,10,5);                          // 定义数组
document.write(' 原数组: '+arr+'<br>');               // 输出原数组
function ascOrder(x,y){                                // 定义比较函数
    if(x>y){                                           // 如果第一个参数值大于第二个参数值
        return 1;                                      // 返回 1
    }else{
        return -1;                                     // 返回 -1
    }
}
arr.sort(ascOrder);                                    // 对数组进行排序
document.write(' 排序后的数组: '+arr);                 // 输出排序后的数组
```

运行结果如图 19.14 所示。

图 19.14　输出排序前与排序后的数组元素

[实例 19.4]　　　　　　　　　　　　　　　　　　　（源码位置: 资源包 \Code\19\04）

输出 2016 电影票房排行榜前五名

将 2016 年电影票房排行榜前五名的影片和对应的票房分别定义在数组中，对影片票房进行降序排序，将排序后的排名、影片和票房输出在表格中。代码如下：

```
<table cellspacing="1" bgcolor="#CC00FF">
  <tr height="30" bgcolor="#FFFFFF">
   <td align="center" width="50">排名 </td>
   <td align="center" width="210">影片 </td>
   <td align="center" width="100"> 票房 </td>
  </tr>
<script type="text/javascript">
                                                      // 定义影片数组 movieArr
var movieArr=new Array(" 魔兽 "," 美人鱼 "," 西游记之孙悟空三打白骨精 "," 疯狂动物城 "," 美国队长 3");
var boxofficeArr=new Array(14.7,33.9,12,15.3,12.5);   // 定义票房数组 boxofficeArr
var sortArr=new Array(14.7,33.9,12,15.3,12.5);        // 定义票房数组 sortArr
function ascOrder(x,y){                               // 定义比较函数
    if(x<y){                                          // 如果第一个参数值小于第二个参数值
        return 1;                                     // 返回 1
    }else{
        return -1;                                    // 返回 -1
    }
}
sortArr.sort(ascOrder);                               // 为票房进行降序排序
for(var i=0; i<sortArr.length; i++){                  // 定义外层 for 语句
   for(var j=0; j<sortArr.length; j++){               // 定义内层 for 语句
      if(sortArr[i]==boxofficeArr[j]){                // 分别获取排序后的票房在原票房数组中的索引
         document.write("<tr height=26 bgcolor='#FFFFFF'>");      // 输出 <tr> 标记
         document.write("<td align='center'>"+(i+1)+"</td>");     // 输出影片排名
                                                      // 输出票房对应的影片名称
         document.write("<td class='left'>"+movieArr[j]+"</td>");
         document.write("<td align='center'>"+sortArr[i]+" 亿元 </td>");   // 输出票房
```

```
        document.write("</tr>");                        // 输出 </tr> 标记
    }
  }
}
</script>
</table>
```

运行结果如图 19.15 所示。

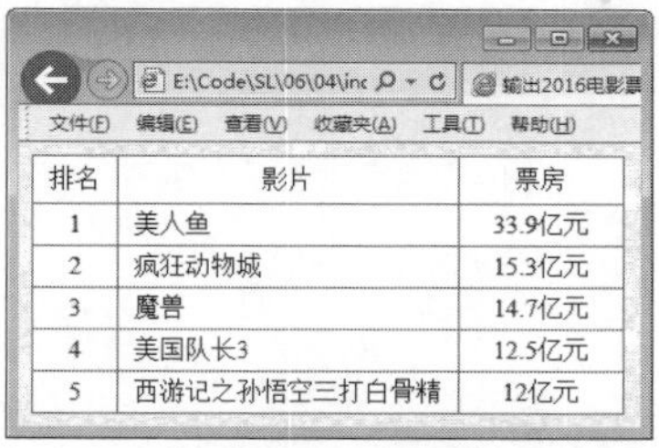

图 19.15 输出 2016 电影票房排行榜前五名

19.5.3 获取某段数组元素

获取数组中的某段数组元素主要用 slice() 方法实现。slice() 方法可从已有的数组中返回选定的元素。语法如下：

```
arrayObject.slice(start,end)
```

参数说明：

● start：必选项，规定从何处开始选取。如果是负数，那么它规定从数组尾部开始算起的位置。也就是说，-1 指最后一个元素，-2 指倒数第二个元素，以此类推。

● end：可选项，规定从何处结束选取。该参数是数组片断结束处的数组下标。如果没有指定该参数，那么切分的数组包含从 start 到数组结束的所有元素。如果这个参数是负数，那么它将从数组尾部开始算起。

返回值：返回截取后的数组元素，该方法返回的数据中不包括 end 索引所对应的数据。

例如，获取指定数组中某段数组元素，代码如下：

```
var arr=new Array("a","b","c","d","e","f");                       // 定义数组
document.write(" 原数组: "+arr+"<br>");                           // 输出原数组
                                                                  // 输出截取后的数组
document.write(" 获取数组中第 3 个元素后的所有元素: "+arr.slice(3)+"<br>");
document.write(" 获取数组中第 2 个到第 5 个元素: "+arr.slice(1,5)+"<br>");    // 输出截取后的数组
document.write(" 获取数组中倒数第 2 个元素后的所有元素: "+arr.slice(-2));      // 输出截取后的数组
```

运行程序，会将原数组以及截取数组中元素后的数据输出，运行结果如图 19.16 所示。

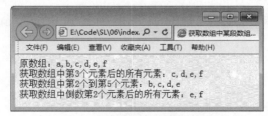

图 19.16 获取数组中某段数组元素

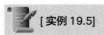

（源码位置：资源包 \Code\19\05）

[实例 19.5]

计算选手的最终得分

　　某歌手参加歌唱比赛，五位评委分别给出的分数是 97、82、89、91、96，要获得最终的得分需要去掉一个最高分和一个最低分，并计算剩余 3 个分数的平均分。试着计算出该选手的最终得分。代码如下：

```html
<script type="text/javascript">
var scoreArr=new Array(97,82,89,91,96);              // 定义分数数组
var scoreStr="";                                     // 定义分数字符串变量
for(var i=0; i<scoreArr.length; i++){
    scoreStr+=scoreArr[i]+" 分 ";                     // 对所有分数进行连接
}
function ascOrder(x,y){                               // 定义比较函数
    if(x<y){                                         // 如果第一个参数值小于第二个参数值
        return 1;                                    // 返回 1
    }else{
        return -1;                                   // 返回 -1
    }
}
scoreArr.sort(ascOrder);                              // 为分数进行降序排序
var newArr=scoreArr.slice(1,scoreArr.length-1);      // 去除最高分和最低分
var totalScore=0;                                    // 定义总分变量
for(var i=0; i<newArr.length; i++){
    totalScore+=newArr[i];                           // 计算总分
}
document.write(" 五位评委打分: "+scoreStr);           // 输出 5 位评委的打分
document.write("<br> 去掉一个最高分: "+scoreArr[0]+" 分 ");   // 输出去掉的最高分
    // 输出去掉的最低分
document.write("<br> 去掉一个最低分: "+scoreArr[scoreArr.length-1]+" 分 ");
document.write("<br> 选手最终得分: "+totalScore/newArr.length+" 分 ");    // 输出选手最终得分
</script>
```

　　运行结果如图 19.17 所示。

图 19.17　计算选手的最终得分

19.5.4　数组转换成字符串

　　将数组转换成字符串主要通过 toString()、toLocaleString() 和 join() 方法实现。

（1）toString() 方法

　　该方法可把数组转换为字符串，并返回结果。语法如下：

```
arrayObject.toString()
```

参数说明:

arrayObject: 必选项, 数组名称。

返回值: 以字符串显示数组对象。返回值与没有参数的 join() 方法返回的字符串相同。

注意:

在转换成字符串后, 数组中的各元素以逗号分隔。

例如, 将数组转换成字符串, 代码如下:

```
var arr=new Array("a","b","c","d","e","f");          // 定义数组
document.write(arr.toString());                      // 输出转换后的字符串
```

运行结果为:

```
a,b,c,d,e,f
```

(2) toLocaleString() 方法

该方法将数组转换成本地字符串, 并返回结果。语法如下:

```
arrayObject.toLocaleString()
```

参数说明:

arrayObject: 必选项, 数组名称。

返回值: 以本地格式的字符串显示的数组对象。

说明:

该方法首先调用每个数组元素的 toLocaleString() 方法, 然后使用本地特定的分隔符把生成的字符串连接起来, 形成一个字符串。

例如, 将数组转换成用 "," 号分隔的字符串。代码如下:

```
var arr=new Array("a","b","c","d","e","f");          // 定义数组
document.write(arr.toLocaleString());                // 输出转换后的字符串
```

运行结果为:

```
a, b, c, d, e, f
```

(3) join() 方法

该方法将数组中的所有元素放入一个字符串中。语法如下:

```
arrayObject.join(separator)
```

参数说明:

● arrayObject: 必选项, 数组名称。

● separator: 可选项, 指定要使用的分隔符。如果省略该参数, 则使用逗号作为分隔符。

返回值: 返回一个字符串。该字符串是把 arrayObject 的每个元素转换为字符串, 然后把这些字符串用指定的分隔符连接起来。

例如, 以指定的分隔符将数组中的元素转换成字符串。代码如下:

```
var arr=new Array("a","b","c","d","e","f");          // 定义数组
document.write(arr.join("*"));                         // 输出转换后的字符串
```

运行结果为:

```
a*b*c*d*e*f
```

 ## 本章知识思维导图

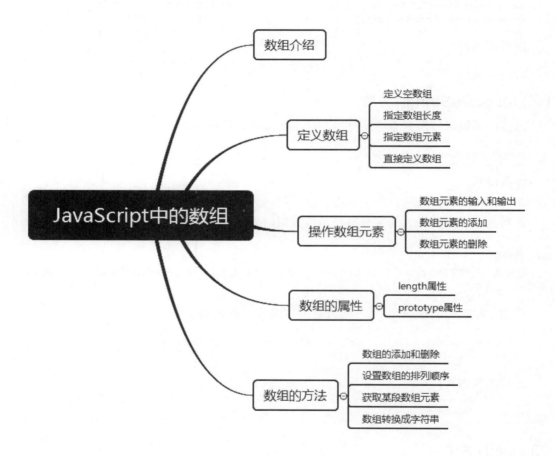

HTML5+CSS3+
JavaScript

从零开始学　HTML5+CSS3+JavaScript

第4篇

JavaScript
高级篇

第 20 章

Ajax 技术

扫码领取
- ► 配套视频
- ► 配套素材
- ► 学习指导
- ► 交流社群

 本章学习目标

- 了解 Ajax 的技术组成、优点及应用领域。
- 掌握 Ajax 的核心技术 XMLHttpRequest 对象。

HTML5+
CSS3+
JavaScript

20.1　Ajax 概述

Ajax 是 JavaScript、XML、CSS、DOM 等多种已有技术的组合，可以实现客户端的异步请求操作，这样可以实现在不需要刷新页面的情况下与服务器进行通信，从而减少了用户的等待时间。Ajax 是由 Jesse James Garrett 创造的，是 Asynchronous JavaScript And XML 的缩写，即异步 JavaScript 和 XML 技术。可以说，Ajax 是"增强的 JavaScript"，是一种可以调用后台服务器获得数据的客户端 JavaScript 技术，支持更新部分页面的内容而不重载整个页面。

20.1.1　Ajax 应用案例

随着 Web 2.0 时代的到来，越来越多的网站开始应用 Ajax。实际上，Ajax 为 Web 应用带来的变化，我们已经在不知不觉中体验过了。例如，Google 地图和百度地图。下面就来看看都有哪些网站在用 Ajax，从而更好地了解 Ajax 的用途。

（1）百度搜索提示

在百度首页的搜索文本框中输入要搜索的关键字时，下方会自动给出相关提示，如果给出的提示有符合要求的内容，可以直接选择，这样可以方便用户。例如，输入"明日科"后，在下面将显示如图 20.1 所示的提示信息。

图 20.1　百度搜索提示页面

（2）明日学院选择偏好课程

进入到明日学院的首页，单击"选择我的偏好"超链接时会弹出推荐的语言标签列表，单击列表中某个语言标签超链接，在不刷新页面的情况下即可在下方显示该语言相应的课程，效果如图 20.2 所示。

图 20.2　明日学院首页选择偏好课程

20.1.2　Ajax 的开发模式

在 Web 2.0 时代以前，多数网站都采用传统的开发模式，而随着 Web 2.0 时代的到来，越来越多的网站开始采用 Ajax 开发模式。为了让读者更好地了解 Ajax 开发模式，下面将对 Ajax 开发模式与传统开发模式进行比较。

第 4 篇　JavaScript 高级篇

在传统的 Web 应用模式中，页面中用户的每一次操作都将触发一次返回 Web 服务器的 HTTP 请求，服务器进行相应的处理（获得数据、运行与不同的系统会话）后，返回一个 HTML 页面给客户端，如图 20.3 所示。

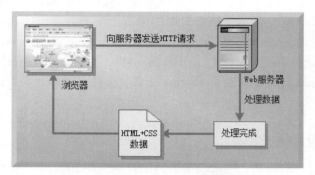

图 20.3　Web 应用的传统开发模式

而在 Ajax 应用中，页面中用户的操作将通过 Ajax 引擎与服务器端进行通信，然后将返回结果提交给客户端页面的 Ajax 引擎，再由 Ajax 引擎来决定将这些数据插入到页面的指定位置，如图 20.4 所示。

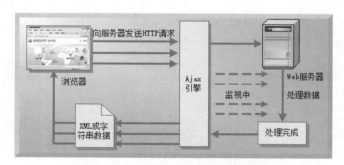

图 20.4　Web 应用的 Ajax 开发模式

从图 20.3 和图 20.4 中可以看出，对于每个用户的行为，在传统的 Web 应用模式中，将生成一次 HTTP 请求，而在 Ajax 开发模式中，将变成对 Ajax 引擎的一次 JavaScript 调用。在 Ajax 开发模式中通过 JavaScript 实现在不刷新整个页面的情况下，对部分数据进行更新，从而降低了网络流量，给用户带来了更好的体验。

20.1.3　Ajax 的优点和缺点

与传统的 Web 应用不同，Ajax 在用户与服务器之间引入一个中间媒介（Ajax 引擎），从而消除了网络交互过程中的处理—等待—处理—等待的缺点，从而大大改善了网站的视觉效果。下面我们就来看看使用 Ajax 的优点有哪些。

● 可以把一部分以前由服务器负担的工作转移到客户端，利用客户端闲置的资源进行处理，减轻服务器和带宽的负担，节约空间和成本。

● 无刷新更新页面，从而使用户不用再像以前一样在服务器处理数据时，只能在死板的白屏前焦急地等待。Ajax 使用 XMLHttpRequest 对象发送请求并得到服务器响应，在不需要重新载入整个页面的情况下，就可以通过 DOM 及时将更新的内容显示在页面上。

● 可以调用 XML 等外部数据，进一步促进页面显示和数据的分离。

● 基于标准化的并被广泛支持的技术，不需要下载插件或者小程序，即可轻松实现桌面应用程序的效果。

● Ajax 没有平台限制。Ajax 把服务器的角色由原本传输内容转变为传输数据，而数据格式则可以是纯文本格式和 XML 格式，这两种格式没有平台限制。

同其他事物一样，Ajax 也不尽是优点，它也有一些缺点，具体表现在以下几个方面：

● 大量的 JavaScript 代码，不易维护。

● 可视化设计比较困难。

● 打破"页"的概念。

● 给搜索引擎带来困难。

20.2 Ajax 的技术组成

Ajax 是 XMLHttpRequest 对象和 JavaScript、XML 语言、DOM、CSS 等多种技术的组合。其中，只有 XMLHttpRequest 对象是新技术，其他的均为已有技术。下面我们就对 Ajax 使用的技术进行简要介绍。

20.2.1 XMLHttpRequest 对象

Ajax 使用的技术中，最核心的技术就是 XMLHttpRequest，它是一个具有应用程序接口的 JavaScript 对象，能够使用超文本传输协议（HTTP）连接一个服务器，是微软公司为了满足开发者的需要，于 1999 年在 IE 5.0 浏览器中率先推出的。现在许多浏览器都对其提供了支持，不过实现方式与 IE 有所不同。关于 XMLHttpRequest 对象的使用将在后面进行详细介绍。

20.2.2 XML 语言

XML 是 Extensible Markup Language（可扩展的标记语言）的缩写，它提供了用于描述结构化数据的格式，适用于不同应用程序间的数据交换，而且这种交换不以预先定义的一组数据结构为前提，增强了可扩展性。XMLHttpRequest 对象与服务器交换的数据，通常采用 XML 格式。下面我们将对 XML 进行简要介绍。

（1）XML 文档结构

XML 是一套定义语义标记的规则，也是用来定义其他标识语言的元标识语言。使用 XML 时，首先要了解 XML 文档的基本结构，然后再根据该结构创建所需的 XML 文档。下面我们先通过一个简单的 XML 文档来说明 XML 文档的结构。placard.xml 文件的代码如下：

```
<?xml version="1.0" encoding="gb2312"?><!-- 说明是 XML 文档，并指定 XML 文档的版本和编码 -->
<placard version="2.0">                 <!-- 定义 XML 文档的根元素，并设置 version 属性 -->
  <description> 公告栏 </description>     <!-- 定义 XML 文档元素 -->
  <createTime> 创建于 2017 年 12 月 15 日 </createTime>
  <info id="1">                          <!-- 定义 XML 文档元素 -->
    <title> 重要通知 </title>
    <content><![CDATA[ 今天下午 1:50 将进行乒乓球比赛，请各位选手做好准备。]]></content>
    <pubDate>2017-12-15 16:12:36</pubDate>
  </info>                                 <!-- 定义 XML 文档元素的结束标签 -->
  <info id="2">
```

```
    <title> 幸福 </title>
    <content><![CDATA[ 一家人永远在一起就是幸福 ]]></content>
    <pubDate>2017-12-16 10:19:56</pubDate>
  </info>
</placard>                              <!-- 定义 XML 文档根元素的结束标签 -->
```

在上面的 XML 代码中，第一行是 XML 声明，用于说明这是一个 XML 文档，并且指定版本号及编码。除第一行以外的内容均为元素。在 XML 文档中，元素以树型分层结构排列，其中 placard 为根元素，其他的都是该元素的子元素。

👑 说明：

在 XML 文档中，如果元素的文本中包含标记符，可以使用 CDATA 段将元素中的文本括起来。使用 CDATA 段括起来的内容都会被 XML 解析器当作普通文本，所以任何符号都不会被认为是标记符。CDATA 的语法格式如下：

```
<![CDATA[ 文本内容 ]]>
```

👑 注意：

CDATA 段不能进行嵌套，即 CDATA 段中不能再包含 CDATA 段。另外在字符串"]]>"之间不能有空格或换行符。

（2）XML 语法要求

了解了 XML 文档的基本结构后，接下来还需要熟悉创建 XML 文档的语法要求。创建 XML 文档的语法要求如下：

① XML 文档必须有一个顶层元素，其他元素必须嵌入在顶层元素中。

② 元素嵌套要正确，不允许元素间相互重叠或跨越。

③ 每一个元素必须同时拥有起始标签和结束标签。这点与 HTML 不同，XML 不允许忽略结束标签。

④ 起始标签中的元素类型名必须与相应结束标签中的名称完全匹配。

⑤ XML 元素类型名区分大小写，而且开始和结束标签必须准确匹配。例如，分别定义起始标签 <Title>、结束标签 </title>，由于起始标签的类型名与结束标签的类型名不匹配，说明元素是非法的。

⑥ 元素类型名称中可以包含字母、数字以及其他字母元素类型，也可以使用非英文字符。名称不能以数字或符号"-"开头，名称中不能包含空格符和冒号"："。

⑦ 元素可以包含属性，但属性值必须用英文单引号或双引号括起来，前后两个引号必须一致，不能一个是单引号，一个是双引号。在一个元素节点中，属性名不能重复。

（3）为 XML 文档中的元素定义属性

在一个元素的起始标签中，可以自定义一个或者多个属性。属性是依附于元素存在的。属性值用英文单引号或者双引号括起来。

例如，给元素 info 定义属性 id，用于说明公告信息的 ID 号，代码如下：

```
<info id="1">
```

给元素添加属性是为元素提供信息的一种方法。当使用 CSS 样式表显示 XML 文档时，浏览器不会显示属性及属性值。若使用数据绑定、HTML 页中的脚本或者 XSL 样式表显示 XML 文档则可以访问属性及属性值。

👑 注意:

相同的属性名不能在元素起始标签中出现多次。

（4）XML 的注释

注释是为了便于阅读和理解，在 XML 文档中添加的附加信息。注释是对文档结构或者内容的解释，不属于 XML 文档的内容，所以 XML 解析器不会处理注释内容。XML 文档的注释以字符串"<!--"开始，以字符串"-->"结束。XML 解析器将忽略注释中的所有内容，这样可以在 XML 文档中添加注释说明文档的用途，或者临时注释没有准备好的文档部分。

👑 注意:

在 XML 文档中，解析器将"-->"看作是一个注释结束符号，所以字符串"-->"不能出现在注释的内容中，只能作为注释的结束符号。

20.2.3　JavaScript 脚本语言

JavaScript 是一种解释型的、基于对象的脚本语言，其核心已经嵌入到目前主流的 Web 浏览器中。虽然平时应用最多的是通过 JavaScript 实现一些网页特效及表单数据验证等功能，但 JavaScript 可以实现的功能远不止这些。JavaScript 是一种具有丰富的面向对象特性的程序设计语言，利用它能执行许多复杂的任务。例如，Ajax 就是利用 JavaScript 将 DOM、XHTML（或 HTML）、XML 以及 CSS 等技术综合起来，并控制它们的行为。因此，要开发一个复杂高效的 Ajax 应用程序，就必须对 JavaScript 有深入的了解。

JavaScript 不是 Java 语言的精简版，并且只能在某个解释器或"宿主"上运行，如 ASP、PHP、JSP、Internet 浏览器或者 Windows 脚本宿主。

JavaScript 是一种宽松类型的语言，宽松类型意味着不必显式定义变量的数据类型。此外，在大多数情况下，JavaScript 将根据需要自动进行转换。例如，如果将一个数值添加到由文本组成的某项（一个字符串），该数值将被转换为文本。

20.2.4　DOM

DOM 是 Document Object Model（文档对象模型）的缩写，它为 XML 文档的解析定义了一组接口。解析器读入整个文档，然后构建一个驻留内存的树结构，最后通过 DOM 可以遍历树以获取来自不同位置的数据，可以添加、修改、删除、查询和重新排列树及其分支。另外，还可以根据不同类型的数据源来创建 XML 文档。在 Ajax 应用中，通过 JavaScript 操作 DOM，可以达到在不刷新页面的情况下实时修改用户界面的目的。

20.2.5　CSS

CSS 是 Cascading Style Sheet（层叠样式表）的缩写，是用于控制网页样式并允许将样式信息与网页内容分离的一种标记性语言。在 Ajax 中，通常使用 CSS 进行页面布局，并通过改变文档对象的 CSS 属性控制页面的外观和行为。CSS 是一种 Ajax 开发人员所需要的重要武器，提供了从内容中分离应用样式和设计的机制。虽然 CSS 在 Ajax 应用中扮演了至关重要的角色，但它也是创建跨浏览器应用的一大阻碍，因为不同的浏览器厂商支持不同的 CSS 级别。

20.3 XMLHttpRequest 对象

XMLHttpRequest 是 Ajax 中最核心的技术，它是一个具有应用程序接口的 JavaScript 对象，能够使用超文本传输协议（HTTP）连接一个服务器，是微软公司为了满足开发者的需要，于 1999 年在 IE 5.0 浏览器中率先推出的。现在许多浏览器都对其提供了支持，不过实现方式与 IE 有所不同。使用 XMLHttpRequest 对象，Ajax 可以像桌面应用程序一样只同服务器进行数据层面的交换，而不用每次都刷新页面，也不用每次都将数据处理的工作交给服务器来做，这样既减轻了服务器负担，又加快了响应速度、缩短了用户等待的时间。

20.3.1 XMLHttpRequest 对象的初始化

在使用 XMLHttpRequest 对象发送请求和处理响应之前，首先需要初始化该对象。由于 XMLHttpRequest 不是一个 W3C 标准，所以对于不同的浏览器，初始化的方法也是不同的。通常情况下，初始化 XMLHttpRequest 对象只需要考虑两种情况，一种是 IE 浏览器，另一种是非 IE 浏览器，下面分别进行介绍。

（1）IE 浏览器

IE 浏览器把 XMLHttpRequest 实例化为一个 ActiveX 对象。具体语法如下：

```
var http_request = new ActiveXObject("Msxml2.XMLHTTP");
```

或者

```
var http_request = new ActiveXObject("Microsoft.XMLHTTP");
```

在上面的语法中，Msxml2.XMLHTTP 和 Microsoft.XMLHTTP 是针对 IE 浏览器的不同版本进行设置的，目前比较常用的是这两种。

（2）非 IE 浏览器

非 IE 浏览器（例如，Firefox、Opera、Mozilla、Safari）把 XMLHttpRequest 对象实例化为一个本地 JavaScript 对象。具体语法如下：

```
var http_request = new XMLHttpRequest();
```

为了提高程序的兼容性，可以创建一个跨浏览器的 XMLHttpRequest 对象。创建一个跨浏览器的 XMLHttpRequest 对象其实很简单，只需要判断一下不同浏览器的实现方式，如果浏览器提供了 XMLHttpRequest 类，则直接创建一个该类的实例，否则实例化一个 ActiveX 对象。具体代码如下：

```
<script type="text/javascript">
    if (window.XMLHttpRequest) {                    // 非 IE 浏览器
        http_request = new XMLHttpRequest();
    } else if (window.ActiveXObject) {              //IE 浏览器
        try {
            http_request = new ActiveXObject("Msxml2.XMLHTTP");
        } catch (e) {
            try {
                http_request = new ActiveXObject("Microsoft.XMLHTTP");
            } catch (e) {}
```

```
        }
    }
</script>
```

在上面的代码中，调用 window.ActiveXObject 将返回一个对象，或是 null，在 if 语句中，会把返回值看作是 true 或 false（如果返回的是一个对象，则为 true，否则返回 null，则为 false）。

👑 说明：

> 由于 JavaScript 具有动态类型特性，而且 XMLHttpRequest 对象在不同浏览器上的实例是兼容的，所以可以用同样的方式访问 XMLHttpRequest 实例的属性的方法，不需要考虑创建该实例的方法是什么。

20.3.2　XMLHttpRequest 对象的常用属性

XMLHttpRequest 对象提供了一些常用属性，通过这些属性可以获取服务器的响应状态及响应内容等。下面将对 XMLHttpRequest 对象的常用属性进行介绍。

（1）指定状态改变时所触发的事件处理器的属性

XMLHttpRequest 对象提供了用于指定状态改变时所触发的事件处理器的属性 onreadystatechange。在 Ajax 中，每个状态改变时都会触发这个事件处理器，通常会调用一个 JavaScript 函数。

例如，通过下面的代码可以实现当指定状态改变时所要触发的 JavaScript 函数，这里为 getResult()。

```
http_request.onreadystatechange = getResult;        // 当状态改变时执行 getResult() 函数
```

（2）获取请求状态的属性

XMLHttpRequest 对象提供了用于获取请求状态的属性 readyState，该属性共包括 5 个属性值，如表 20.1 所示。

表 20.1　readyState 属性的属性值

值	意义	值	意义
0	未初始化	3	交互中
1	正在加载	4	完成
2	已加载		

在实际应用中，该属性经常用于判断请求状态，当请求状态等于 4，也就是为完成时，再判断请求是否成功，如果成功将开始处理返回结果。

（3）获取服务器的字符串响应的属性

XMLHttpRequest 对象提供了用于获取服务器响应的属性 responseText，表示为字符串。例如，获取服务器返回的字符串响应，并赋值给变量 h 可以使用下面的代码：

```
var h=http_request.responseText;                    // 获取服务器返回的字符串响应
```

第 4 篇　JavaScript 高级篇

在上面的代码中，http_request 为 XMLHttpRequest 对象。

（4）获取服务器的 XML 响应的属性

XMLHttpRequest 对象提供了用于获取服务器响应的属性 responseXML，表示为 XML。这个对象可以解析为一个 DOM 对象。例如，获取服务器返回的 XML 响应，并赋值给变量 xmldoc 可以使用下面的代码：

```
var xmldoc = http_request.responseXML;                // 获取服务器返回的 XML 响应
```

在上面的代码中，http_request 为 XMLHttpRequest 对象。

（5）返回服务器的 HTTP 状态码的属性

XMLHttpRequest 对象提供了用于返回服务器的 HTTP 状态码的属性 status。该属性的语法格式如下：

```
http_request.status
```

参数说明：

http_request：XMLHttpRequest 对象。

返回值：长整型的数值，代表服务器的 HTTP 状态码。常用的状态码如表 20.2 所示。

表 20.2　status 属性的状态码

类型	说明	类型	说明
100	继续发送请求	404	文件未找到
200	请求已成功	408	请求超时
202	请求被接受，但尚未成功	500	内部服务器错误
400	错误的请求	501	服务器不支持当前请求所需要的某个功能

👑 注意：

status 属性只能在 send() 方法返回成功时才有效。

status 属性常用于当请求状态为完成时，判断当前的服务器状态是否成功。例如，当请求完成时，判断请求是否成功的代码如下：

```
<script type="text/javascript">
    if (http_request.readyState == 4) {          // 当请求状态为完成时
        if (http_request.status == 200) {        // 请求成功，开始处理返回结果
            alert("请求成功！");
        } else{                                  // 请求未成功
            alert("请求未成功！");
        }
    }
</script>
```

20.3.3　XMLHttpRequest 对象的常用方法

XMLHttpRequest 对象提供了一些常用的方法，通过这些方法可以对请求进行操作。下面对 XMLHttpRequest 对象的常用方法进行介绍。

（1）创建新请求的方法

open() 方法用于设置异步请求目标的 URL、请求方法以及其他参数信息，具体语法如下：

```
open("method","URL"[,asyncFlag[,"userName"[, "password"]]])
```

open() 方法的参数说明如表 20.3 所示。

表 20.3　open() 方法的参数说明

方法	说明
method	用于指定请求的类型，一般为 GET 或 POST
URL	用于指定请求地址，可以使用绝对地址或者相对地址，并且可以传递查询字符串
asyncFlag	为可选参数，用于指定请求方式，异步请求为 true，同步请求为 false，默认情况下为 true
userName	为可选参数，用于指定请求用户名，没有时可省略
password	为可选参数，用于指定请求密码，没有时可省略

例如，设置异步请求目标为 deal.html，请求方法为 GET，请求方式为异步的代码如下：

```
http_request.open("GET","deal.html",true);          // 设置异步请求，请求方法为 GET
```

（2）向服务器发送请求的方法

send() 方法用于向服务器发送请求。如果请求声明为异步，该方法将立即返回，否则将等到接收到响应为止。send() 方法的语法格式如下：

```
send(content)
```

参数 content 用于指定发送的数据，可以是 DOM 对象的实例、输入流或字符串。如果没有参数需要传递，可以设置为 null。

例如，向服务器发送一个不包含任何参数的请求，可以使用下面的代码：

```
http_request.send(null);          // 向服务器发送一个不包含任何参数的请求
```

（3）设置请求的 HTTP 头的方法

setRequestHeader() 方法用于为请求的 HTTP 头设置值。setRequestHeader() 方法的具体语法格式如下：

```
setRequestHeader("header", "value")
```

- header：用于指定 HTTP 头。
- value：用于为指定的 HTTP 头设置值。

👑 说明：

setRequestHeader() 方法必须在调用 open() 方法之后才能调用。

例如，在发送 POST 请求时，需要设置 Content-Type 请求头的值为 "application/x-www-form-urlencoded"，这时可以通过 setRequestHeader() 方法进行设置，具体代码如下：

```
// 设置 Content-Type 请求头的值
```

第 4 篇　JavaScript 高级篇

```
http_request.setRequestHeader("Content-Type","application/x-www-form-urlencoded");
```

（4）停止或放弃当前异步请求的方法

abort() 方法用于停止或放弃当前异步请求。其语法格式如下：

```
abort()
```

例如，要停止当前异步请求可以使用下面的语句：

```
http_request.abort();                                    // 停止当前异步请求
```

（5）返回 HTTP 头信息的方法

XMLHttpRequest 对 象 提 供 了 两 种 返 回 HTTP 头 信 息 的 方 法， 分 别 是 getResponseHeader() 和 getAllResponseHeaders() 方法。下面分别进行介绍。

① getResponseHeader() 方法

getResponseHeader() 方法用于以字符串形式返回指定的 HTTP 头信息。其语法格式如下：

```
getResponseHeader("headerLabel")
```

参数 headerLabel 用于指定 HTTP 头，包括 Server、Content-Type 和 Date 等。

👑 说明：

getResponseHeader() *方法必须在调用 send() 方法之后才能调用。*

例如，要获取 HTTP 头 Content-Type 的值，可以使用以下代码：

```
http_request.getResponseHeader("Content-Type");          // 获取 HTTP 头 Content-Type 的值
```

如果请求的是 HTML 文件，上面的代码将获取到以下内容：

```
text/html
```

② getAllResponseHeaders() 方法

getAllResponseHeaders() 方法用于以字符串形式返回完整的 HTTP 头信息。该方法的语法格式如下：

```
getAllResponseHeaders()
```

👑 说明：

getAllResponseHeaders() *方法必须在调用 send() 方法之后才能调用。*

例如，应用下面的代码调用 getAllResponseHeaders() 方法，将弹出如图 20.5 所示的对话框显示完整的 HTTP 头信息。

```
alert(http_request.getAllResponseHeaders());             // 输出完整的 HTTP 头信息
```

图 20.5　获取的完整 HTTP 头信息

 [实例 20.1] （源码位置：资源包 \Code\20\01）

读取 HTML 文件

本实例将通过 XMLHttpRequest 对象读取 HTML 文件，并输出读取结果。关键代码如下：

```javascript
<script type="text/javascript">
var xmlHttp;                                        // 定义 XMLHttpRequest 对象
function createXmlHttpRequestObject(){
    // 如果在 IE 浏览器中运行
    if(window.ActiveXObject){
        try{
            xmlHttp=new ActiveXObject("Microsoft.XMLHTTP");
        }catch(e){
            xmlHttp=false;
        }
    }else{
    // 如果在 Mozilla 或其他的浏览器中运行
        try{
            xmlHttp=new XMLHttpRequest();
        }catch(e){
            xmlHttp=false;
        }
    }
    // 返回创建的对象或显示错误信息
    if(!xmlHttp)
        alert(" 返回创建的对象或显示错误信息 ");
    else
        return xmlHttp;
}
function ReqHtml(){
    createXmlHttpRequestObject();                   // 调用函数创建 XMLHttpRequest 对象
    xmlHttp.onreadystatechange=StatHandler;         // 指定回调函数
    xmlHttp.open("GET","text.html",true);           // 调用 text.html 文件
    xmlHttp.send(null);
}
function StatHandler(){
    if(xmlHttp.readyState==4 && xmlHttp.status==200){  // 如果请求已完成并请求成功
        // 获取服务器返回的数据
        document.getElementById("webpage").innerHTML=xmlHttp.responseText;
    }
}
</script>
<body>
<!-- 创建超链接 -->
<a href="#" onclick="ReqHtml();"> 通过 XMLHttpRequest 对象请求 HTML 文件 </a>
<!-- 通过 div 标签输出请求内容 -->
<div id="webpage"></div>
```

运行本实例，单击"通过 XMLHttpRequest 对象请求 HTML 文件"超链接，将输出如图 20.6 所示的页面。

图 20.6　通过 XMLHttpRequest 对象读取 HTML 文件

👑　注意：

　　运行该实例需要搭建 Web 服务器，推荐使用 Apache 服务器。安装服务器后，将该实例文件夹"01"存储在网站根目录（通常为安装目录下的 htdocs 文件夹）下，在地址栏中输入"http://localhost/01/index.html"，然后单击 <Enter> 键运行。

👑　说明：

　　通过 XMLHttpRequest 对象不但可以读取 HTML 文件，还可以读取文本文件、XML 文件，其实现交互的方法与读取 HTML 文件类似。

 本章知识思维导图

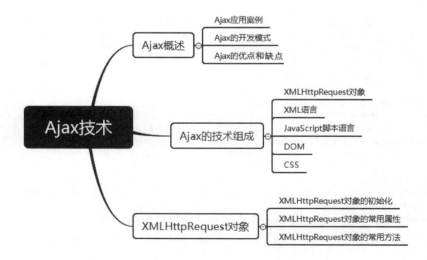

第 21 章

jQuery 基础

扫码领取
➤ 配套视频
➤ 配套素材
➤ 学习指导
➤ 交流社群

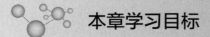

本章学习目标

- 了解 jQuery 的特点，下载预配置。
- 掌握 jQuery 的选择器。
- 掌握 jQuery 的工厂函数。

21.1 jQuery 概述

jQuery 是一套简洁、快速、灵活的 JavaScript 脚本库，是由 John Resig 于 2006 年创建的，它帮助开发人员简化了 JavaScript 代码。JavaScript 脚本库类似于 Java 的类库，将一些工具方法或对象方法封装在类库中，方便用户使用。因为简便易用，jQuery 已被大量的开发人员所推崇。

👑 注意:

　　jQuery 是脚本库，而不是框架。"库"不等于"框架"，例如"System 程序集"是类库，而 Spring MVC 是框架。

脚本库能够帮助我们完成编码逻辑，实现业务功能。使用 jQuery 极大地提高了编写 JavaScript 代码的效率，让写出来的代码更加简洁、健壮。同时网络上丰富的 jQuery 插件也让开发人员的工作变得更为轻松，让项目的开发效率有了质的提升。jQuery 不仅适合于网页设计师、开发者以及编程爱好者使用，同样也适合用于商业开发，可以说 jQuery 适合任何应用 JavaScript 的地方。

jQuery 是一个简洁、快速的 JavaScript 脚本库，它能让开发人员在网页上简单地操作文档、处理事件、运行动画效果或者添加异步交互。jQuery 的设计改变了开发人员编写 JavaScript 代码的方式，提高了编程效率。jQuery 主要特点如下：

- 代码精致小巧。
- 强大的功能函数。
- 跨浏览器。
- 链式语法风格。
- 插件丰富。

21.2 jQuery 下载与配置

要在网站中应用 jQuery 库，需要下载并配置它，下面将介绍如何下载与配置 jQuery。

（1）下载 jQuery

jQuery 是一个开源的脚本库，可以从官方网站下载。下面介绍具体的下载步骤。

① 进入 jQuery 的下载页面，如图 21.1 所示。

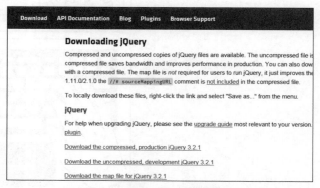

图 21.1　jQuery 的下载页面

② 在下载页面中可以下载到最新版本的 jQuery 库，目前 jQuery 的最新版本是 jQuery 3.2.1。单击图 21.1 中的 "Download the compressed, production jQuery 3.2.1" 超链接，将弹出如图 21.2 所示的下载对话框。

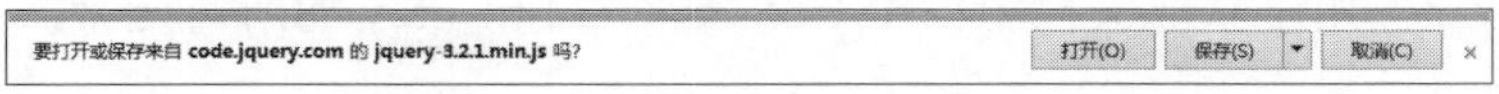

| 要打开或保存来自 code.jquery.com 的 jquery-3.2.1.min.js 吗? | | 打开(O) | 保存(S) | ▼ | 取消(C) | ✕ |

图 21.2　下载 jQuery-3.2.1.min.js

③ 单击 "保存" 按钮，将 jQuery 库下载到本地计算机中。下载后的文件名为 jquery-3.2.1.min.js。

此时下载的文件为压缩后的版本（主要用于项目与产品）。如果想下载完整不压缩的版本，可以在图 21.1 中单击 "Download the uncompressed, development jQuery 3.2.1" 超链接，然后在弹出的对话框中单击 "保存" 按钮进行下载。下载后的文件名为 jquery-3.2.1.js。

👑　说明：
① 在项目中通常使用压缩后的文件，即 jquery-3.2.1.min.js。
② 由于新版本 jQuery 和 IE 浏览器存在兼容性问题，因此，本书中的 jQuery 程序是在 IE 11 浏览器下运行的。

（2）配置 jQuery

将 jQuery 库下载到本地计算机后，还需要在项目中配置 jQuery 库。将下载后的 jquery-3.2.1.min.js 文件放置到项目的指定文件夹中，通常放置在 JS 文件夹中，然后在需要应用 jQuery 的页面中使用下面的语句，将其引用到文件中。

```
<script type="text/javascript" src="JS/jquery-3.2.1.min.js"></script>
```

👑　注意：
引用 jQuery 的 <script> 标签必须放在所有的自定义脚本文件的 <script> 标签之前，否则在自定义的脚本代码中应用不到 jQuery 脚本库。

21.3　jQuery 选择器

开发人员在实现页面的业务逻辑时，必须操作相应的对象或是数组，这个时候就需要利用选择器选择匹配的元素，以便进行下一步的操作，所以选择器是一切页面操作的基础，没有它开发人员将无所适从。在传统的 JavaScript 中，只能根据元素的 ID 和 TagName 来获取相应的 DOM 元素。但是在 jQuery 中却提供了许多功能强大的选择器帮助开发人员获取页面上的 DOM 元素，获取到的每个对象都将以 jQuery 包装集的形式返回。本节将介绍如何应用 jQuery 的选择器选择匹配的元素。

21.3.1　jQuery 的工厂函数

在介绍 jQuery 的选择器之前，先来介绍一下 jQuery 的工厂函数 "$"。在 jQuery 中，无论使用哪种类型的选择器都需要从一个 "$" 符号和一对 "()" 开始。在 "()" 中通常使用字符串参数，参数中可以包含任何 CSS 选择符表达式。下面介绍几种比较常见的用法。

● 在参数中使用标签名。
$("div")：用于获取文档中全部的 <div>。

● 在参数中使用 ID。

$("#username")：用于获取文档中 ID 属性值为 username 的一个元素。

● 在参数中使用 CSS 类名。

$(".btn_grey")：用于获取文档中使用 CSS 类名为 btn_grey 的所有元素。

21.3.2 基本选择器

基本选择器在实际应用中比较广泛，建议重点掌握 jQuery 的基本选择器，它是其他类型选择器的基础，是 jQuery 选择器中最为重要的部分。jQuery 的基本选择器包括 ID 选择器、元素选择器、类名选择器、复合选择器和通配符选择器，下面进行详细介绍。

（1）ID 选择器（#id）

ID 选择器（#id）顾名思义就是利用 DOM 元素的 id 属性值来筛选匹配的元素，并以 jQuery 包装集的形式返回给对象。这就像一个学校中每个学生都有自己的学号一样，学生的姓名是可以重复的，但是学号却不可以，根据学生的学号就可以获取指定学生的信息。

ID 选择器的使用方法如下：

```
$("#id");
```

其中，id 为要查询元素的 ID 属性值。例如，要查询 ID 属性值为 user 的元素，可以使用下面的 jQuery 代码：

```
$("#user");
```

👑 注意：

如果页面中出现了两个相同的 ID 属性值，程序运行时页面会报出 JS 运行错误的对话框，所以在页面中设置 ID 属性值时要确保该属性值在页面中是唯一的。

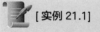

[实例 21.1]

（源码位置：资源包 \Code\21\01）

获取文本框中输入的值

本实例将在页面中添加一个 ID 属性值为 testInput 的文本框和一个按钮，通过单击按钮来获取在文本框中输入的值。关键步骤如下：

① 创建 index.html 文件，在该文件的 <head> 标签中应用下面的语句引入 jQuery 库。

```
<script type="text/javascript" src="JS/jquery-3.2.1.min.js"></script>
```

② 在页面的 <body> 标签中添加一个 ID 属性值为 testInput 的文本框和一个按钮，代码如下：

```
<input type="text" id="testInput" name="test" value=""/>
<input type="button" value=" 获取文本框的值 "/>
```

③ 在引入 jQuery 库的代码下方编写 jQuery 代码，实现单击按钮获取在文本框中输入的值，具体代码如下：

```
<script type="text/javascript">
```

```
        $(document).ready(function(){
            $("input[type='button']").click(function(){      // 为按钮绑定单击事件
                var inputValue = $("#testInput").val();      // 获取文本框的值
                alert(inputValue);                            // 输出文本框的值
            });
        });
    </script>
```

在上面的代码中，第 3 行使用了 jQuery 中的属性选择器匹配文档中的按钮，并且为按钮绑定单击事件。关于属性选择器的详细介绍请参见 21.3.5 节；关于按钮绑定单击事件，请参见 22.2.3 节。

👑 说明：
　　ID 选择器是以 "#id" 的形式获取对象的，在这段代码中用 $("#testInput") 获取了一个 ID 属性值为 testInput 的 jQuery 包装集，然后调用包装集的 val() 方法取得文本框的值。

运行本实例，在文本框中输入"面朝大海，春暖花开"，如图 21.3 所示，单击"获取文本框的值"按钮，将弹出对话框显示输入的文字，如图 21.4 所示。

图 21.3　在文本框中输入文字　　　　　　图 21.4　弹出的对话框

jQuery 中的 ID 选择器相当于传统的 JavaScript 中的 document.getElementById() 方法，jQuery 用更简洁的代码实现了相同的功能。虽然两者都获取了指定的元素对象，但是两者调用的方法是不同的。利用 JavaScript 获取的对象只能调用 DOM 方法，而 jQuery 获取的对象既可以使用 jQuery 封装的方法也可以调用 DOM 方法。但是 jQuery 在调用 DOM 方法时需要进行特殊的处理，也就是需要将 jQuery 对象转换为 DOM 对象。

（2）元素选择器（element）

元素选择器是根据元素名称匹配相应的元素。通俗地讲，元素选择器指向的是 DOM 元素的标签名，也就是说元素选择器是根据元素的标签名选择的。可以把元素的标签名理解成学生的姓名，在一个学校中可能有多个姓名为"刘伟"的学生，但是姓名为"吴语"的学生也许只有一个，所以通过元素选择器匹配到的元素可能有多个，也可能是一个。多数情况下，元素选择器匹配的是一组元素。

元素选择器的使用方法如下：

```
    $("element");
```

其中，element 为要查询元素的标签名。例如，要查询全部 div 元素，可以使用下面的 jQuery 代码：

```
$("div");
```

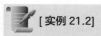 [实例 21.2]　　　　　　　　　　　　　　　　　　　　　（源码位置：资源包 \Code\21\02）

修改 div 元素的内容

本实例将在页面中添加两个 <div> 标签和一个按钮，通过单击按钮来获取这两个 <div>，并修改它们的内容。关键步骤如下：

① 创建 index.html 文件，在该文件的 <head> 标签中应用下面的语句引入 jQuery 库。

```
<script type="text/javascript" src="JS/jquery-3.2.1.min.js"></script>
```

② 在页面的 <body> 标签中添加两个 <div> 标签和一个按钮，代码如下：

```
<div> 这里种植了一棵草莓 <br><img src="images/strawberry.jpg"/></div>
<div> 这里养殖了一条鱼 <br><img src="images/fish.jpg"/></div>
<input type="button" value=" 若干年后 " />
```

③ 在引入 jQuery 库的代码下方编写 jQuery 代码，实现单击按钮来获取全部 div 元素，并修改它们的内容，具体代码如下：

```
<script type="text/javascript">
  $(document).ready(function(){
    $("input[type='button']").click(function(){           // 为按钮绑定单击事件
      // 获取第一个 div 元素
      $("div").eq(0).html(" 这里长出了一片草莓 <br><img src='images/strawberry1.jpg'/>");
      // 获取第二个 div 元素
      $("div").get(1).innerHTML=" 这里的鱼没有了 <br><img src='images/fish1.jpg'/>";
    });
  });
</script>
```

在上面的代码中，使用元素选择器获取了一组 div 元素的 jQuery 包装集，它是一组 Object 对象，存储方式为 [Object Object]，但是这种方式并不能显示出单独元素的文本信息，需要通过索引器来确定要选取哪个 div 元素，在这里分别使用了两个不同的索引器 eq() 和 get()。这里的索引器类似于房间的门牌号，所不同的是，门牌号是从 1 开始计数的，而索引器是从 0 开始计数的。

👑 说明：

在本实例中使用了两种方法设置元素的文本内容，html() 方法是 jQuery 的方法，对 innerHTML 属性赋值的方法是 DOM 对象的方法。本实例还用了 $(document).ready() 方法，当页面元素载入完成的时候就会自动执行程序，自动为按钮绑定单击事件。

👑 注意：

eq() 方法返回的是一个 jQuery 包装集，所以它只能调用 jQuery 的方法，而 get() 方法返回的是一个 DOM 对象，所以它只能用 DOM 对象的方法。eq() 方法与 get() 方法默认都是从 0 开始计数。

运行本实例，首先显示如图 21.5 所示的页面，单击 "若干年后" 按钮，将显示如图 21.6 所示的页面。

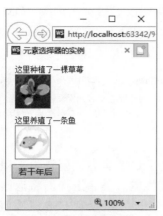

图 21.5　单击按钮前

图 21.6　单击按钮后

（3）类名选择器（.class）

类名选择器是通过元素拥有的 CSS 类的名称查找匹配的 DOM 元素。在一个页面中，一个元素可以有多个 CSS 类，一个 CSS 类又可以匹配多个元素，如果在元素中有一个匹配的类的名称就可以被类名选择器选取到。

类名选择器可以这样理解，在大学的时候大部分人都选过课，可以把 CSS 类名理解为课的名称，元素理解成学生，学生可以选择多门课，而一门课又可以被多名学生选择。CSS 类与元素的关系既可以是多对多的关系，也可以是一对多或多对一的关系。

类名选择器的使用方法如下：

```
$(".class");
```

其中，class 为要查询元素所用的 CSS 类名。例如，要查询使用 CSS 类名为 word_orange 的元素，可以使用下面的 jQuery 代码：

```
$(".word_orange");
```

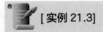[实例 21.3]

（源码位置：资源包 \Code\21\03）

获取元素并设置 CSS 样式

在页面中，首先添加两个 <div> 标签，并为其中的一个设置 CSS 类，然后通过 jQuery 的类名选择器选取设置了 CSS 类的 <div> 标签，并设置其 CSS 样式。关键步骤如下：

① 创建 index.html 文件，在该文件的 <head> 标签中应用下面的语句引入 jQuery 库。

```
<script type="text/javascript" src="JS/jquery-3.2.1.min.js"></script>
```

② 在页面的 <body> 标签中添加两个 <div> 标记，一个使用 CSS 类 myClass，另一个不设置 CSS 类，代码如下：

```
<div class="myClass">注意观察我的样式 </div>
<div> 我的样式是默认的 </div>
```

👑 说明：
这里添加两个 <div> 标签是为了对比效果，默认的背景颜色都是蓝色的，文字颜色都是黑色的。

317

③ 在引入 jQuery 库的代码下方编写 jQuery 代码，实现按 CSS 类名选取 DOM 元素，并更改其样式（这里更改了背景颜色和文字颜色），具体代码如下：

```
<script type="text/javascript">
    $(document).ready(function() {
        var myClass = $(".myClass");                    // 选取 DOM 元素
        myClass.css("background-color","#FD82DE");      // 为选取的 DOM 元素设置背景颜色
        myClass.css("font-size","18px");                // 为选取的 DOM 元素设置文字颜色
    });
</script>
```

在上面的代码中，只为其中的一个 <div> 标签设置了 CSS 类名，但是由于程序中并没有名称为 myClass 的 CSS 类，所以这个类是没有任何属性的。类名选择器将返回一个名为 myClass 的 jQuery 包装集，利用 css() 方法可以为对应的 div 元素设定 CSS 属性值，这里将元素的背景颜色设置为深红色，文字颜色设置为白色。

👑 注意：
　　类名选择器也可能会获取一组 jQuery 包装集，因为多个元素可以拥有同一个 CSS 样式。

运行本实例，将显示如图 21.7 所示的页面。其中，左面的 div 为更改样式后的效果，右面的 div 为默认的样式。由于使用了 $(document).ready() 方法，所以选择元素并更改样式在 DOM 元素加载就绪时就已经自动执行完毕。

图 21.7　通过类名选择器选择元素并更改样式

（4）复合选择器（selector1,selector2,selectorN）

复合选择器将多个选择器（可以是 ID 选择器、元素选择器或是类名选择器）组合在一起，两个选择器之间以逗号“,”分隔，只要符合其中的任何一个筛选条件元素就会被匹配，返回的是一个集合形式的 jQuery 包装集，利用 jQuery 索引器可以取得集合中的 jQuery 对象。

👑 注意：
　　复合选择器并不是匹配同时满足这几个选择器的匹配条件的元素，而是将每个选择器匹配的元素合并后一起返回。

复合选择器的使用方法如下：

```
$(" selector1,selector2,selectorN");
```

● selector1：为一个有效的选择器，可以是 ID 选择器、元素选择器或是类名选择器等。
● selector2：为另一个有效的选择器，可以是 ID 选择器、元素选择器或是类名选择器等。
● selectorN：（可选择）为第 N 个有效的选择器，可以是 ID 选择器、元素选择器或是类名选择器等。

例如，要查询文档中的全部的 <span> 标签和使用 CSS 类 myClass 的 <div> 标签，可以使用下面的 jQuery 代码：

```
$("span,div.myClass");
```

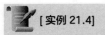

[实例 21.4]

（源码位置：资源包 \Code\21\04 ）

筛选元素并添加新的样式

在页面添加 3 种不同元素并统一设置样式。使用复合选择器筛选 div 元素和 ID 属性值为 span 的元素，并为它们添加新的样式。关键步骤如下：

① 创建 index.html 文件，在该文件的 <head> 标签中应用下面的语句引入 jQuery 库。

```
<script type="text/javascript" src="JS/jquery-3.2.1.min.js"></script>
```

② 在页面的 <body> 标签中添加一个 <p> 标签、一个 <div> 标签、一个 ID 为 span 的 <span> 标签和一个按钮，并为除按钮以外的三个标签指定 CSS 类名，代码如下：

```
<p class="default">p 元素 </p>
<div class="default">div 元素 </div>
<span class="default" id="span">ID 为 span 的元素 </span>
<input type="button" value=" 为 div 元素和 ID 为 span 的元素换肤 " />
```

③ 在引入 jQuery 库的代码下方编写 jQuery 代码，实现单击按钮来获取全部 div 元素和 ID 属性值为 span 的元素，并为它们添加新的样式，具体代码如下：

```
<script type="text/javascript">
$(document).ready(function() {
    $("input[type=button]").click(function(){           // 绑定按钮的单击事件
        $("div,#span").addClass("change");              // 添加所使用的 CSS 类
    });
});
</script>
```

运行本实例，将显示如图 21.8 所示的页面，单击 "为 div 元素和 ID 为 span 的元素换肤" 按钮，将为 div 元素和 ID 为 span 的元素换肤，如图 21.9 所示。

图 21.8　单击按钮前

图 21.9　单击按钮后

（5）通配符选择器（*）

所谓的通配符，就是指符号 "*"，它代表着页面中的每一个元素，也就是说如果使用 $("*") 将取得页面中所有 DOM 元素的集合的 jQuery 包装集。通配符选择器比较好理解，这里就不再给予示例程序。

21.3.3　层级选择器

层级选择器是将页面 DOM 元素之间的父子关系作为匹配的筛选条件。首先来看什么是页面中元素的关系。例如，下面的代码是最为常用也是最简单的 DOM 元素结构。

```
<html>
  <head></head>
```

```
    <body></body>
    </html>
```

在这段代码所示的页面结构中，html 元素是页面中其他所有元素的祖先元素，那么 head 元素就是 html 元素的子元素，同时 html 元素也是 head 元素的父元素。页面中的 head 元素与 body 元素是同辈元素。也就是说 html 元素是 head 元素和 body 元素的"父亲"，head 元素和 body 元素是 html 元素的"儿子"，head 元素与 body 元素是"兄弟"。具体关系如图 21.10 所示。

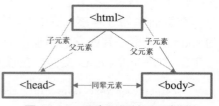

图 21.10　元素层级关系示意图

在了解了页面中元素的关系后，再来介绍 jQuery 提供的层级选择器：ancestor descendan 选择器、parent > child 选择器、prev + next 选择器和 prev ~ siblings 选择器。下面进行详细介绍。

（1）ancestor descendant 选择器

ancestor descendant 选择器中的 ancestor 代表祖先，descendant 代表子孙，用于在给定的祖先元素下匹配所有的后代元素。ancestor descendant 选择器的使用方法如下：

```
$("ancestor descendant");
```

● ancestor：任何有效的选择器。
● descendant：用以匹配元素的选择器，并且它是 ancestor 所指定元素的后代元素。

例如，要匹配 ul 元素下的全部 li 元素，可以使用下面的 jQuery 代码：

```
$("ul li");
```

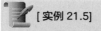 **[实例 21.5]**　　　　　　　　　　　　　　　　　　（源码位置：资源包 \Code\21\05）

为版权列表设置样式

本实例将通过 jQuery 为版权列表设置样式。关键步骤如下：

① 创建 index.html 文件，在该文件的 <head> 标签中应用下面的语句引入 jQuery 库。

```
<script type="text/javascript" src="JS/jquery-3.2.1.min.js"></script>
```

② 在页面的 <body> 标签中，首先添加一个 <div> 标签，并在该 <div> 标签内添加一个 <ul> 标签及其子标签 <li>，然后在 <div> 标签的后面再添加一个 <ul> 标签及其子标签 <li>，代码如下：

```
<div id="bottom">
<ul>
    <li>技术服务热线：400-675-1066 传真：0431-84978981 企业邮箱：mingrisoft@mingrisoft.com
    </li>
    <li>Copyright &copy; www.mrbccd.com All Rights Reserved! </li>
</ul>
</div>
<ul>
    <li>技术服务热线：400-675-1066 传真：0431-84978981 企业邮箱：mingrisoft@mingrisoft.com
    </li>
    <li>Copyright &copy; www.mrbccd.com All Rights Reserved! </li>
</ul>
```

③ 编写 CSS 样式，通过 ID 选择符设置 <div> 标签的样式，并且编写一个类选择符 copyright，用于设置 <div> 标签内的版权列表的样式，具体代码如下：

```css
<style type="text/css">
  body{
    margin:0px;                                    /* 设置外边距 */
  }
  #bottom{
    background-image:url(images/bg_bottom.jpg);    /* 设置背景 */
    width:800px;                                   /* 设置宽度 */
    height:58px;                                   /* 设置高度 */
    clear: both;                                   /* 设置左右两侧无浮动内容 */
    text-align:center;                             /* 设置文字居中对齐 */
    padding-top:10px;                              /* 设置顶边距 */
    font-size:12px;                                /* 设置字体大小 */
  }
  .copyright{
    color:#FFFFFF;                                 /* 设置文字颜色 */
    list-style:none;                               /* 不显示项目符号 */
    line-height:20px;                              /* 设置行高 */
  }
</style>
```

④ 在引入 jQuery 库的代码下方编写 jQuery 代码，匹配 div 元素的子元素 ul，并为其添加 CSS 样式，具体代码如下：

```javascript
<script type="text/javascript">
$(document).ready(function(){
  $("div ul").addClass("copyright");             // 为 div 元素的子元素 ul 添加样式
});
</script>
```

运行本实例，将显示如图 21.11 所示的效果，上面的版权信息是通过 jQuery 添加样式的效果，下面的版权信息为默认的效果。

图 21.11　通过 jQuery 为版权列表设置样式

（2）parent > child 选择器

parent > child 选择器中的 parent 代表父元素，child 代表子元素。使用该选择器只能选择父元素的直接子元素。parent > child 选择器的使用方法如下：

```
$("parent > child");
```

● parent：任何有效的选择器。
● child：用以匹配元素的选择器，并且它是 parent 元素的直接子元素。
例如，要匹配表单中的直接子元素 input，可以使用下面的 jQuery 代码：

```
$("form > input");
```

第 4 篇　JavaScript 高级篇

（源码位置：资源包 \Code\21\06）

[实例 21.6]

实现为匹配元素换肤

本实例将应用选择器匹配表单中的直接子元素 input，实现为匹配元素换肤的功能。关键步骤如下：

① 创建 index.html 文件，在该文件的 \<head> 标签中应用下面的语句引入 jQuery 库。

```
<script type="text/javascript" src="JS/jquery-3.2.1.min.js"></script>
```

② 在页面的 \<body> 标签中添加一个表单，在该表单中添加 6 个 input 元素，并且将"换肤"按钮用 \<span> 标签括起来，关键代码如下：

```
<form id="form1" name="form1" method="post" action="">
  姓    名: <input type="text" name="name" id="name" /><br />
  籍    贯: <input name="native" type="text" id="native" /><br />
  生    日: <input type="text" name="birthday" id="birthday" /><br />
  E-mail: <input type="text" name="email" id="email" /><br />
  <span>
  <input type="button" name="change" id="change" value=" 换肤 "/>
  </span>
  <input type="button" name="default" id="default" value=" 恢复默认 "/>
</form>
```

③ 编写 CSS 样式，用于指定 input 元素的默认样式，并且添加一个用于改变 input 元素样式的 CSS 类，具体代码如下：

```
<style type="text/css">
  input{
    margin:5px;                              /* 设置 input 元素的外边距为 5 像素 */
  }
  .input {
    font-size:12pt;                          /* 设置文字大小 */
    color:#333333;                           /* 设置文字颜色 */
    background-color:#a1fdc4;                /* 设置背景颜色 */
    border:1px solid #000000;                /* 设置边框 */
  }
</style>
```

④ 在引入 jQuery 库的代码下方编写 jQuery 代码，实现匹配表单元素的直接子元素，并为其添加和移除 CSS 样式，具体代码如下：

```
<script type="text/javascript">
$(document).ready(function(){
    $("#change").click(function(){           // 绑定 " 换肤 " 按钮的单击事件
        $("form>input").addClass("input");   // 为表单元素的直接子元素 input 添加样式
    });
    $("#default").click(function(){          // 绑定 " 恢复默认 " 按钮的单击事件
        $("form>input").removeClass("input"); // 移除为表单元素的直接子元素 input 添加的样式
    });
});
</script>
```

👑 说明：

在上面的代码中，addClass() 方法用于为元素添加 CSS 类，removeClass() 方法用于移除为元素添加的 CSS 类。

运行本实例，将显示如图 21.12 所示的效果，单击"换肤"按钮，将显示如图 21.13 所示的效果，单击"恢复默认"按钮，将再次显示如图 21.12 所示的效果。

图 21.12　默认的效果

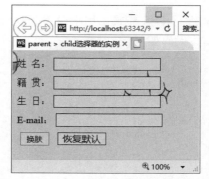

图 21.13　单击"换肤"按钮之后的效果

在图 21.13 中，虽然"换肤"按钮也是 form 元素的子元素 input，但由于该元素不是 form 元素的直接子元素，所以在执行换肤操作时，该按钮的样式并没有改变。

（3）prev + next 选择器

prev + next 选择器用于匹配所有紧接在 prev 元素后的 next 元素。其中，prev 和 next 是两个相同级别（同辈）的元素。prev + next 选择器的使用方法如下：

```
$("prev + next");
```

● prev：任何有效的选择器。

● next：一个有效选择器并紧接着 prev 选择器。

例如，要匹配 <div> 标签后的 <img> 标签，可以使用下面的 jQuery 代码：

```
$("div + img");
```

 [实例 21.7]

（源码位置：资源包 \Code\21\07）

改变匹配元素的背景颜色

本实例将筛选紧跟在 <lable> 标签后的 <p> 标签，并将匹配元素的背景颜色改为淡蓝色。关键步骤如下：

① 创建 index.html 文件，在该文件的 <head> 标签中应用下面的语句引入 jQuery 库。

```
<script type="text/javascript" src="JS/jquery-3.2.1.min.js"></script>
```

② 在页面的 <body> 标签中，首先添加一个 <div> 标签，并在该 <div> 标签中添加两个对 <label> 标签和 <p> 标签，其中第二对 <label> 标记和 <p> 标记用 <fieldset>...</fieldset> 标签括起来，然后在 <div> 标签的下方再添加一个 <p> 标签，关键代码如下：

```
<div>
    <label> 第一个 label</label>
    <p> 第一个 p</p>
    <fieldset>
        <label> 第二个 label</label>
        <p> 第二个 p</p>
    </fieldset>
</div>
```

```
<p>div 外面的 p</p>
```

③ 编写 CSS 样式，用于设置 body 元素的字体大小，并且添加一个用于设置背景的 CSS 类，具体代码如下：

```
<style type="text/css">
   body{
      font-size:12px;                              /* 设置字体大小 */
   }
   .background{
      background:#ffe6b6;                           /* 设置背景颜色 */
   }
</style>
```

④ 在引入 jQuery 库的代码下方编写 jQuery 代码，实现匹配 label 元素的同辈元素 p，并为其添加 CSS 类，具体代码如下：

```
<script type="text/javascript">
   $(document).ready(function(){
      $("label+p").addClass("background");         // 为匹配的元素添加 CSS 类
   });
</script>
```

运行本实例，将显示如图 21.14 所示的效果。在图中可以看到 "第一个 p" 和 "第二个 p" 的段落被添加了背景，而 "div 外面的 p" 由于不是 label 元素的同辈元素，所以没有被添加背景。

图 21.14　将 label 元素的同级元素 p 的背景设置为淡蓝色

（4）prev ~ siblings 选择器

prev ~ siblings 选择器用于匹配 prev 元素之后的所有 siblings 元素。其中，prev 和 siblings 是两个同辈元素。prev ~ siblings 选择器的使用方法如下：

```
$("prev ~ siblings");
```

● prev：任何有效的选择器。
● siblings：一个有效选择器，其匹配的元素和 prev 选择器匹配的元素是同辈元素。

例如，要匹配 div 元素的同辈元素 ul，可以使用下面的 jQuery 代码：

```
$("div ~ ul");
```

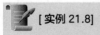 **[实例 21.8]**　　　　　　　　　　　　　　　　　　（源码位置：资源包 \Code\21\08）

筛选 div 元素的同辈元素

本实例将应用选择器筛选页面中 div 元素的同辈元素，并为其添加 CSS 样式。关键步骤如下：

① 创建 index.html 文件，在该文件的 <head> 标签中应用下面的语句引入 jQuery 库。

```
<script type="text/javascript" src="JS/jquery-3.2.1.min.js"></script>
```

② 在页面的 <body> 标签中，首先添加一个 <div> 标签，并在该 <div> 标签中添加两个 <p> 标签，然后在 <div> 标签的下方再添加一个 <p> 标签，关键代码如下：

```
<div>
    <p>第一个 p</p>
    <p>第二个 p</p>
</div>
<p>这个 p 不在 div 中</p>
```

③ 编写 CSS 样式，用于设置 body 元素的字体大小，并且添加一个用于设置背景的 CSS 类，具体代码如下：

```
<style type="text/css">
    body{
        font-size:12px;                        /* 设置字体大小 */
    }
    .bgcolor{
        background:#acfdf8;                     /* 设置背景颜色 */
    }
</style>
```

④ 在引入 jQuery 库的代码下方编写 jQuery 代码，实现匹配 div 元素的同辈元素 p，并为其添加 CSS 类，具体代码如下：

```
<script type="text/javascript">
    $(document).ready(function(){
        $("div~p").addClass("bgcolor");        // 为匹配的元素添加 CSS 类
    });
</script>
```

运行本实例，将显示如图 21.15 所示的效果。在图中可以看到"这个 p 不在 div 中"被添加了背景，而"第一个 p"和"第二个 p"的段落由于不是 div 元素的同辈元素，所以没有被添加背景。

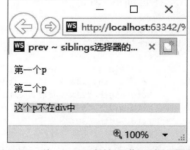

图 21.15　为 div 元素的同辈元素设置背景

21.3.4　过滤选择器

过滤选择器包括简单过滤器、内容过滤器、可见性过滤器、表单对象的属性过滤器和子元素选择器等，下面分别进行详细介绍。

（1）简单过滤器

简单过滤器是指以冒号开头，通常用于实现简单过滤效果的过滤器，例如匹配找到的第一个元素等。jQuery 提供的简单过滤器如表 21.1 所示。

表 21.1　jQuery 的简单过滤器

方法	说明	示例
:first	匹配找到的第一个元素，它是与选择器结合使用的	$("tr:first")　//匹配表格的第一行
:last	匹配找到的最后一个元素，它是与选择器结合使用的	$("tr:last")　//匹配表格的最后一行

第 4 篇　JavaScript 高级篇

续表

方法	说明	示例
:even	匹配所有索引值为偶数的元素，索引值从0开始计数	$("tr:even") //匹配索引值为偶数的行
:odd	匹配所有索引值为奇数的元素，索引值从0开始计数	$("tr:odd") //匹配索引值为奇数的行
:eq(index)	匹配一个给定索引值的元素	$("div:eq(1)") //匹配第二个div元素
:gt(index)	匹配所有大于给定索引值的元素	$("div:gt(1)") //匹配第二个及以后的div元素
:header	匹配如 h1、h2、h3…之类的标题元素	$(":header") //匹配全部的标题元素
:not(selector)	去除所有与给定选择器匹配的元素	$("input:not(:checked)") //匹配没有被选中的input元素
:animated	匹配所有正在执行动画效果的元素	$(":animated ") //匹配所有正在执行动画效果的元素

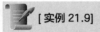 **[实例 21.9]**

（源码位置：资源包 \Code\21\09）

实现一个带表头的双色表格

本实例将通过几个简单过滤器控制表格中相应行的样式，实现一个带表头的双色表格。关键步骤如下：

① 创建 index.html 文件，在该文件的 <head> 标签中应用下面的语句引入 jQuery 库。

```
<script type="text/javascript" src="JS/jquery-3.2.1.min.js"></script>
```

② 在页面的 <body> 标签中添加一个五行五列的表格，关键代码如下：

```
<table width="98%" border="0" align="center" cellpadding="0" cellspacing="1"
bgcolor="#596FFD">
    <tr>
    <td width="11%" height="27"> 编号 </td>
    <td width="14%"> 发送人 </td>
    <td width="12%"> 接收人 </td>
    <td width="33%"> 发送内容 </td>
    <td width="30%"> 发送时间 </td>
    </tr>
    ……              <!-- 此处省略了其他行的代码 -->
</table>
```

③ 编写 CSS 样式，通过元素选择符设置单元格的样式，并且编写 th、even 和 odd 3 个类选择符，用于控制表格中相应行的样式，具体代码如下：

```
<style type="text/css">
    td{
        font-size:12px;                     /* 设置单元格中的字体大小 */
        padding:3px;                        /* 设置内边距 */
    }
    .th{
        background-color:#B6DF48;           /* 设置背景颜色 */
        font-weight:bold;                   /* 设置文字加粗显示 */
        text-align:center;                  /* 文字居中对齐 */
    }
    .even{
        background-color:#E8F3D1;           /* 设置奇数行的背景颜色 */
```

```
    }
    .odd{
        background-color:#F9FCEF;                        /* 设置偶数行的背景颜色 */
    }
</style>
```

④ 在引入 jQuery 库的代码下方编写 jQuery 代码，实现匹配表格中相应的行，并为其添加 CSS 类，具体代码如下：

```
<script type="text/javascript">
    $(document).ready(function() {
        $("tr:even").addClass("even");                  // 设置奇数行所用的 CSS 类
        $("tr:odd").addClass("odd");                    // 设置偶数行所用的 CSS 类
        $("tr:first").removeClass("even");              // 移除 even 类
        $("tr:first").addClass("th");                   // 添加 th 类
    });
</script>
```

在上面的代码中，为表格的第一行添加 th 类时，需要先将该行应用的 even 类移除然后再添加，否则新添加的 CSS 类将不起作用。

运行本实例，将显示如图 21.16 所示的效果。其中，第一行为表头，编号为 1 和 3 的行采用的是偶数行样式，编号为 2 和 4 的行采用的是奇数行的样式。

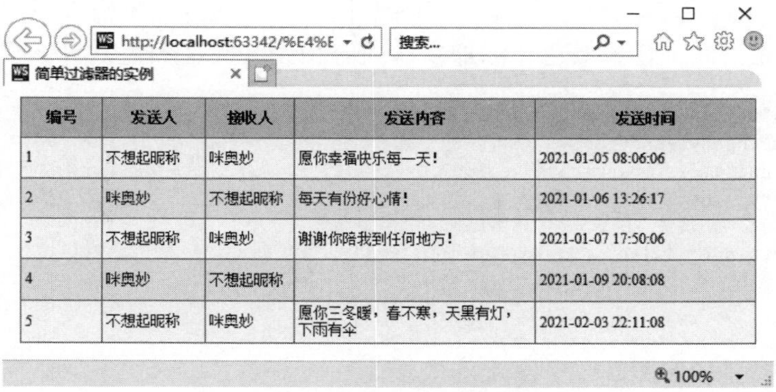

图 21.16　带表头的双色表格

（2）内容过滤器

内容过滤器就是通过 DOM 元素包含的文本内容以及是否含有匹配的元素进行筛选。内容过滤器共包括 :contains(text)、:empty、:has(selector) 和 :parent 4 种，如表 21.2 所示。

表 21.2　jQuery 的内容过滤器

过滤器	说明	示例
:contains(text)	匹配包含给定文本的元素	$("li:contains('DOM')") //匹配含有 "DOM" 文本内容的 li 元素
:empty	匹配所有不包含子元素或者文本的空元素	$("td:empty") //匹配不包含子元素或者文本的单元格
:has(selector)	匹配含有选择器所匹配元素的元素	$("td:has(p)") //匹配含有 <p> 标签的单元格
:parent	匹配含有子元素或者文本的元素	$("td:parent") //匹配含有子元素或者文本的单元格

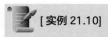

（源码位置：资源包 \Code\21\10）

[实例 21.10]

应用内容过滤器匹配不同的单元格

本实例将应用内容过滤器匹配为空的单元格、不为空的单元格和包含指定文本的单元格。关键步骤如下：

① 创建 index.html 文件，在该文件的 \<head\> 标签中应用下面的语句引入 jQuery 库。

```
<script type="text/javascript" src="JS/jquery-3.2.1.min.js"></script>
```

② 在页面的 \<body\> 标签中添加一个五行五列的表格，关键代码如下：

```
<table width="98%" border="0" align="center" cellpadding="0" cellspacing="1"
bgcolor="#596FFD">
    <tr>
        <td width="11%" height="27"> 编号 </td>
        <td width="14%"> 发送人 </td>
        <td width="12%"> 接收人 </td>
        <td width="33%"> 发送内容 </td>
        <td width="30%"> 发送时间 </td>
    </tr>
    ……                       <!-- 此处省略了其他行的代码 -->
</table>
```

③ 在引入 jQuery 库的代码下方编写 jQuery 代码，实现匹配表格中不同的单元格，并分别为匹配到的单元格设置背景颜色、添加默认内容和设置文字颜色，具体代码如下：

```
<script type="text/javascript">
    $(document).ready(function(){
        $("td:parent").css("background-color","#E8F3D1");    // 为不为空的单元格设置背景颜色
        $("td:empty").html(" 内容为空 ");                      // 为空的单元格添加默认内容
        // 将含有文本 " 咪奥妙 " 的单元格的文字颜色设置为红色
        $("td:contains(' 咪奥妙 ')").css("color","red");
    });
</script>
```

运行本实例将显示如图 21.17 所示的效果。

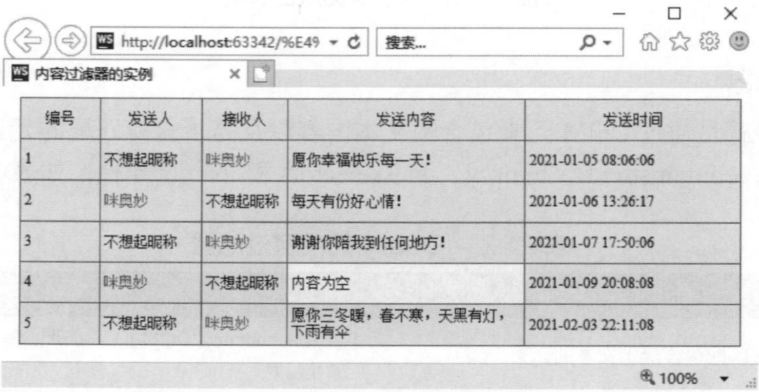

编号	发送人	接收人	发送内容	发送时间
1	不想起昵称	咪奥妙	愿你幸福快乐每一天！	2021-01-05 08:06:06
2	咪奥妙	不想起昵称	每天有份好心情！	2021-01-06 13:26:17
3	不想起昵称	咪奥妙	谢谢你陪我到任何地方！	2021-01-07 17:50:06
4	咪奥妙	不想起昵称	内容为空	2021-01-09 20:08:08
5	不想起昵称	咪奥妙	愿你三冬暖，春不寒，天黑有灯，下雨有伞	2021-02-03 22:11:08

图 21.17　匹配表格中不同的单元格

（3）可见性过滤器

元素的可见状态有两种，分别是隐藏状态和显示状态。可见性过滤器就是利用元素的

可见状态匹配元素的，因此，可见性过滤器也有两种，一种是匹配所有可见（显示）元素的 :visible 过滤器，另一种是匹配所有不可见（隐藏）元素的 :hidden 过滤器。

👑 说明：

在应用 :hidden 过滤器时，display 属性是 none 以及 input 元素的 type 属性为 hidden 的元素都会被匹配到。

例如，在页面中添加 3 个 input 元素，其中第一个为显示的文本框，第二个为不显示的文本框，第三个为隐藏域，代码如下：

```html
<input type="text" value=" 显示的 input 元素 ">
<input type="text" value=" 不显示的 input 元素 " style="display:none">
<input type="hidden" value=" 我是隐藏域 ">
```

通过可见性过滤器获取页面中显示和隐藏的 input 元素的值，代码如下：

```html
<script type="text/javascript">
    $(document).ready(function() {
        var visibleVal = $("input:visible").val();            // 获取显示的 input 的值
        var hiddenVal1 = $("input:hidden:eq(0)").val(); // 获取第一个隐藏的 input 的值
        var hiddenVal2 = $("input:hidden:eq(1)").val(); // 获取第二个隐藏的 input 的值
        alert(visibleVal+"\n"+hiddenVal1+"\n"+hiddenVal2);            // 弹出获取的信息
    });
</script>
```

运行结果如图 21.18 所示。

（4）表单对象的属性过滤器

表单对象的属性过滤器通过表单元素的状态属性（例如选中、不可用等状态）匹配元素，包括 :checked、:disabled、:enabled 和 :selected 4 种，如表 21.3 所示。

图 21.18　弹出显示和隐藏的 input 元素的值

表 21.3　jQuery 的表单对象的属性过滤器

方法	说明	示例
:checked	匹配所有被选中元素	$("input:checked")　//匹配 checked 属性为 checked 的 input 元素
:disabled	匹配所有不可用元素	$("input:disabled")　//匹配 disabled 属性为 disabled 的 input 元素
:enabled	匹配所有可用的元素	$("input:enabled ")　//匹配 enabled 属性为 enabled 的 input 元素
:selected	匹配所有选中的 option 元素	$("select option:selected") //匹配 select 元素中被选中的 option 元素

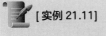

[实例 21.11]

（源码位置：资源包 \Code\21\11）

利用表单对象的属性过滤器匹配元素

本实例将利用表单对象的属性过滤器匹配表单中相应的元素，并为匹配到的元素执行不同的操作。关键步骤如下：

① 创建 index.html 文件，在该文件的 <head> 标签中应用下面的语句引入 jQuery 库。

```html
<script type="text/javascript" src="JS/jquery-3.2.1.min.js"></script>
```

② 在页面的 <body> 标签中添加一个表单，并在该表单中添加 3 个复选框、一个不可用

按钮和一个下拉菜单，其中，前两个复选框为选中状态，关键代码如下：

```
<form>
  选项框 1: <input type="checkbox" checked="checked" value=" 选项框 1"/>
  选项框 2: <input type="checkbox" checked="checked" value=" 选项框 2"/>
  选项框 3: <input type="checkbox" value=" 选项框 3"/><br />
  不可用按钮: <input type="button" value=" 不可用按钮 " disabled><br />
  下拉菜单:
  <select onchange="selectVal()">
    <option value=" 苹果 "> 苹果 </option>
    <option value=" 香蕉 "> 香蕉 </option>
    <option value=" 橘子 "> 橘子 </option>
  </select>
</form>
```

③ 在引入 jQuery 库的代码下方编写 jQuery 代码，实现匹配表单中的被选中的 checkbox 元素、不可用元素和被选中的 option 元素，具体代码如下：

```
<script type="text/javascript">
  $(document).ready(function() {
    $("input:checked").css("display","none");      // 隐藏选中的复选框
    $("input:disabled").val(" 糟糕，我被禁用了 ");   // 为灰色不可用按钮赋值
  });
  function selectVal(){                            // 下拉菜单变化时执行的函数
    alert($("select option:selected").val());      // 显示选中的值
  }
</script>
```

运行本实例，选中下拉菜单中的菜单项 3，将弹出对话框显示选中菜单项的值，如图 21.19 所示。在图中，设置选中的两个复选框为隐藏状态，另外的一个复选框没有被隐藏，不可用按钮的 value 值被修改为"糟糕，我被禁用了"。

图 21.19 利用表单对象的属性过滤器匹配表单中相应的元素

（5）子元素选择器

子元素选择器用于筛选给定的某个元素的子元素，具体的过滤条件由选择器的种类而定。jQuery 提供的子元素选择器如表 21.4 所示。

表 21.4 jQuery 的子元素选择器

选择器	说明	示例
:first-child	匹配所有给定元素的第一个子元素	$("ul li:first-child") //匹配ul元素中的第一个子元素 li
:last-child	匹配所有给定元素的最后一个子元素	$("ul li:last-child") //匹配ul元素中的最后一个子元素 li
:only-child	匹配元素中唯一的子元素	$("ul li:only-child") //匹配只含有一个li元素的ul元素中的li
:nth-child(index/even/odd/equation)	匹配其父元素下的第N个子或奇偶元素，index 从 1 开始，而不是从 0 开始	$("ul li:nth-child(even)") //匹配ul中索引值为偶数的li元素 $("ul li:nth-child(3)") //匹配ul中第3个li元素

330

21.3.5 属性选择器

属性选择器就是以元素的属性作为过滤条件进行对象筛选。jQuery 提供的属性选择器如表 21.5 所示。

表 21.5 jQuery 的属性选择器

选 择 器	说 明	示 例
[attribute]	匹配包含给定属性的元素	$("div[name]") //匹配含有 name 属性的 div 元素
[attribute=value]	匹配给定的属性是某个特定值的元素	$("div[name='test']") //匹配 name 属性是 test 的 div 元素
[attribute!=value]	匹配所有含有指定的属性,但属性不等于特定值的元素	$("div[name!='test']") //匹配 name 属性不是 test 的 div 元素
[attribute*=value]	匹配给定的属性是包含某些值的元素	$("div[name*='test']") //匹配 name 属性中含有 test 值的 div 元素
[attribute^=value]	匹配给定的属性是以某些值开始的元素	$("div[name^='test']") //匹配 name 属性以 test 开头的 div 元素
[attribute$=value]	匹配给定的属性是以某些值结尾的元素	$("div[name$='test']") //匹配 name 属性以 test 结尾的 div 元素
[selector1] [selector2] ... [selectorN]	复合属性选择器,需要同时满足多个条件时使用	$("div[id][name^='test']") //匹配具有 id 属性并且 name 属性是以 test 开头的 div 元素

21.3.6 表单选择器

表单选择器用于匹配经常在表单中出现的元素,但是匹配的元素不一定在表单中。jQuery 提供的表单选择器如表 21.6 所示。

表 21.6 jQuery 的表单选择器

选择器	说明	示例
:input	匹配所有的 input 元素	$(":input") //匹配所有的 input 元素 $("form :input") //匹配 \<form\> 标签中的所有 input 元素,需要注意,在 form 和 : 之间有一个空格
:button	匹配所有的普通按钮,即 type="button" 的 input 元素	$(":button") //匹配所有的普通按钮
:checkbox	匹配所有的复选框	$(":checkbox") //匹配所有的复选框
:file	匹配所有的文件域	$(":file") //匹配所有的文件域
:hidden	匹配所有的不可见元素,或者 type 属性为 hidden 的元素	$(":hidden") //匹配所有的不可见元素
:image	匹配所有的图像域	$(":image") //匹配所有的图像域
:password	匹配所有的密码域	$(":password") //匹配所有的密码域
:radio	匹配所有的单选按钮	$(":radio") //匹配所有的单选按钮
:reset	匹配所有的重置按钮,即 type="reset" 的 input 元素	$(":reset") //匹配所有的重置按钮
:submit	匹配所有的提交按钮,即 type="submit" 的 input 元素	$(":submit") //匹配所有的提交按钮
:text	匹配所有的单行文本框	$(":text") //匹配所有的单行文本框

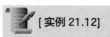

（源码位置：资源包 \Code\21\12 ）

[实例 21.12]

利用表单选择器匹配元素

本实例将利用表单选择器匹配表单中相应的元素，并为匹配到的元素执行不同的操作。关键步骤如下：

① 创建 index.html 文件，在该文件的 <head> 标签中应用下面的语句引入 jQuery 库。

```
<script type="text/javascript" src="JS/jquery-3.2.1.min.js"></script>
```

② 在页面的 <body> 标签中添加一个表单，并在该表单中添加复选框、单选按钮、图像域、文件域、密码域、文本框、普通按钮、重置按钮、提交按钮和隐藏域等 input 元素，关键代码如下：

```
<form>
    复选框: <input type="checkbox" />
    单选按钮: <input type="radio" />
    图像域: <input type="image" /><br>
    文件域: <input type="file" /><br>
    密码域: <input type="password" width="150px" /><br>
    文本框: <input type="text" width="150px" /><br>
    普通按钮: <input type="button" value=" 普通按钮 " /><br>
    重置按钮: <input type="reset" value="" /><br>
    提交按钮: <input type="submit" value="" /><br>
    <input type="hidden" value=" 这是隐藏的元素 " />
    <div id="testDiv"><span style="color:blue;"> 隐藏域的值: </span></div>
</form>
```

③ 在引入 jQuery 库的代码下方编写 jQuery 代码，实现匹配表单中的各个表单元素，并实现不同的操作，具体代码如下：

```
<script type="text/javascript">
    $(document).ready(function() {
        $(":checkbox").attr("checked","checked");                    // 选中复选框
        $(":radio").attr("checked","checked");                       // 选中单选按钮
        $(":image").attr("src","images/fish1.jpg");                  // 设置图像路径
        $(":file").hide();                                           // 隐藏文件域
        $(":password").val("123");                                   // 设置密码域的值
        $(":text").val(" 文本框 ");                                   // 设置文本框的值
        $(":button").attr("disabled","disabled");                    // 设置普通按钮不可用
        $(":reset").val(" 重置按钮 ");                                // 设置重置按钮的值
        $(":submit").val(" 提交按钮 ");                               // 设置提交按钮的值
        $("#testDiv").append($("input:hidden:eq(1)").val());         // 显示隐藏域的值
    });
</script>
```

运行本实例，将显示如图 21.20 所示的页面。

图 21.20　利用表单选择器匹配表单中相应的元素

本章知识思维导图

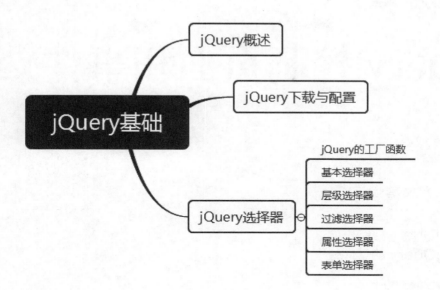

第 22 章

jQuery 控制页面和事件处理

扫码领取
- ➤ 配套视频
- ➤ 配套素材
- ➤ 学习指导
- ➤ 交流社群

本章学习目标

- 掌握 jQuery 控制页面。
- 掌握 jQuery 的事件处理。

22.1 jQuery 控制页面和时间处理

22.1.1 对元素内容和值进行操作

jQuery 提供了对元素的内容和值进行操作的方法。其中，元素的值是元素的一种属性，大部分元素的值都对应 value 属性。

元素的内容是指定义元素的起始标签和结束标签中间的内容，又可分为文本内容和 HTML 内容。下面通过一段代码来说明：

```
<div>
    <p>测试内容 </p>
</div>
```

在这段代码中，div 元素的文本内容是"测试内容"，文本内容不包含元素的子元素，只包含元素的文本。"<p> 测试内容 </p>"是 div 元素的 HTML 内容，HTML 内容不仅包含元素的文本内容，而且还包含元素的子元素。

（1）对元素内容操作

由于元素内容分为文本内容和 HTML 内容，那么对元素内容的操作也可以分为对文本内容操作和对 HTML 内容操作。下面分别进行详细介绍。

① 对文本内容操作　jQuery 提供了 text() 和 text(val) 两个方法用于对文本内容操作。其中，text() 方法用于获取全部匹配元素的文本内容；text(val) 方法用于设置全部匹配元素的文本内容。例如，在一个 HTML 页面中包括下面 3 行代码：

```
<div>
    <span id="clock">当前时间: 2021-05-21 星期五 13:20:10</span>
</div>
```

要获取并输出 div 元素的文本内容，可以使用下面的代码：

```
alert($("div").text());          // 输出 div 元素的文本内容
```

得到的结果如图 22.1 所示。

图 22.1　获取到的 div 元素的文本内容

👑 说明：

text() 方法取得的结果是所有匹配元素包含的文本组合起来的文本内容，这个方法也对 XML 文档有效，可以用 text() 方法解析 XML 文档元素的文本内容。

要重新设置 div 元素的文本内容，可以使用下面的代码：

```
$("div").text(" 我是通过 text() 方法设置的文本内容 ");          // 重新设置 div 元素的文本内容
```

👑 注意：

使用 text() 方法重新设置 div 元素的文本内容后，div 元素原来的内容将被新设置的内容替换掉，包括 HTML 内容。例如，对下面的代码：

```
<div><span id="clock"> 当前时间：2017-07-12 星期三 13:20:10</span></div>
```

应用 "$（"div"）.text（"我是通过 text() 方法设置的文本内容"）;" 设置值后，该 <div> 标签的内容将变为：

```
<div> 我是通过 text() 方法设置的文本内容 </div>
```

② 对 HTML 内容操作 jQuery 提供了 html() 和 html(val) 两个方法用于对 HTML 内容操作。其中，html() 方法用于获取第一个匹配元素的 HTML 内容；text(val) 方法用于设置全部匹配元素的 HTML 内容。例如，在一个 HTML 页面中，包括下面 3 行代码。

```
<div>
    <span id="clock"> 当前时间：2021-05-21 星期五 13:20:10</span>
</div>
```

要获取并输出 div 元素的 HTML 内容，可以使用下面的代码：

```
alert($("div").html());          // 输出 div 元素的 HTML 内容
```

得到的结果如图 22.2 所示。

图 22.2　获取到的 div 元素的 HTML 内容

要重新设置 div 元素的 HTML 内容，可以使用下面的代码：

```
$("div").html("<span style='color:#FF0000'> 我是通过 html() 方法设置的 HTML 内容 </span>");// 重新设置 div 元素的 HTML 内容
```

👑 注意：

html() 方法与 html(val) 方法不能用于 XML 文档，但是可以用于 XHTML 文档。

下面通过一个具体的例子说明对元素的文本内容与 HTML 内容操作的区别。

　[实例 22.1]　　　　　　　　　　　　　　　　　　（源码位置：资源包 \Code\22\01 ）

对元素内容进行设置

本实例将对页面中元素的文本内容与 HTML 内容进行重新设置。实现步骤如下：
① 创建 index.html 文件，在该文件的 <head> 标签中应用下面的语句引入 jQuery 库。

```
<script type="text/javascript" src="JS/jquery-3.2.1.min.js"></script>
```

② 在页面的 <body> 标签中添加两个 <div> 标签，这两个 <div> 标签除了 ID 属性不同外，其他均相同，关键代码如下：

```
应用 text() 方法设置的内容
<div id="div1">
<span id="clock"> 默认显示的文本 </span>
</div>
<br /> 应用 html() 方法设置的内容
<div id="div2">
<span id="clock"> 默认显示的文本 </span>
</div>
```

③ 在引入 jQuery 库的代码下方编写 jQuery 代码，实现为 <div> 标签重新设置文本内容和 HTML 内容，具体代码如下：

```
<script type="text/javascript">
    $(document).ready(function(){
        // 为 <div> 标记重新设置文本内容
        $("#div1").text("<span style='color:#FF0000'> 重新设置的文本内容 </span>");
        // 为 <div> 标记重新设置 HTML 内容
        $("#div2").html("<span style='color:#FF0000'> 重新设置的 HTML 内容 </span>");
    });
</script>
```

运行本实例，将显示如图 22.3 所示的运行结果。在运行结果中可以看出，在应用 text() 方法设置文本内容时，即使内容中包含 HTML 代码，也将被认为是普通文本，并不能作为 HTML 代码被浏览器解析；而应用 html() 方法设置的 HTML 内容中包括的 HTML 代码就可以被浏览器解析。

图 22.3　重新设置元素的文本内容与
HTML 内容

（2）对元素值操作

jQuery 提供了 3 种对元素值操作的方法，如表 22.1 所示。

表 22.1　对元素的值进行操作的方法

方法	说明	示例
val()	用于获取第一个匹配元素的当前值，返回值可能是一个字符串，也可能是一个数组。例如，当 select 元素有两个选中值时，返回结果就是一个数组	$("#username").val();// 获 取 id 为 username 的 元素的值
val(val)	用于设置所有匹配元素的值	$("input:text").val(" 新值 ") // 为全部文本框设置值
val(arrVal)	用于为 checkbox、select 和 radio 等元素设置值，参数为字符串数组	$("select").val(['列表项 1','列表项 2']); // 为下拉列表框设置多选值

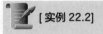 [实例 22.2]

（源码位置：资源包 \Code\22\02 ）

为多行列表框设置并获取值

将列表框中的第一个和第二个列表项设置为选中状态，并获取多行列表框的值。实现步骤如下：

① 创建 index.html 文件，在该文件的 <head> 标签中应用下面的语句引入 jQuery 库。

```
<script type="text/javascript" src="JS/jquery-3.2.1.min.js"></script>
```

② 在页面的 <body> 标签中添加一个包含 3 个列表项的可多选的多行列表框，默认为前两项被选中，代码如下：

```
<select name="like" size="3" multiple="multiple" id="like">
  <option> 苹果 </option>
  <option selected="selected"> 香蕉 </option>
  <option selected="selected"> 葡萄 </option>
</select>
```

③ 在引入 jQuery 库的代码下方编写 jQuery 代码，应用 jQuery 的 val(arrVal) 方法将第一个和第二个列表项设置为选中状态，并应用 val() 方法获取多行列表框的值，具体代码如下：

```
<script type="text/javascript">
  $(document).ready(function(){
    $("select").val([' 苹果 ',' 香蕉 ']);        // 设置多行列表框的值
    alert($("select").val());                    // 获取并输出多行列表框的值
  });
</script>
```

运行实例，结果如图 22.4 所示。

22.1.2　对 DOM 节点进行操作

了解 JavaScript 的读者应该知道，通过 JavaScript 可以实现对 DOM 节点的操作，例如查找节点、创建节点、插入节点、复制节点或者删除节点，不过比较复杂。jQuery 为了简化开发人员的工作，也提供了对 DOM 节点操作的方法，其中，查找节点可以通过 jQuery 提供的选择器实现，下面对节点的其他操作进行详细介绍。

图 22.4　获取到的多行列表框的值

（1）创建节点

创建节点包括两个步骤，一是创建新元素，二是将新元素插入到文档中（即父元素中）。例如，要在文档的 body 元素中创建一个新的段落节点可以使用下面的代码：

```
<script type="text/javascript">
  $(document).ready(function(){
    // 方法一
    var $p=$("<p></p>");
    $p.html("<span style='color:#FF0000'> 方法一添加的内容 </span>");
    $("body").append($p);
    // 方法二
    var $txtP=$("<p><span style='color:#FF0000'> 方法二添加的内容 </span></p>");
    $("body").append($txtP);
    // 方法三
    $("body").append("<p><span style='color:#FF0000'> 方法三添加的内容 </span></p>");
  });
</script>
```

♕ 说明：

在创建节点时，浏览器会将所添加的内容视为 HTML 内容进行解释执行，无论是否是使用 html() 方法指定的 HTML 内容。上面所使用的 3 种方法都将在文档中添加一个颜色为红色的段落文本。

（2）插入节点

在创建节点时，应用了 append() 方法将定义的节点内容插入到指定的元素。实际上，该方法是用于插入节点的方法。除了 append() 方法外，jQuery 还提供了几种插入节点的方法。在 jQuery 中，插入节点可以分为在元素内部插入和在元素外部插入两种，下面分别进行介绍。

① 在元素内部插入　在元素内部插入就是向一个元素中添加子元素和内容。jQuery 提供了如表 22.2 所示的在元素内部插入节点的方法。

表 22.2　在元素内部插入节点的方法

方法	说明	示例
append(content)	为所有匹配的元素的内部追加内容	$("#B").append("<p>A</p>"); //向 id 为 B 的元素中追加一个段落
appendTo(content)	将所有匹配元素添加到另一个元素的元素集合中	$("#B").appendTo("#A"); //将 id 为 B 的元素追加到 id 为 A 的元素的后面
prepend(content)	为所有匹配的元素的内部前置内容	$("#B").prepend("<p>A</p>"); //向 id 为 B 的元素中前置一个段落
prependTo(content)	将所有匹配元素前置到另一个元素的元素集合中	$("#B").prependTo("#A"); //将 id 为 B 的元素添加到 id 为 A 的元素的前面

从表中可以看出 append() 方法与 prepend() 方法类似，所不同的是 prepend() 方法将添加的内容插入到原有内容的前面。

appendTo() 方法实际上是颠倒了 append() 方法，例如下面这行代码：

```
$("<p>A</p>").appendTo("#B");                          // 将指定内容追加到 id 为 B 的元素中
```

等同于：

```
$("#B").append("<p>A</p>");                            // 向 id 为 B 的元素中追加指定内容
```

👑 说明：

prepend() 方法是向所有匹配元素内部的开始处插入内容的最佳方法。prepend() 方法与 prependTo() 的区别同 append() 方法与 appendTo() 方法的区别。

② 在元素外部插入　在元素外部插入就是将要添加的内容添加到元素之前或元素之后。jQuery 提供了如表 22.3 所示的在元素外部插入节点的方法。

表 22.3　在元素外部插入节点的方法

方法	说明	示例
after(content)	在每个匹配的元素之后插入内容	$("#B").after("<p>A</p>"); //向 id 为 B 的元素后面添加一个段落
insertAfter(content)	将所有匹配的元素插入到另一个指定元素的元素集合的后面	$("<p>test</p>").insertAfter("#B"); //将要添加的段落插入到 id 为 B 的元素的后面
before(content)	在每个匹配的元素之前插入内容	$("#B").before("<p>A</p>"); //向 id 为 B 的元素前面添加一个段落
insertBefore(content)	将所有匹配的元素插入到另一个指定元素的元素集合的前面	$("#B").insertBefore("#A"); //将 id 为 B 的元素添加到 id 为 A 的元素的前面

（3）删除、复制与替换节点

在页面中只执行插入和移动元素的操作是远远不够的，在实际开发的过程中还经常需要删除、复制和替换相应的元素。下面将介绍如何应用 jQuery 实现删除、复制和替换节点。

① 删除节点　jQuery 提供了两种删除节点的方法，分别是 empty() 方法和 remove([expr]) 方法。其中，empty() 方法用于删除匹配的元素集合中所有的子节点，并不删除该元素；remove([expr]) 方法用于从 DOM 中删除所有匹配的元素。例如，在文档中存在下面的内容：

```
div1:
<div id="div1" style="border: 1px solid #0000FF; height: 26px">
  <span> 谁言寸草心，报得三春晖 </span>
</div>
div2:
<div id="div2" style="border: 1px solid #0000FF; height: 26px">
  <span> 谁言寸草心，报得三春晖 </span>
</div>
```

执行下面的 jQuery 代码后，将得到如图 22.5 所示的运行结果。

```
<script type="text/javascript">
    $(document).ready(function(){
        $("#div1").empty();              // 调用 empty() 方法删除 id 为 div1 中的所有子节点
        $("#div2").remove();             // 调用 remove() 方法删除 id 为 div2 的元素
    });
</script>
```

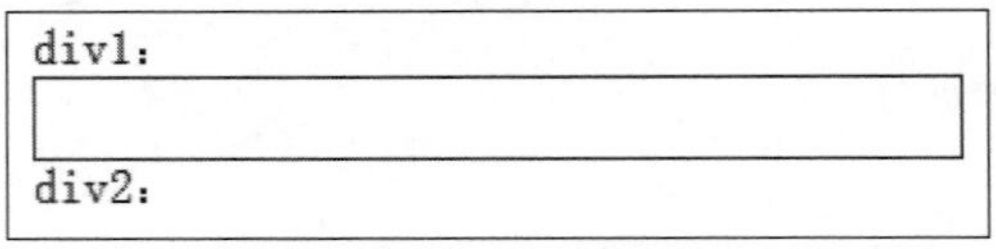

```
div1:

div2:
```

图 22.5　删除节点

② 复制节点　jQuery 提供了 clone() 方法用于复制节点，该方法有两种形式：一种是不带参数的形式，用于复制匹配的 DOM 元素并且选中这些复制的副本；另一种是带有一个布尔型的参数，当参数为 true 时，表示复制匹配的元素及其所有的事件处理并且选中这些复制的副本，当参数为 false 时，表示不复制元素的事件处理。

例如，在页面中添加一个按钮，并为该按钮绑定单击事件，在单击事件中复制该按钮，但不复制它的事件处理，可以使用下面的 jQuery 代码：

```
<script type="text/javascript">
    $(function(){
        $("input").bind("click",function() {         // 为按钮绑定单击事件
            $(this).clone().insertAfter(this);        // 复制自己但不复制事件处理
        });
    });
</script>
```

运行上面的代码，当单击页面中的按钮时，会在该元素之后插入复制后的元素副本，但是复制的按钮没有复制事件，如果需要同时复制元素的事件处理，可用 clone(true) 方法代替。

③ 替换节点　jQuery 提供了两个替换节点的方法，分别是 replaceAll(selector) 方法和

replaceWith(content) 方法。其中，replaceAll(selector) 方法用于使用匹配的元素替换掉所有 selector 匹配到的元素，replaceWith(content) 方法用于将所有匹配的元素替换成指定的 HTML 或 DOM 元素。这两种方法的功能相同，只是两者的表现形式不同。

例如，使用 replaceWith() 方法替换页面中 id 为 div1 的 div 元素，以及使用 replaceAll() 方法替换 id 为 div2 的 div 元素可以使用下面的代码：

```
<script type="text/javascript">
    $(document).ready(function() {
        // 替换 id 为 div1 的 div 元素
        $("#div1").replaceWith("<div>replaceWith() 方法的替换结果 </div>");
        // 替换 id 为 div2 的 div 元素
        $("<div>replaceAll() 方法的替换结果 </div>").replaceAll("#div2");
    });
</script>
```

[实例 22.3] 　　　　　　　　　　　　　　　　　　　（源码位置：资源包 \Code\22\03）

开心小农场

本实例将应用 jQuery 提供的对 DOM 节点进行操作的方法实现我的开心小农场。实现步骤如下：

① 创建 index.html 文件，在文件的 <head> 标签中应用下面的语句引入 jQuery 库。

```
<script type="text/javascript" src="JS/jquery-3.2.1.min.js"></script>
```

② 在页面的 <body> 标签中，添加一个显示农场背景的 <div> 标签，并且在该标签中添加 4 个 <span> 标签，用于设置控制按钮，代码如下：

```
<div id="bg">
    <span id="seed"></span>
    <span id="grow"></span>
    <span id="bloom"></span>
    <span id="fruit"></span>
</div>
```

③ 编写 CSS 代码，控制农场背景、按钮和图像的样式，具体代码如下：

```
<style type="text/css">
    #bg{                                        /* 控制页面背景 */
        width:456px;
        height:266px;
        background-image:url(images/plowland.jpg);
        border:#999 1px solid;
        padding:5px;
    }
    img{                                        /* 控制图像 */
        position:absolute;
        top:85px;
        left:195px;
    }
    #seed{                                      /* 控制播种按钮 */
        background-image:url(images/btn_seed.png);
        width:56px;
        height:56px;
        position:absolute;
        top:229px;
```

```
        left:49px;
        cursor:pointer;
    }
    #grow{                                    /* 控制生长按钮 */
        background-image:url(images/btn_grow.png);
        width:56px;
        height:56px;
        position:absolute;
        top:229px;
        left:154px;
        cursor:pointer;
    }
    #bloom{                                   /* 控制开花按钮 */
        background-image:url(images/btn_bloom.png);
        width:56px;
        height:56px;
        position:absolute;
        top:229px;
        left:259px;
        cursor:pointer;
    }
    #fruit{                                   /* 控制结果按钮 */
        background-image:url(images/btn_fruit.png);
        width:56px;
        height:56px;
        position:absolute;
        top:229px;
        left:368px;
        cursor:pointer;
    }
</style>
```

④ 编写 jQuery 代码，分别为"播种""生长""开花"和"结果"按钮绑定单击事件，并在其单击事件中应用操作 DOM 节点的方法控制作物的生长，具体代码如下：

```
<script type="text/javascript">
    $(document).ready(function(){
        $("#seed").bind("click",function(){          // 绑定播种按钮的单击事件
            $("img").remove();                       // 移除 img 元素
            $("#bg").prepend("<img src='images/seed.png' />");
        });
        $("#grow").bind("click",function(){          // 绑定生长按钮的单击事件
            $("img").remove();                       // 移除 img 元素
            $("#bg").append("<img src='images/grow.png' />");
        });
        $("#bloom").bind("click",function(){         // 绑定开花按钮的单击事件
            $("img").replaceWith("<img src='images/bloom.png' />");
        });
        $("#fruit").bind("click",function(){         // 绑定结果按钮的单击事件
            $("<img src='images/fruit.png' />").replaceAll("img");
        });
    });
</script>
```

运行本实例，单击"播种"按钮，将显示如图 22.6 所示的效果；单击"生长"按钮，将显示如图 22.7 所示的效果；单击"开花"按钮，将显示如图 22.8 所示的效果；单击"结果"按钮，将显示一棵结满果实的草莓秧，效果如图 22.9 所示。

图 22.6　单击"播种"按钮的结果

图 22.7　单击"生长"按钮的结果

图 22.8　单击"开花"按钮的结果

图 22.9　单击"结果"按钮的结果

22.1.3　对元素属性进行操作

jQuery 提供了如表 22.4 所示的对元素属性进行操作的方法。

表 22.4　对元素属性进行操作的方法

方法	说明	示例
attr(name)	获取匹配的第一个元素的属性值（无值时返回 undefined）	$("img").attr（'src'）; //获取页面中第一个 img 元素的 src 属性的值
attr(key,value)	为所有匹配的元素设置一个属性值（value 是设置的值）	$("img").attr("title"," 草莓正在生长"); //为图像添加一标题属性，属性值为"草莓正在生长"
attr(key,fn)	为所有匹配的元素设置一个函数返回值的属性值（fn 代表函数）	$("#fn").attr("value", function() { return this.name; });//将元素的名称作为其 value 属性值
attr(properties)	为所有匹配元素以集合（{名:值,名:值}）形式同时设置多个属性	$("img").attr({src:"test.gif",title:"图像示例" });// 为图像同时添加两个属性，分别是 src 和 title
removeAttr(name)	为所有匹配元素删除一个属性	$("img").removeAttr("title"); //移除所有图像的 title 属性

在表 22.4 所列的这些方法中，key 和 name 都代表元素的属性名称，properties 代表一个集合。

22.1.4　对元素的 CSS 样式进行操作

在 jQuery 中，对元素的 CSS 样式操作可以通过修改 CSS 类或者 CSS 的属性来实现。下面进行详细介绍。

（1）通过修改 CSS 类实现

在网页中，如果想改变一个元素的整体效果（例如实现网站换肤时），可以通过修改该元素所使用的 CSS 类来实现。在 jQuery 中，提供了如表 22.5 所示的几种用于修改 CSS 类的方法。

表 22.5　修改 CSS 类的方法

方法	说明	示例
addClass(class)	为所有匹配的元素添加指定的 CSS 类名	$("div").addClass("blue line"); //为全部 div 元素添加 blue 和 line 两个 CSS 类
removeClass(class)	从所有匹配的元素中删除全部或者指定的 CSS 类	$("div").removeClass("line"); //删除全部 div 元素中名称为 line 的 CSS 类
toggleClass(class)	如果存在（不存在）就删除（添加）一个 CSS 类	$("div").toggleClass("yellow"); //当 div 元素中存在名称为 yellow 的 CSS 类时，则删除该类，否则添加该类

toggleClass(class,switch)	如果 switch 参数为 true 则添加对应的 CSS 类，否则就删除，通常 switch 参数为一个布尔型的变量	$("img").toggleClass("show",true); //为 img 元素添加 CSS 类 show
		$("img").toggleClass("show",false); //为 img 元素删除 CSS 类 show

👑 说明：

在使用 addClass() 方法添加 CSS 类时，并不会删除现有的 CSS 类。在使用上表所列的方法时，其 class 参数都可以设置多个类名，类名与类名之间用空格分隔。

（2）通过修改 CSS 属性实现

如果需要获取或修改某个元素的具体样式（即修改元素的 style 属性），jQuery 也提供了相应的方法，如表 22.6 所示。

表 22.6　获取或修改 CSS 属性的方法

方法	说明	示例
css(name)	返回第一个匹配元素的样式属性	$("div").css("color"); //获取第一个匹配的 div 元素的 color 属性值
css(name,value)	为所有匹配元素的指定样式设置值	$("img").css("border","1px solid #000000"); //为全部 img 元素设置边框样式
css(properties)	以 {属性:值,属性:值,...} 的形式为所有匹配的元素设置样式属性	$("tr").css({ 　　"background-color":"#0A65F3", //设置背景颜色 　　"font-size":"14px", //设置字体大小 　　"color":"#FFFFFF" //设置字体颜色 });

👑 说明：

在使用 css() 方法设置属性时，既可以解释连字符形式的 CSS 表示法（如 background-color），也可以解释大小写形式的 DOM 表示法（如 backgroundColor）。

22.2 jQuery 的事件处理

人们常说"事件是脚本语言的灵魂",事件使页面具有了动态性和响应性,如果没有事件,将很难完成页面与用户之间的交互。下面介绍 jQuery 中的事件处理。

22.2.1 页面加载响应事件

$(document).ready() 方法是事件模块中最重要的一个函数,它极大地提高了 Web 响应速度。$(document) 是获取整个文档对象,从这个方法名称来理解,就是获取文档就绪的时候。方法的书写格式为:

```
$(document).ready(function(){
    // 在这里写代码
});
```

可以简写成:

```
$().ready(function(){
    // 在这里写代码
});
```

当 $() 不带参数时,默认的参数就是 document,所以 $() 是 $(document) 的简写形式。还可以进一步简写成:

```
$(function(){
    // 在这里写代码
});
```

虽然语法可以更短一些,但是不提倡使用简写的方式,因为较长的代码更具可读性,也可以防止与其他方法混淆。

22.2.2 jQuery 中的事件

只有页面加载显然是不够的,程序在其他的时候也需要完成某个任务,例如鼠标单击(onclick)事件、敲击键盘(onkeypress)事件以及失去焦点(onblur)事件等。在不同的浏览器中,事件名称是不同的,例如在 IE 中的事件名称大部分都含有 on,如 onkeypress() 事件,但是在火狐浏览器却没有这个事件名称,而 jQuery 统一了所有事件的名称。jQuery 中的事件如表 22.7 所示。

表 22.7 jQuery 中的事件

方法	说明
blur()	触发元素的 blur 事件
blur(fn)	在每一个匹配元素的 blur 事件中绑定一个处理函数,在元素失去焦点时触发
change()	触发元素的 change 事件
change(fn)	在每一个匹配元素的 change 事件中绑定一个处理函数,在元素的值改变并失去焦点时触发
click()	触发元素的 click 事件
click(fn)	在每一个匹配元素的 click 事件中绑定一个处理函数,在元素上单击时触发

续表

方法	说明
dblclick()	触发元素的 dblclick 事件
dblclick(fn)	在每一个匹配元素的 dblclick 事件中绑定一个处理函数，在元素上双击时触发
error()	触发元素的 error 事件
error(fn)	在每一个匹配元素的 error 事件中绑定一个处理函数，当 JavaScript 发生错误时触发
focus()	触发元素的 focus 事件
focus(fn)	在每一个匹配元素的 focus 事件中绑定一个处理函数，当匹配的元素获得焦点时触发
keydown()	触发元素的 keydown 事件
keyup()	触发元素的 keyup 事件
keyup(fn)	在每一个匹配元素的 keyup 事件中绑定一个处理函数，在按键释放时触发
keypress()	触发元素的 keypress 事件
keypress(fn)	在每一个匹配元素的 keypress 事件中绑定一个处理函数，按下并抬起按键时触发
load(fn)	在每一个匹配元素的 load 事件中绑定一个处理函数，匹配的元素内容完全加载完毕后触发
mousedown(fn)	在每一个匹配元素的 mousedown 事件中绑定一个处理函数，在元素上按下鼠标时触发
mousemove(fn)	在每一个匹配元素的 mousemove 事件中绑定一个处理函数，鼠标在元素上移动时触发
mouseout(fn)	在每一个匹配元素的 mouseout 事件中绑定一个处理函数，鼠标从元素上离开时触发
mouseover(fn)	在每一个匹配元素的 mouseover 事件中绑定一个处理函数，鼠标移入元素时触发
mouseup(fn)	在每一个匹配元素的 mouseup 事件中绑定一个处理函数，鼠标在元素上按下并松开时触发
resize(fn)	在每一个匹配元素的 resize 事件中绑定一个处理函数，当文档窗口改变大小时触发
scroll(fn)	在每一个匹配元素的 scroll 事件中绑定一个处理函数，当滚动条发生变化时触发
select()	触发元素的 select 事件
select(fn)	在每一个匹配元素的 select 事件中绑定一个处理函数，在元素上选中某段文本时触发
submit()	触发元素的 submit 事件
submit(fn)	在每一个匹配元素的 submit 事件中绑定一个处理函数，在表单提交时触发
unload(fn)	在每一个匹配元素的 unload 事件中绑定一个处理函数，在元素卸载时触发

这些都是对应的 jQuery 事件，和传统的 JavaScript 中的事件几乎相同，只是名称不同。方法中的 fn 参数表示一个函数，事件处理程序就写在这个函数中。

22.2.3　事件绑定

在页面加载完毕时，程序可以通过为元素绑定事件完成相应的操作。在 jQuery 中，事件绑定通常可以分为元素绑定事件、移除绑定事件和绑定一次性事件处理 3 种情况，下面分别进行介绍。

（1）为元素绑定事件

在 jQuery 中，为元素绑定事件可以使用 bind() 方法，该方法的语法格式如下：

```
bind(type,[data],fn)
```

● type：事件类型，就是表 22.7（jQuery 中的事件）中所列的事件。

● data： 可选参数，作为 event.data 属性值传递给事件对象的额外数据对象。大多数的情况下不使用该参数。

● fn： 绑定的事件处理程序。

例如，为普通按钮绑定一个单击事件，在单击该按钮时弹出一个对话框，可以使用下面的代码：

```
$("input:button").bind("click",function(){alert(' 您单击了按钮 ');});// 为普通按钮绑定单击事件
```

（2）移除绑定事件

在 jQuery 中，为元素移除绑定事件可以使用 unbind() 方法，该方法的语法格式如下：

```
unbind([type],[data])
```

● type： 可选参数，用于指定事件类型。

● data： 可选参数，用于指定要从每个匹配元素的事件中移除绑定的事件处理函数。

👑 说明：

在 unbind() 方法中，两个参数都是可选的，如果不填参数，将会移除匹配元素上所有绑定的事件。

例如，要移除为普通按钮绑定的单击事件，可以使用下面的代码：

```
$("input:button").unbind("click");           // 移除为普通按钮绑定的单击事件
```

（3）绑定一次性事件处理

在 jQuery 中，为元素绑定一次性事件处理可以使用 one() 方法，该方法的语法格式如下：

```
one(type,[data],fn)
```

● type： 用于指定事件类型。

● data： 可选参数，作为 event.data 属性值传递给事件对象的额外数据对象。

● fn： 绑定到每个匹配元素的事件上面的处理函数。

例如，要实现当用户第一次单击匹配的 div 元素时，弹出对话框显示 div 元素的内容，可以使用下面的代码：

```
$("div").one("click", function(){
    alert($(this).text());              // 在弹出的对话框中显示 div 元素的内容
});
```

22.2.4 模拟用户操作

在 jQuery 中提供了模拟用户的操作触发事件和模仿悬停事件两种模拟用户操作的方法，下面分别进行介绍。

（1）模拟用户的操作触发事件

在 jQuery 中，一般用 triggerHandler() 方法和 trigger() 方法来模拟用户的操作触发事件。这两个方法的语法格式完全相同，所不同的是 triggerHandler() 方法不会导致浏览器中同名的默认行为被执行，而 trigger() 方法会导致浏览器中同名的默认行为的执行。例如使用 trigger() 方法触发一个名称为 submit 的事件，同样会导致浏览器执行提交表单的操作。要阻

第 4 篇 JavaScript 高级篇

止浏览器的默认行为，只需返回 false。另外，使用 trigger() 方法和 triggerHandler() 方法可以触发 bind() 绑定的事件，并且还可以为事件传递参数。

 [实例 22.4]

模拟用户单击事件

源码位置：资源包 \Code\22\04

实现在页面载入完成就执行按钮的 click 事件，而不需要用户自己执行单击的操作，关键代码如下：

```
<script type="text/javascript">
$(document).ready(function(){
    $("input:button").bind("click",function(event,msg1,msg2){
        alert(msg1+msg2);                              // 弹出对话框
    }).trigger("click",["明日学院 ","欢迎你 "]);          // 页面加载触发单击事件
});
</script>
<input type="button" name="button" id="button" value=" 单击这试试 " />
```

运行结果如图 22.10 所示。

图 22.10　页面加载时触发按钮的单击事件

（2）模仿悬停事件

模仿悬停事件是指模仿鼠标移动到一个对象上面又从该对象上面移出的事件，可以通过 jQuery 提供的 hover(over,out) 方法实现。hover() 方法的语法格式如下：

```
hover(over,out)
```

- over：用于指定当鼠标移动到匹配元素上时触发的函数。
- out：用于指定当鼠标移出匹配元素上时触发的函数。

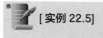 [实例 22.5]

为图像添加和去除边框

（源码位置：资源包 \Code\22\05 ）

本实例将实现当鼠标指向图像时为图像加边框，当鼠标移出图像时去除图像边框。关键代码如下：

```
<script type="text/javascript">
$(document).ready(function() {
    $("#pic").hover(function(){
        $(this).attr("border",1);              // 为图像加边框
```

```
    },function(){
      $(this).attr("border",0);              // 去除图像边框
   });
});
</script>
<img id="pic" src="images/mr.gif" />
```

运行本实例，效果如图 22.11 所示。当鼠标指向图像时的效果如图 22.12 所示。

图 22.11　页面初始效果

图 22.12　鼠标指向图像时的效果

 # 本章知识思维导图

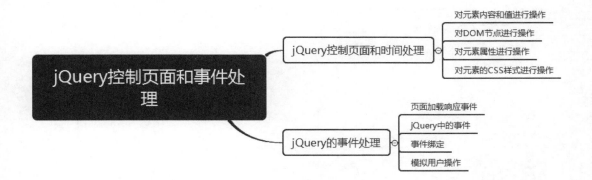

HTML5+CSS3+ JavaScript

从零开始学　HTML5+CSS3+JavaScript

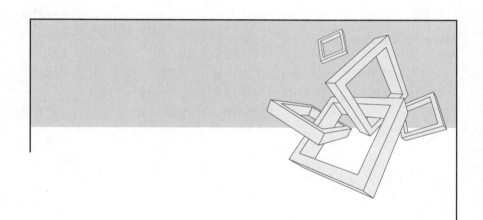

第5篇
项目开发篇

第 23 章

设计叮叮商城网站

扫码领取
- ➤ 配套视频
- ➤ 配套素材
- ➤ 学习指导
- ➤ 交流社群

本章学习目标

- 通过项目设计了解网站设计流程。
- 了解电商网站基本的页面组成以及各页面的设计与实现。

23.1 项目设计思路

23.1.1 需求分析

叮叮商城，从整体设计上看，具有电子商城通用的购物功能流程，比如商品的推荐、商品详情的展示、购物车等功能。网站的功能具体划分如下。

商城主页：是用户访问网站的入口页面，介绍重点推荐的商品和促销商品等信息，具有分类导航功能，方便用户搜索商品。

商品详情页面：全面详细地展示具体某一种商品信息，包括商品本身的介绍，比如商品生产地、购买商品后的评价、相似商品的推荐等内容。

购物车页面：用户对某种商品产生消费意愿后，可以将商品添加到购物车页面，购物车页面详细记录了已添加商品的价格和数量等内容。

付款页面：真实模拟付款流程，包含用户常用收货地址、付款方式的选择和物流的挑选等内容。

浏览历史页面：在浏览历史页面详细记录了用户浏览过的商品。

23.1.2 功能结构

功能结构图如图 23.1 所示。

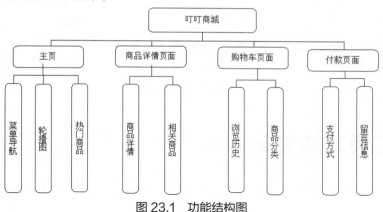

图 23.1 功能结构图

23.1.3 叮叮商城概览

叮叮商城概览如图 23.2 ～图 23.4 所示。

图 23.2 叮叮商城首页

图 23.3　商品详情页面

图 23.4　付款页面

23.2　主页功能实现

首先实现商城主页。在商城主页中，包含菜单导航、轮播图以及热门商品展示功能，如图 23.5 所示。

图 23.5　主页主要功能展示

23.2.1 关键技术

本实例使用到了 jQuery 中的滑动效果。jQuery fadeIn() 用于淡入已隐藏的元素。基本使用格式如下：

```
$(selector).fadeIn(speed,callback);
```

👑 说明：
- 可选的 speed 参数规定效果的时长。它可以取以下值：" slow"、"fast"或毫秒。
- 可选的 callback 参数是 fadeIn 完成后所执行的函数名称。

实例：

```
$("button").click(function(){
    $("#div1").fadeIn();
    $("#div2").fadeIn("slow");
    $("#div3").fadeIn(3000);
});
```

23.2.2 实现过程

① 打开 WebStorm 开发工具，然后新建一个 HTML 文件，在页面中编写 HTML 代码。关键代码如下：代码 7 ～ 10 行通过 <a> 超链接标签引入网站的 Logo 图像；代码 22 ～ 28 行使用 <form> 标签添加一个搜索表单。

```
<div class="wide_layout relative w_xs_auto">
    <header role="banner">
        <!--header bottom part-->
        <section class="h_bot_part container">
            <div class="clearfix row">
                <div class="col-lg-6 col-md-6 col-sm-4 t_xs_align_c">
                    <a href="index.html"
                        class="logo m_xs_bottom_15 d_xs_inline_b">
                        <img src="images/logo.png" alt="">
                    </a>
                </div>
                <div class="col-lg-6 col-md-6 col-sm-8">
                    <div class="row clearfix">
                        <div class="col-lg-6 col-md-6
                          col-sm-6 t_align_r t_xs_align_c m_xs_bottom_15">
                            <dl class="l_height_medium">
                                <dt class="f_size_small"> 咨询电话 </dt>
<dd class="f_size_ex_large color_dark"><b>400 675 1066</b></dd>
                            </dl>
                        </div>
                        <div class="col-lg-6 col-md-6 col-sm-6">
                            <form class="relative type_2" role="search">
                    <input type="text" placeholder=" 搜索 " name="search"
                                class="r_corners f_size_medium full_width">
                    <button class="f_right search_button tr_all_hover f_xs_none">
                                    <i class="fa fa-search"></i>
                                </button>
                            </form>
                        </div>
                    </div>
                </div>
            </div>
        </section>
```

② 引入 JavaScript 代码，实现页面的滑动动画效果。关键代码如下：代码 23 行和 24 行使用 css3Animate() 方法为页面添加滑动动画效果。

```javascript
var globalDfd = $.Deferred();
$(window).bind('load',function(){
    // 加载所有脚本
    globalDfd.resolve();
});
$(function(){
$.fx.speeds._default = 500;
$.fn.css3Animate = function(element){
    return $(this).on('click',function(e){
        var dropdown = element;
        $(this).toggleClass('active');
        e.preventDefault();
        if(dropdown.hasClass('opened')){
            dropdown.removeClass('opened').addClass('closed');
            setTimeout(function(){
                dropdown.removeClass('closed')
            },500);
        }else{
            dropdown.addClass('opened');
        }
    });
}
$('#lang_button').css3Animate($('#lang_button').next('.dropdown_list'));
$('#currency_button').css3Animate($('#currency_button').next('.dropdown_list'));
```

23.3　商品详情页面设计

本节实现了叮叮商城的图书产品详情页面，包括 Logo、图书详情和相关图书等功能，如图 23.6 所示。希望读者从本案例中可以进一步了解商品详情页面的设计和制作方法。

图 23.6　商品详情页面

23.3.1　关键技术

本实例使用了 jQuery 中的操作 CSS 类的方法。jQuery 的 addClass() 方法可以向不同的元素添加 class 属性。在添加类时，也可以选取多个元素。

实例：

```
$("button").click(function(){
    $("h1,h2,p").addClass("blue");
    $("div").addClass("important");
});
```

23.3.2 实现过程

① 打开 WebStorm 开发工具，然后新建一个 HTML 文件，在页面中编写 HTML 代码。关键代码如下：代码 3 ～ 9 行使用 <li> 列表标签构造相关商品的内容。

```
<ul class="f_right horizontal_list clearfix t_align_l
        t_xs_align_c site_settings d_xs_inline_b f_xs_none">
    <li class="d_sm_none d_xs_block">
     <a role="button" href="#"
        class="button_type_1 color_dark d_block
                bg_light_color_1 r_corners tr_delay_hover box_s_none"><i
            class="fa fa-heart-o f_size_ex_large"></i>
             <span class="count circle t_align_c">12</span></a>
    </li>
    <li class="m_left_5 d_sm_none d_xs_block">
        <a role="button" href="#"
            class="button_type_1 color_dark d_block bg_light_color_1
                r_corners tr_delay_hover box_s_none"><i
            class="fa fa-files-o f_size_ex_large"></i>
             <span class="count circle t_align_c">3</span></a>
    </li>
        <li class="m_left_5 relative container3d" id="shopping_button">
        <a role="button" href="#"
            class="button_type_3 color_light bg_scheme_color
                d_block r_corners tr_delay_hover box_s_none">
            <span class="d_inline_middle shop_icon">
                <i class="fa fa-shopping-cart"></i>
                <span class="count tr_delay_hover
                    type_2 circle t_align_c">3</span>
            </span>
            <b>$355</b>
        </a>
    </li>
</ul>
```

② 引入 JavaScript 代码，实现页面的样式变化效果。关键代码如下：代码第 1 行中，使用 jQuery 中的 $ 符号配合 waypointSynchronise 方法实现图像的动画效果。

```
$('.animate_corporate_container .animate_fade').waypointSynchronise({
    container : '.animate_corporate_container',
    delay : 200,
    offset : 700,
    classN : "animate_fade_finished"
});
```

23.4 购物车页面设计

图书商品的购物车页面应该如何实现呢？如图 23.7 所示，页面包括了购物车功能、热门图书功能等。购物车当然是页面的主要功能，但是分类和热门图书等功能也起到了很好的装饰和推广作用。

图 23.7　商品购物车页面

23.4.1　关键技术

本实例使用了 jQuery 中的搜索元素的方法。jQuery 的 first() 方法返回被选元素的首个元素。

下面的例子选取首个 div 元素内部的第一个 p 元素，代码如下：

```
$(document).ready(function(){
    $("div p").first();
});
```

23.4.2　实现过程

① 打开 WebStorm 开发工具，然后新建一个 HTML 文件，在页面中编写 HTML 代码。下列代码是右侧热门图书的代码，其中代码 5 ~ 7 行使用 <figcaption> 标签标记热门图书的标题。代码 9 ~ 14 行的内容使用 <img> 图像标签将热门图书的图像内容显示出来。

```
<aside class="col-lg-3 col-md-3 col-sm-3">
    <!--widgets-->
        <figure class="widget animate_ftr
                shadow r_corners wrapper m_bottom_30">
        <figcaption>
            <h3 class="color_light">热门图书</h3>
        </figcaption>
        <div class="widget_content">
            <div class="clearfix m_bottom_15 relative cw_product">
                <img src="images/6.jpg" alt=""
                    class="f_left m_right_15
                m_sm_bottom_10 f_sm_none f_xs_left m_xs_bottom_0">
                <a href="#" class="color_dark d_block bt_link">SQL 即查即用 </a>
            </div>
            <hr class="m_bottom_15">
            <div class="clearfix m_bottom_25 relative cw_product">
                <img src="images/5.jpg" alt=""
                    class="f_left m_right_15
                m_sm_bottom_10 f_sm_none f_xs_left m_xs_bottom_0">
                <a href="#" class="color_dark d_block bt_link">零基础学 Java</a>
            </div>
        </div>
    </figure>
</aside>
```

② 引入 JavaScript 代码，实现分类商品的显示与隐藏。代码如下：代码 2 行使用了 closest() 函数和 animate() 函数完成分类商品的显示与隐藏。

```
$('[role="banner"]').on('click','.close_product',function(){
    $(this).closest('li').animate({'opacity':'0'},function(){
        $(this).slideUp(500);
    });
});
```

23.5 付款页面设计

付款页面是任何一个电商网站都具备的页面。如图 23.8 所示，本案例实现了一个通用的商品结算页面，包括支付方式的选择（支付宝和微信）、商品金额的计算等。希望读者可以通过本案例的学习了解付款页面的设计方法。

图 23.8 付款页面

23.5.1 关键技术

本实例使用了 jQuery 中的 stop() 方法。该方法用于在动画或效果完成前对它们进行停止。基本使用格式如下：

```
$(selector).stop(stopAll,goToEnd);
```

👑 说明：

● 可选的 stopAll 参数规定是否应该清除动画队列。默认是 false，即仅停止活动的动画，允许任何排入队列的动画向后执行。

● 可选的 goToEnd 参数规定是否立即完成当前动画。默认是 false。

因此，默认地，stop() 会清除在被选元素上指定的当前动画。

实例：

```
$("#stop").click(function(){
    $("#panel").stop();
});
```

23.5.2　实现过程

① 打开 WebStorm 开发工具，然后新建一个 HTML 文件，在页面中编写 HTML 代码。下面的代码是支付宝和微信支付的代码。其中，代码 8 ～ 24 行是支付宝的显示内容，代码 31 ～ 48 行，是微信的显示内容。

```
<div class="bs_inner_offsets
  bg_light_color_3 shadow r_corners m_bottom_45">
  <figure class="block_select clearfix relative m_bottom_15">
    <input type="radio" checked name="radio_2" class="d_none">
    <img src="images/18.jpg"
     alt="" width="200px" class="f_left
    m_right_20 f_mxs_none m_mxs_bottom_10">
    <figcaption class="d_table d_sm_block">
      <div class="d_table_cell
        d_sm_block p_sm_right_0 p_right_45 m_mxs_bottom_5">
        <h5 class="color_dark fw_medium m_bottom_15 m_sm_bottom_5">
        支付宝
        </h5>
        <p> 支付宝（中国）网络技术有限公司是国内的第三方支付平台，
            致力于提供 " 简单、安全、快速 " 的支付解决方案。
            支付宝公司从 2004 年建立开始，始终以 " 信任 " 作为产品和服务的核心。
        </p>
      </div>
      <div class="d_table_cell d_sm_block discount">
        <h5 class="color_dark fw_medium m_bottom_15 m_sm_bottom_0">
        支付 </h5>
        <p class="color_dark">244.40 元 </p>
      </div>
    </figcaption>
  </figure>
  <hr class="m_bottom_20">
  <figure class="block_select clearfix relative m_bottom_15">
    <input type="radio" checked name="radio_2" class="d_none">
    <img src="images/19.jpg" width="200px" alt=""
        class="f_left m_right_20 f_mxs_none m_mxs_bottom_10">
    <figcaption class="d_table d_sm_block">
      <div class="d_table_cell d_sm_block
        p_sm_right_0 p_right_45 m_mxs_bottom_5">
          <h5 class="color_dark fw_medium m_bottom_15 m_sm_bottom_5">
        微信支付
         </h5>
         <p> 微信支付是集成在微信客户端的支付功能，
            用户可以通过手机完成快速的支付流程。
            微信支付以绑定银行卡的快捷支付为基础，
            向用户提供安全、快捷、高效的支付服务。
         </p>
      </div>
      <div class="d_table_cell d_sm_block discount">
        <h5 class="color_dark fw_medium
          m_bottom_15 m_sm_bottom_0"> 支付 </h5>
        <p class="color_dark">244.40 元 </p>
      </div>
    </figcaption>
```

```
    </figure>
</div>
```

② 引入 JavaScript 代码,停止页面的动画效果。代码如下:代码 1 行当屏幕的宽度小于 767 像素时,将停止页面的动画效果。

```
if($(window).width() < 767){
    button.off('click').on('click',function(){
        menuWrap.stop().slideToggle();
        $(this).toggleClass('active');
    });
```

 本章知识思维导图

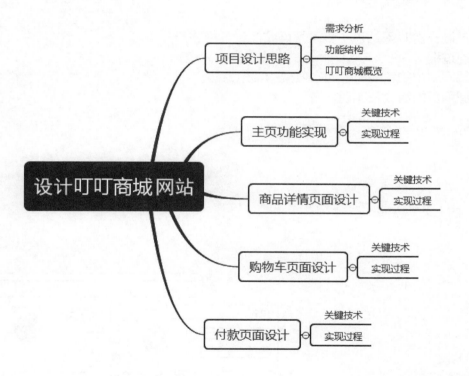

第 24 章
仿制王者荣耀网站

扫码领取
➤ 配套视频
➤ 配套素材
➤ 学习指导
➤ 交流社群

本章学习目标

- 通过制作游戏网站进一步了解网站的设计思路与实现过程。
- 了解网站中的轮播图等动态效果的实现方法。
- 掌握网页的组成及实现方法。

HTML5+
CSS3+
JavaScript

24.1 功能概述

该网站仿制游戏网站，主要包括三个页面，分别是主页、登录页面和注册页面。各页面的内容如下。

主页：是访问网站的入口页面。该项目中，主页主要由导航菜单、广告图、轮播图、游戏新闻、赛事中心等内容。

登录页面：登录页面中包括了背景和登录表单，登录表单中允许用户输入账号和密码。

注册页面：注册页面中包含背景和注册表单，注册表单中用户可以注册自己的账号，设置密码时，判断用户两次的密码是否一致

24.2 界面预览

① 主页中包括导航菜单、轮播图、赛事专区等内容，效果如图 24.1 所示。

图 24.1 主页运行效果

② 登录页面主要包括登录表单，效果如图 24.2 所示。

图 24.2 登录页面效果图

图 24.3 注册页面效果图

③ 注册页面主要包括注册表单，效果如图 24.3 所示。

24.3　设计思路

实现本项目时，需要先创建文件，然后在文件中导入样式文件、图像文件以及轮播图特效文件，然后依次实现主页、登录页面和注册页面。

本项目的功能结构如图 24.4 所示。

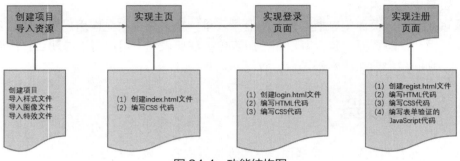

图 24.4　功能结构图

24.4　实现过程

24.4.1　主页的设计与实现

主页包括导航菜单、广告图、轮播图、游戏新闻、赛事中心以及游戏相关信息等内容，主页的实现过程如下。

首先创建 index.html 文件，并且在该文件中引入相关的 CSS 文件和 JavaScript 文件，然后添加导航菜单、轮播图等内容，具体代码如下：

```
<div id="header" class="header">
    <div class="header-inner"><h1><a href="#" class="logo pa" title=" 王者荣耀 "> 王者荣耀 </a></
h1>
        <!--========= 导航菜单 ===========-->
        <ul class="main-nav clearfix">
            <li class="first-nav"><a href="#" title=" 官网首页 "> 官网首页 <em>HOME</em></a></li>
            <li><a href="#" title=" 游戏资料 "> 游戏资料 <em>DATA</em></a></li>
            <li><a href="#" title=" 攻略中心 "> 攻略中心 <em>RAIDERS</em></a></li>
            <li><a href="#" title=" 赛事中心 "> 赛事中心 <em>MATCH</em></a></li>
            <li><a href="#" title=" 王者生活 "> 王者生活 <em>LIFE</em></a></li>
            <li><a href="#" title=" 社区互动 "> 社区互动 <em>COMMUNITY</em></a></li>
            <li><a href="#" title=" 玩家支持 "> 玩家支持 <em>PLAYER</em></a></li>
        </ul>
        <!--===== 登录模块 =====-->
        <div class="login_pannel clearfix pa"><a class="avatar user_pic " href="#"> <img
                src="img/avatar1.jpg" width="42" height="42"> </a>
            <div id="unlogin" class="per-infor unlogin_pannel" style="display: block;"><span
                class="unlogin_user_pic"></span>
                <div class="unlogin_info"><a href="login.html"> 欢迎登录 </a>
                    <p> 登录后查看游戏战绩 </p></div>
            </div>
        </div>
    </div>
</div>
```

```
<div class="wrapper">
    <div class="kv-bg" style="background-image:url(img/bg.jpg);">
        <a href="#" class="kv_link" title=" 查看详情 "> 查看详情 </a>
    </div>
    <!--================== 页面主体 =====================-->
    <div class="main">
        <div class="main_top">
            <!-- 轮播图 -->
            <div id="rotate" class="rotate fl pr">
                <ul id="promoInner" class="promo-list" style="margin-left: -1208px;">
                    <li class="promo-item"><a href="#"><img
                            src="img/slider-1.jpg" width="604" height="298" alt=" 探秘百里守约
"></a>
                    </li>
                    <li class="promo-item"><a href="#"><img
                            src="img/slider-2.jpg" width="604" height="298" alt=" 冠军杯直播
"></a>
                    </li>
                    <li class="promo-item"><a href="#"><img
                            src="img/slider-3.jpg" width="604" height="298" alt=" 月爱出品 "></
a>
                    </li>
                    <li class="promo-item"><a href="#"><img
                            src="img/slider-4.jpg" width="604" height="298" alt=" 冠军杯看点解析
"></a>
                    </li>
                    <li class="promo-item"><a href="#"><img
                            src="img/slider-5.jpg" width="604" height="298" alt=" 冠军杯日报
"></a>
                    </li>
                </ul>
                <div id="promoTrigger" class="rbox">
                    <span class="rt"> 探秘百里守约 </span>
                    <span class="rt"> 冠军杯直播 </span>
                    <span class="rt rn"> 月爱出品 </span>
                    <span class="rt"> 冠军杯看点解析 </span>
                    <span class="rt"> 冠军杯日报 </span>
                </div>
            </div>
            <!-- 游戏新闻 -->
            <div class="news_center fl">
                <div id="newsTab" class="newsTab">
                    <ul class="tab-hd clearfix">
                        <li class=" "><a href="javascript:void(0)" title=" 新闻 "> 新闻 </a></li>
                    </ul>
                    <div class="news-con">
                        <ul class="news-list news-list0 " id="newsList1">
                            <li class="line-sp">
                                <a href="#"> 妲己情报站——一份关于百里守约的使用说明书 </a>
                                <em class="fr news-time">08/04</em>
                            </li>
                            <li>
                                <a href="#" class="fl news-txt"> 战报: Rouse 马可波罗爆炸输出, RNG
4:2 XQ 孤胆挺进四强 </a>
                                <em class="fr news-time">08/06</em>
                            </li>
    <!--省略其余新闻内容) -->
                        </ul>
                    </div>
                </div>
            </div>
            <!-- 游戏下载 -->
```

```
                        <div class="download_pannel fl">
                            <a href="#" class="download_btn"></a>
                            <a href="#" class="freshman_btn"></a>
                            <a href="#" class="tiyan_btn"></a>
                        </div>
                    </div>
                    <!-- 快速进入菜单（新英雄、游戏资料、英雄故事和赛事专区）-->
                    <div class="quick_entrance">
                        <a href="#"><img src="img/quick-1.jpg"></a>
                        <a href="#"><img src="img/quick-2.jpg"></a>
                        <a href="#"><img src="img/quick-3.jpg"></a>
                        <a href="#"><img src="img/quick-4.jpg"></a>
                    </div>
                    <!-- 赛事中心 -->
                    <div class="clearfix main_item">
                        <div class="match_center fl">
                            <div class="item_header">
                                <h3 class="item_title"> 赛事中心 </h3>
                                <a href="#" class="more_btn"></a>
                            </div>
                            <div class="item_content">
                                <div class="clearfix match_news">
                                    <div id="match_news_pic"><a href="#" class="match_news_pic"><img
src="img/saishi.jpg"></a>
                                    </div>
                                    <div class="match_news_list">
                                        <ul class="news-list match-list-l">
                                            <li class="line-sp"><a
                                                    href="#" class="fl news-type">KCC 王者冠军杯 </a><a
href="#"
                                                                                                class="fl
news-txt news-txt1"> 战报: Rouse 马可波罗爆炸输出, RNG
                                                    4:2 XQ 孤胆挺进四强 </a><a href="#" class="fl news-txt news-
txt1 news_sub_title"> 战报: Rouse 马可波罗爆炸输出, RNG
                                                    4:2 XQ 孤胆挺进四强 </a><em class="fr news-time">08/06</
em></li>

                                            <li><a href="#" class="fl news-type">KCC 王者冠军杯 </a><a
href="#"
                                                                                                class="fl
news-txt news-txt1">8 进 4 看 点 解 析: 新 军 RNG.M 遇 敌 XQ  大 战 一 触 即 发 </a><em class="fr news-
time">08/06</em></li>
                                            <!—省略其余赛事列表 -->
                                        </ul>
                                    </div>
                                </div>
                                <ul class="video_list match-list-r clearfix" id="matchVideoList">
                                    <li>
                                        <a href="#" title="【谁是国服第一】第 17 期 Cat 浪浪萌宠大作战 "><img
                                                src="img/video-1.jpg" width="173" height="110">
                                            <p class="video-tit">【谁是国服第一】第 17 期 Cat 浪浪萌宠大作战 </
p>
                                            <p class="clearfix play-bar"><em class="fl ico-play">25.2 万 </
em><em class="fr">2017-08-02</em></p>
                                            <div class="mask pa"><span class="mask-play-ico db spr"></
span></div>
                                        </a></li>
                    <!—省略其余比赛视频列表 -->
                                </ul>
                            </div>
                        </div>
                        <div class="match_schedule">
                            <div class="item_header">
```

```
                    <h3 class="item_title">KCC 赛程 </h3>
                    <a href="#" class="more_btn"> 更多 </a>
            </div>
            <div class="item_subnav clearfix">
                    <span class="col1"> 时间 </span>
                    <span class="col1"> 战队 </span>
                    <span class="col2"></span>
                    <span class="col1"> 战队 </span>
            </div>
            <div class="item_content" id="match_schedule_content">
                    <ul>
                            <li><span class="match_time">8-12 19:00</span><span class="team_
name"><img src="img/team-1.png"
class="team_name_icon"><em>QGhappy</em></span><span class="vs">VS</span><span
                                    class="team_name"><img src="img/team-2.png"
                                    class="team_name_icon"><em>JC</em></span></li>
                            <li><span class="match_time">8-12 19:30</span><span class="team_
name"><img src="img/team-1.png"
class="team_name_icon"><em>QGhappy</em></span><span class="vs">VS</span><span
                                    class="team_name"><img
                                    src="img/team-2.png"
                                    class="team_name_icon"><em>JC</em></span></li>
                    </ul>
            </div>
            <div class="match_adver">
                    <a href="#"><img src="img/ad-1.jpg"></a>
            </div>
            <div class="match_adver">
                    <a href="#"><img src="img/ad-2.jpg"></a>
            </div>
        </div>
    </div>
</div>
</div>
<!-- 图像轮播组件等 -->
<script src="js/jquery-1.11.3.min.js"></script>
<script src="js/milo-min.js"></script>
<script src="js/eas.js"></script>
<script src="js/main.js"></script>
<!-- 底部信息 -->
<div class="footer-wrap">
    <div class="footer bc">
        <div class="foot-t clearfix">
            <div class="fl media-pic">
                <a href="http://www.youxibao.com/wzlm/?ADTAG=main.coop.img1" target="_blank"
class="m1"> </a>
                    <a href="http://pvp.uuu9.com/?ADTAG=main.coop.img2" target="_blank"
class="m2"></a>
                    <a href="http://lh.mofang.com/?ADTAG=main.coop.img3" target="_blank"
class="m3"></a>
                <a href="http://www.youxiduo.com/game/121033/?ADTAG=main.coop.img4" target="_
blank" class="m4"></a>
                    <a href="http://www.18183.com/yxzjol/?ADTAG=main.coop.img5" target="_blank"
class="m5"></a>
                    <a href="http://news.17173.com/z/pvp?ADTAG=main.coop.img6" target="_blank"
class="m6"></a>
            </div>
        </div>
        <div class="clearfix">
            <div class="foot-tips fl"><p class="fb"> 温馨提示：本游戏适合 16 岁（含）以上玩家娱乐 </p>

                <p class="f12">
```

```
        <em>抵制不良游戏 </em><em>拒绝盗版游戏 </em><em>注意自我保护 </em><em>谨防受骗
上当 </em><em>适度游戏益脑 </em><em>沉迷游戏伤身 </em><em>合理安排时间 </em><em>享受健康生活 </em>
            </p></div>
            <div class="foot-b f12 tr">
                <p class="foot-txt fr"><a href="#">服务条款 </a> | <a href="#">广告服务 </a>
                    | <a href="#">游戏地图 </a> | <a href="#">游戏活动 </a> |
                    <a href="#">商务合作 </a> | <a href="#">网站导航 </a>
                </p>
                <p class="foot-txt fr"><em class="fl">COPYRIGHT ? 1998 - 2017 TENCENT. ALL
RIGHTS RESERVED.</em></p>
                <p class="cb"><a href="#">粤网文 [2014]0633-233 号</a> | <a href="#">新出网证 (粤)
字 010 号 </a> | 文网游备字 [2016]M-CSG 0059
                </p>
                <p class="cb">全国文化市场统一举报电话: 12318</p>
            </div>
        </div>
    </div>
</div>
```

分别创建 header.css、footer.css、content.css 文件以实现主页顶部区域的样式、底部区域的样式以及主体内容的样式。由于篇幅限制，具体 CSS 代码可参照源码。

24.4.2 登录页面的设计与实现

打开登录页面，用户需要输入用户名和用户密码，然后单击"提交"按钮，页面即可跳转到主页。登录页面效果如图 24.5 所示。

图 24.5 登录页面的效果

接下来具体介绍登录页面的实现，具体步骤如下。
① 新建 login.html 文件，在该文件中添加 HTML 代码，具体代码如下：

```
<div class="padding-all">
    <div class="header">
        <h1><img src="img/logo.png" alt=" "> 用户登录 </h1>
    </div>
    <div class="design-w3l">
        <div class="mail-form-agile">
            <form action="#" method="post">
                <input type="text" name="name" placeholder=" 用户名 " required=""/>
                <input type="password"  name="password" class="LoginPadding" placeholder=" 用户
密码 " required=""/>
                <input type="submit" value=" 提交 ">
```

```
                <div style="background-color: #b4b0b0"><a href="regist.html">注册 </a></div>
                <a class="gohome"  href="index.html">返回主页 </a>
            </form>
        </div>
        <div class="clear"> </div>
    </div>
    <div class="footer">
        <p> 2021 明日学院 Design by  <a href="http://www.mingrisoft.com/" target="_blank">明日
学院 </a></p>
    </div>
</div>
```

② 新建 style.css 文件，在该文件中实现登录页面和主页的样式。

```
.header {
    text-align: center;
    padding-bottom: 75px;
}
.header h1 img {
    width: 7%;
}
.header h1 {
    font-size: 50px;
    color: #fff;
    font-family: "Audiowide-Regular";
    letter-spacing: 3px;
    margin: 0 auto;
}
.padding {
    margin: 5px 0 30px;
}
.LoginPadding {
    margin: 20px 0 30px;
}
.mail-form-agile input[type="text"], .mail-form-agile input[type="password"] {
    padding: 13px 10px;
    width: 92.5%;
    font-size: 16px;
    outline: none;
    background: transparent;
    border: 0px;
    border-bottom: 1px solid #fff;
    border-radius: 0px;
    font-family: "Asap-Regular";
    letter-spacing: 1.6px;
    color: #fff;
}
::-webkit-input-placeholder {
    color: #b4b0b0 !important;
    font-weight: 400;
}
.mail-form-agile input[type="submit"] {
    font-size: 18px;
    padding: 10px 20px;
    letter-spacing: 1.2px;
    border: none;
    text-transform: capitalize;
    outline: none;
    border-radius: 4px;
    -webkit-border-radius: 4px;
    -moz-border-radius: 4px;
    background: #D65B88;
```

```
        color: #fff;
        cursor: pointer;
        margin: 0 auto;
        font-family: "Asap-Regular";
        -webkit-transition-duration: 0.9s;
        transition-duration: 0.9s;
    }
    .mail-form-agile input[type="submit"]:hover {
        -webkit-transition-duration: 0.9s;
        transition-duration: 0.9s;
        background: rgba(91, 157, 214, 0.76);
    }
    .mail-form-agile div {
        display: inline;
        font-size: 18px;
        padding: 11px 20px;
        letter-spacing: 1.2px;
        border: none;
        text-transform: capitalize;
        outline: none;
        border-radius: 4px;
        -webkit-border-radius: 4px;
        -moz-border-radius: 4px;
        background: #D65B88;
        color: #fff;
        cursor: pointer;
        margin: 0 auto;
        font-family: "Asap-Regular";
        -webkit-transition-duration: 0.9s;
        transition-duration: 0.9s;
    }
    .mail-form-agile div:hover {
        -webkit-transition-duration: 0.9s;
        transition-duration: 0.9s;
        background: rgba(91, 157, 214, 0.76);
    }
```

24.4.3　注册页面的设计与实现

　　注册页面中需要用户设置用户名和密码，输入密码时需要用户输入两次密码，如果提交表单时，用户两次输入的密码不一致或者密码框内容为空，则弹出提示框提醒用户密码不一致，反之，则页面跳转到主页。页面初始效果如图 24.2 所示，两次密码不一致时，效果如图 24.6 所示。

图 24.6　密码不一致

接下来介绍注册页面的具体实现，具体步骤如下。

① 新建 regist.html 文件，在该文件中编写 HTML 代码，具体代码如下：

```html
<div class="padding-all">
    <div class="header">
        <h1><img src="img/logo.png" alt=" "> 用户注册 </h1>
    </div>
    <div class="design-w3l">
        <div class="mail-form-agile">
            <form action="index.html" method="post">
                <input type="text"  class="padding" placeholder=" 设置用户名 " required=""/>
                <input type="text"  class="padding" placeholder=" 手机号 " required=""/>
                    <input id="pwd1" type="password"  class="padding" placeholder=" 设置密码 "
required=""/>
                     <input id="pwd2" type="password" class="padding" placeholder=" 重复密码 "
required=""/>
                <input type="submit" value=" 注册 " onclick="validate();">
                <div style="background-color: #b4b0b0"><a href="login.html"> 登录 </a></div>
                <a class="gohome"  href="index.html"> 返回主页 </a>
            </form>
        </div>
        <div class="clear"></div>
    </div>
    <div class="footer">
        <p> 2021 明日学院 Design by  <a href="http://www.mingrisoft.com/" target="_blank"> 明日
学院 </a></p>    </div>
</div>
```

② 由于登录页面和注册页面共用一个 style.css 文件，此处不再讲解代码，接下来继续
添加 JavaScript 代码，实现判断用户两次的输入密码是否一致。具体代码如下：

```html
<script>
    function validate() {
        var pwd1 = document.getElementById("pwd1").value;
        var pwd2 = document.getElementById("pwd2").value;
        <!-- 对比两次输入的密码 -->
        if(pwd1 !== pwd2) {
            alert(" 两次输入密码不一致 !");
        }
    }
</script>
```

 ## 本章知识思维导图

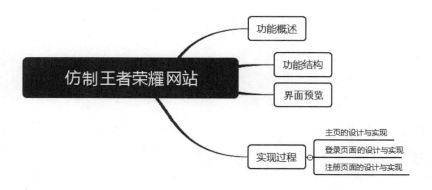